高等院校公共基础课精品教材

大学生心理健康教育

主编 梁丹阳 吕智慧

上海交通大学出版社
SHANGHAI JIAO TONG UNIVERSITY PRESS

内容提要

本书是根据教育部办公厅2011年5月28日发布的《普通高等学校学生心理健康教育课程教学基本要求》，针对高等院校学生的心理素质水平状况、表现的特征和思想实际编写的。全书共14个项目，内容包括大学生心理健康概论、大学生心理咨询、大学生的环境适应与心理健康、大学生自我意识的发展、大学生的气质应用及性格优化、大学生的情绪管理、大学生的人际交往、大学生学习状态的提升、大学生的社团活动、大学生恋爱和性心理健康、大学生的求职择业与心理健康、大学生挫折心理调控，大学生网络心理健康以及大学生生命教育。

本书非常适合作为高等院校心理素质训练的相关教材，也可供广大读者阅读参考。

图书在版编目（CIP）数据

大学生心理健康教育 / 梁丹阳，吕智慧主编. -- 上海 : 上海交通大学出版社，2016（2018重印）
ISBN 978-7-313-15309-8

Ⅰ. ①大… Ⅱ. ①梁… ②吕… Ⅲ. ①大学生－心理健康－健康教育－高等学校－教材 Ⅳ. ①B844.2

中国版本图书馆CIP数据核字(2016)第156607号

大学生心理健康教育

主　　编：梁丹阳　吕智慧
出版发行：上海交通大学出版社　　地　　址：上海市番禺路951号
邮政编码：200030　　电　　话：021-64071208
出 版 人：谈　毅
印　　制：三河市祥达印刷包装有限公司　　经　　销：全国新华书店
开　　本：787mm×1092mm　1/16　　印　　张：16.5　　字　　数：371千字
版　　次：2016年7月第1版　　印　　次：2018年1月第3次印刷
书　　号：ISBN 978-7-313-15309-8/B
定　　价：45.00元

前言

随着科学技术的迅猛发展，社会生活的各个领域面临着严峻的竞争和挑战。大学生作为社会的主要后备力量，肩负着建设国家的艰巨任务，他们所要面临的压力是巨大的。思想观念多样，学习节奏加快，环境适应困难，自我意识淡薄，人际关系复杂，就业形势严峻，人才竞争激烈等一系列问题对大学生的心理健康产生了很大的影响。从我国高校的普遍情况来看，大学生的心理健康状况不容乐观。特别是近年来，由于心理问题导致大学生休学、退学、犯罪甚至自杀的事件明显增多，大学生的心理健康问题已引起学校、家庭及社会的普遍关注，《大学生的心理健康教育》也被列为各大高校的公共基础课程。

《大学生心理健康教育》是根据教育部办公厅 2011 年 5 月 28 日发布的《普通高等学校学生心理健康教育课程教学基本要求》，针对高等院校学生的心理素质水平状况、表现的特征和思想实际编写的，力求使大学生通过这门课程的学习，深入了解心理健康问题，提高心理健康水平，以适应未来社会的激烈竞争，成长为优秀的栋梁之才。

全书结构严谨，条理清晰，语言流畅，知识全面，重点突出，形式多样。此外，本书具有以下突出特点。

- 知识全面，涵盖大学生生活的各个方面

全书从大学生的自身发展和实际需要出发，以增强大学生的心理素质为目标，对大学生在成长过程中必然遇到各种困惑进行了详尽的阐述和诠释。

- 体例丰富，增强全书的可读性和趣味性

全书每个项目均设有热身运动、脑力风暴、心理探索和心理训练 4 个模块，创新性地将知识学习、技能训练、自我认知与发展等有机结合，有利于充分调动学生的参与性，活跃课堂气氛。理论知识以“实用、够用”为度，注重实践，既满足了教学需要，也体现了大学生自身的需求，从而有利于大学生良好心理素质的养成，以及科学思维方法与创新能力的培养。

- 微信扫码、即扫即学

为了便于学生阅读和理解，本书配置了丰富的“二维码”资源，学生只需要拿起智能手机“扫一扫”，就能即刻看到相关的视频资料。在方便教学的同时，增强了学生对知识的感性认识，避免了单纯的知识讲解的枯燥和呆板。

本书由梁丹阳和吕智慧担任主编，刘亚芬、陈大鹏和甄艳波担任副主编，刘恋和周文博参与编写。

在本书的编写过程中，我们还参考、借鉴了一些同仁的研究成果和资料，在此特向他们表示衷心感谢。由于编写时间仓促且编者水平有限，书中存在的不当之处，敬请专家和读者批评指正。

编 者

2018 年 1 月

目　录

项目一　健康心灵　美丽人生——大学生心理健康概论……1

热身运动……2

活动一：相互认识（滚雪球）……2

活动二：寻找归属……2

活动三：寻人行动……3

头脑风暴……4

心理探索……5

心理探索一：心理活动的本质……5

心理探索二：健康与心理健康……6

心理探索三：正确理解心理健康的标准……7

心理探索四：大学生心理健康的标准……8

心理探索五：大学生如何保持健康的心理状态……11

心理探索六：大学生的心理问题……15

心理探索七：大学生常见的心理困惑……17

心理探索八：大学生常见异常心理……18

心理训练……20

心理训练　：心理健康自我检测……20

心理训练二：房、树、人……22

心理训练三：焦虑自评量表……22

心理训练四：抑郁自评量表……23

项目二　走进心理咨询室——大学生心理咨询……25

热身运动……25

活动一：画“自画像”……25

活动二：人体“拷贝”……26

活动三：盲人走路……27

头脑风暴……27

心理探索……29

心理探索一：心理咨询的概念……29

心理探索二：正确认识心理咨询……31
心理探索三：心理咨询的种类……32
心理探索四：大学生心理咨询的特点……33
心理训练……33

项目三　大学新起点——大学生的环境适应与心理健康……36
热身运动……36
活动一：我说你画……36
活动二：找“领袖”……37
头脑风暴……38
心理探索……40
心理探索一：大学生面临的新变化……40
心理探索二：大学生常见的适应问题……42
心理探索三：大学生适应能力的培养……44
心理训练……46

项目四　认识自我　发展自我——大学生自我意识的发展……50
热身运动……50
活动一：自画像……50
活动二：我的特质……51
头脑风暴……51
心理探索……51
心理探索一：自我意识概述……51
心理探索二：大学生的自我意识……56
心理探索三：培养健康的自我意识……59
心理训练……61
心理训练一：增强自信心……61
心理训练二：完美一角……63

项目五　优化性格　完美人生——大学生的气质应用及性格优化……64
热身运动……64
活动一：性格魅力测试站……64
活动二：理解性格……65
头脑风暴……65
心理探索……66
心理探索一：气质的概念……66

心理探索二：气质的类型 ……67
心理探索三：气质的应用 ……68
心理探索四：性格的形成 ……69
心理探索五：性格的优化 ……71
心理训练……76
心理训练一：乐嘉性格色彩测试 ……76
心理训练二：气质类型测试……81

项目六　驾驭情绪　理性生活——大学生的情绪管理……84
热身运动……84
活动一：情绪温度计……84
活动二：情绪表演 ……85
头脑风暴……85
心理探索……85
心理探索一：情绪影响身心健康 ……85
心理探索二：大学生的情绪特点与常见负性情绪……88
心理探索三：调控情绪……98
心理训练……103
心理训练一：你的情绪稳定吗？ ……103
心理训练二：放松训练……104

项目七　人际沟通　从心开始——大学生的人际交往……106
热身活动……107
活动一：熊来了……107
活动二：宴会……107
活动三：取绰号……108
头脑风暴……108
案例分析一 ……108
案例分析二 ……109
案例分析三 ……109
心理探索……109
心理探索一：人际交往的心理学理论……109
心理探索二：大学生人际交往中的心理障碍及调适……112
心理探索三：寝室人际关系 ……120
心理训练……123
心理训练一：测测你的人际关系现状……123

心理训练二：同理心的表达……126

项目八　学会学习　激发潜能——大学生学习状态的提升……127

热身运动……128

头脑风暴……128

心理探索……128

心理探索一：学习的含义……128

心理探索二：有关学习的理论……129

心理探索三：大学学习的特点……130

心理探索四：学习动机……131

心理探索五：学习方法……135

心理探索六：几种有效的学习方法……138

心理探索七：学习技能……139

心理探索八：大学生的学习心理障碍……141

心理探索九：大学生学习心理障碍的调适……144

心理训练……145

心理训练一：学习调试站……145

心理训练二：学习动机自我测试……147

项目九　走进社团　完善自我——大学生的社团活动……149

热身运动……149

活动一：风中劲草……149

活动二：同舟共济……150

头脑风暴……150

心理探索……151

心理探索一：大学生社团……151

心理探索二：大学生社团的心理学理论……152

心理探索三：大学生社团与大学生的成才发展……154

心理探索四：如何发挥大学生社团的心理健康教育功能……158

心理训练……160

项目十　恋爱与性　切勿草率——大学生恋爱和性心理健康……162

热身运动……162

活动一：寻找爱情地图……162

活动二："戴高乐"……162

活动三：健康大树……163

头脑风暴……163
一则小故事……163
一封来自“80后”的书信……164
心理探索……165
心理探索一：爱情是什么……165
心理探索二：大学生恋爱现状……167
心理探索三：大学生恋爱问题调试……172
心理探索四：大学生性心理的发展特点……177
心理探索五：性的困惑……178
心理探索六：如何看待大学生婚前性行为……180
心理探索七：大学生性困扰的调试……181
心理训练……183
心理训练一：爱情测试……183
心理训练二：爱情还是友谊？……184
项目十一　规划未来　成就未来——大学生的求职择业与心理健康……186
热身运动……187
活动一：“我在做什么？”……187
活动二：时间感小测试……187
头脑风暴……188
心理探索……188
心理探索一：大学生求职择业心理……188
心理探索二：求职、择业中的常见心理问题分析……191
心理探索三：择业心理问题的自我调适……198
心理训练……203
项目十二　战胜压力　应对挫折——大学生挫折心理调控……206
热身运动……206
活动一：扔糖果……206
活动二：穿鞋子……207
活动三：你是怎样应对挫折的……207
头脑风暴……207
心理探索……209
心理探索一：了解挫折……209
心理探索二：挫折来自何方……211
心理探索三：大学生经常会遇见哪些挫折……213

心理探索四：大学生的挫折反应……214
心理探索五：培养挫折承受力……216
心理训练……218
心理训练一：你的抗挫折能力怎么样……218
心理训练二：成长三部曲……220
心理训练三：心理保健操——挫折双刃剑……220
项目十三　绿色网络　绿色心情——大学生网络心理健康……222
热身运动……222
活动一：你上网最喜欢做什么……222
活动二：网络与生活……223
活动三：契约书……223
头脑风暴……223
心理探索……224
心理探索一：了解网络……224
心理探索二：网络对当代大学生的影响……225
心理探索三：大学生常见网络心理障碍……226
心理探索四：网络成瘾综合症……228
心理探索五：大学生健康网络心理的培育……233
心理训练……236
项目十四　珍惜生命　珍爱自我——大学生生命教育……238
热身运动……238
活动一：音乐与生命……238
活动二：命运之牌……239
活动三：墓志铭……240
头脑风暴……241
心理探索……241
心理探索一：子宫的记忆……241
心理探索二：生命和生命的意义……242
心理探索三：死亡和死亡的价值……245
心理探索四：如何识别和帮助处于危机中的大学生……248
心理训练……252
参考文献……253

项目一　健康心灵　美丽人生

——大学生心理健康概论

大多数人认为，健康是修长发达的四肢、雪白整齐的牙齿、乌黑靓丽的头发，至少是全身上下无病无痛。其实不然，现代医学认为，健康不仅包括无疾病、无虚弱的表现，还应当包括精神的健康和社会适应的完美状态。进一步可概括为躯体健康、心理健康、社会适应良好。刚入校的大学生就如同一块需要打磨的玉石，在读书期间，必须学会如何训练自己保持健康的心理，如何更好地适应社会。本书正是从这个角度为各位大学生提供支持。

心理健康

【故事悦读】

（一）人生为何如此灰暗

朱明性格内向，平时不爱和同学说话，有什么事情总爱憋在心里。他在日记中写了这样一段话："刚读高中的时候，我还没有什么忧愁，可从高一下学期开始，无论何时何地我总会感到一阵阵烦躁，烦躁的原因有来自生活上的，也有来自学习上的。在学习上我一直都是中上水平，可后来不知怎么搞的，大概是几次考试失利的缘故吧，我感到学习特没劲，成绩也落后了，班主任找我谈了几次，我也没什么变化，我对什么都无所谓了。想来想去，觉得生活没有意思，真的没有意思。同学们都在那里学习，可学习好了又有什么用呢，究竟为了什么呢？成绩再好也免不了生老病死。学校有时也搞一些活动，但内容几乎和小学生一样，各种各样的评奖只不过是幼稚的活动，我真的觉得无聊。家里，爸爸每天出入花鸟市场，打麻将，炒股，对我的学习一点都不关心，妈妈除了做家务，只会每天盯着我，唠唠叨叨说个不停，一会儿说我头发长长了，一会儿又数落我东西没放整齐……事无巨细，她都要唠叨一番，我都替她累。有时夜深，独坐桌前，望着一大堆功课，我会想很多：活着真没劲，就这样一天天混下去也不知道有什么结果，真想离开这灰暗的人生，有个新的开始……"

请思考：

朱明为什么会感觉自己的人生灰暗、无趣？

答：父母不能真正关心他的生活和学习，家庭的原因是一方面，另一个主要原因还在于该生精神世界一片空白，没有信仰、没有寄托、百无聊赖，如同行尸走肉。

热身运动

活动一：相互认识（滚雪球）

一、两人一组相互介绍

活动目的：初步相识。

活动时间：约 10 分钟。

活动道具：纸张和笔，一定的空间，最好是有可挪动的椅子。

活动流程：指导者先让成员在房间内放松活动，当指导者说“停”的时候，正在握手的、面对面或挨着的两个人为一组，拿出指导者分发的纸张，写下自己的姓名、院系、班级、宿舍，自己喜欢和不喜欢的事物，并分别介绍自己。

二、四人一组相互介绍

活动目的：扩大交往圈子，拓展相识面。

活动时间：10 分钟。

活动流程：刚才自我介绍的两个二人组合并，形成四人一组，每位成员将自己刚认识的朋友向另外两位新朋友作介绍。

三、八人一组相互介绍

活动目的：进一步扩大交往范围，引发个人参与团体的兴趣。

活动时间：15 分钟。

活动流程：每个人把认识的这 3 个朋友介绍给另外一组（4 个人），最终形成 8 人小组。

活动二：寻找归属

活动目的：让学生逐步关注同伴，最后融入团体，体验归属感，并发现个人特长与潜质。

活动时间：20 分钟。

活动道具：写有十二生肖的小纸片。

活动流程：

（1）每人抽取一张纸片，不用语言交流，通过肢体语言表现你所抽取的属相，寻找抽到同一属性的同学。

（2）抽到同一属性的同学之间讨论，以集体造型的方式，让其他同学认识这一属相。

活动三：寻人行动

活动目的：

（1）通过“寻人行动”，让学生学习主动交往。

（2）学生在交往中介绍自己、了解他人，发现共同的兴趣爱好。

活动时间：25 分钟。

活动道具：“寻人信息卡”（见表 1-1）、笔。

活动流程：

（1）“寻人行动”要求学生根据“寻人信息卡”上的信息，在 10 分钟内找到具有该特征的人简单交流后签名。

（2）大家交换“寻人信息卡”，看看谁的签名最多。主持人邀请有代表性的同学，如签名最多的和某一特征签名最少的进行全班交流。

（3）交流完毕，主持人请具有同一特征的人站成一排相互介绍与交流。

表 1-1　寻人信息卡

序号	特　征	签名	序号	特　征	签名
1	穿白色运动鞋		17	养过小动物	
2	头发稀少的		18	喜欢红色	
3	身高 170 厘米		19	喜欢上网聊天	
4	妈妈是教师		20	喜欢爬山	
5	四月出生		21	不是重庆人	
6	戴眼镜		22	对现阶段的自己不满意	
7	喜欢打游戏		23	性格开朗	
8	暑期打工		24	独自一人来学校读书	
9	擅长游泳		25	家里的长子	
10	喜欢看韩剧		26	班干部之一	
11	有住院开刀的经历		27	喜欢看书	
12	喜欢照相		28	喜欢听古典怀旧音乐	
13	去过北京		29	喜欢听流行音乐	
14	有创业的打算		30	至少有一项个人特长	
15	会骑自行车		31	当过志愿者	
16	会游泳		32	体重 54 公斤	

头脑风暴

1．药家鑫驾车撞人后又将伤者刺了 8 刀致其死亡

新华社西安 2011 年 6 月 7 日电 经最高人民法院核准，故意杀人犯药家鑫7 日在陕西省西安市被依法执行死刑。

我不是药家鑫

最高人民法院经复核认为，被告人药家鑫开车撞倒被害人张妙后，又持刀将张妙杀死，其行为构成故意杀人罪。药家鑫仅因交通肇事将被害人撞倒后，为逃避责任杀人灭口，持尖刀朝被害人胸、腹、背部等处连续捅刺数刀，将被害人当场杀死，其犯罪动机极其卑劣，手段特别残忍，情节特别恶劣，后果特别严重，罪行极其严重。

思考：药家鑫作为一名音乐学院的在校大学生，在交通肇事事件发生后，不是关心被害人张妙的伤情，而是想着如何逃避责任，这一事件让我们想到了什么？

2．留日男生浦东机场捅母亲 9 刀

2011 年 4 月 1 日晚，上海浦东国际机场到达大厅，赴日留学 5 年的 23 岁青年汪某对前来接机的母亲顾某连捅 9 刀，致其当场昏迷。事后，汪某被警方刑拘，顾某 8 日才从特护病房转入普通病房。对于行凶原因，汪某称，母亲表示不会给他钱，“还说要钱的话就只有一条命了这种话，我脑子一下子空白，冲上去就捅了她”。但顾某否认他们当晚曾因学费发生争执。

思考：汪某为什么对母亲狠下毒手？请分析什么是造成儿子刺杀母亲这一悲剧的根本原因。

3．川大学生因被嫌丑杀人，家境贫寒，与家人缺乏交流

2010 年 3 月 30 日晚，四川大学公共管理学院 2008 级信息资源管理专业本科生曾世杰手持刀具，在校园内制造了 1 死 2 伤的惨案。成都市人民检察院经依法审查查明，被告人曾世杰自感因家庭经济条件不好及自身相貌等原因受到别人歧视，产生了杀人泄愤的念头，于 2010 年 3 月 30 日 21 时许，携带事先准备的尖刀，到四川大学江安校区环形大道北段路旁，先将本校学生被害人唐某刺伤后，又将被害人彭某当场杀死。随即，被告人曾世杰又窜至四川大学江安校区建筑与环境学院楼后的“沫溪”旁，持刀捅刺被害人张某，被害人张某被刺伤后立即与其搏斗并将被告人曾世杰控制，曾世杰被闻讯赶至的保安和警察抓获。

在曾世杰向法院提交的个人陈述中，有这样一段内心自述：“自己上大学后因为相貌、经济方面原因受到很多人的嘲笑与歧视，加之性格内向，不爱与人交谈，遇到什么事都爱憋在心里，时间长了以后，便产生了特别强烈的抑郁感与自卑心理。经常待在寝室里发

呆，也经常藏在被窝里掉眼泪，严重到了一天只吃一顿饭，晚上才敢出去的境地。同时，成绩也一落千丈，甚至考试都不敢去了。白天遇见人时也从来不敢抬头，但还是逃不掉别人的歧视与取笑。想到无法面对家人时便极度自责与怨恨，对取笑我的人产生了极度的愤恨心理，只能在痛苦与怨恨的伴随下度过每一天。到后来严重到感觉所有人看我的眼神、与我交谈时的表情都是在取笑我。”

思考：曾世杰的悲剧是什么原因造成的？如果在我们的身边出现了这样的同学，我们怎么做？

心理探索

心理探索一：心理活动的本质

一、心理是脑的功能

心理是脑的功能，脑是心理活动的器官。没有脑的心理，或者说没有脑的思维是不存在的。正常发育的大脑为心理的发展提供了物质基础。

什么是心理

心理现象是随着神经系统的产生而出现，又是随着神经系统的不断发展和不断完善，才由初级不断发展到高级的。无机物和植物没有心理，没有神经系统的动物也没有心理，只有具备神经系统的动物才有心理。无脊椎动物的神经系统非常简单，像环节动物只有一条简单的神经索，它们只具有感觉的心理现象，只能认识事物的个别属性；脊椎动物有了脊髓和大脑，它们有了知觉的心理现象，能够对事物外部的整体加以认识；灵长类动物（像猩猩、猴子）的大脑有了相当高度的发展，它们能够认识事物的外部联系，有了思维的萌芽，但是还不能认识到事物的本质和事物之间的内部联系。只有到了人类，才有了思维，有了意识。人的心理是心理发展的最高阶段，因为人的大脑是最复杂的物质，是神经系统发展的最高产物。所以，从心理现象的产生和发展的过程，也说明了心理是神经系统，特别是大脑活动的结果。神经系统，特别是大脑，是从事心理活动的器官。

脑是心理活动的器官，人们获得这一正确的认识经历了几千年。现在，这一论断得到了人们生活的经验，临床的事实，以及从心理发生和发展过程，脑解剖、生理研究所获得的大量资料的证明。以致今天，“心理是脑的功能”这一论断对大家来说已经是常识性的知识了。

二、心理是客观现实的反映

健全的大脑给心理现象的产生提供了物质基础，但是，大脑只是从事心理活动的器官，有反映外界事物产生心理的机能，心理并不是它自身所固有的。心理现象是客观事物作用于人的感觉器官，通过大脑活动而产生的。所以客观现实是心理的源泉和内容。离开客观现实来考察人的心理，心理就变成了无源之水，无本之木。对人来说，客观现实既包括自然界，也包括人类社会，还包括人类自己。20 世纪 20 年代印度发现的两个狼孩——让狼叼走养大的孩子，他们有健全的人的大脑，但是，他们脱离了人类社会，是在狼群里长大的，他们只具有狼的本性，而不具备人的心理。所以，心理也是社会的产物，离开了人类社会，即使有人的大脑，也不能自发地产生人的心理。

心理的反映不是镜子似的机械的反映，而是能动的反映。因为通过心理活动不仅能认识事物的外部现象，还能认识到事物的本质和事物之间的内在联系，并用这种认识来指导人的实践活动，改造客观世界。

心理是大脑活动的结果，却不是大脑活动的产品。因为心理是一种主观映象，这种主观映象可以是事物的形象，也可以是概念，甚至可以是体验，它是主观的，而不是物质的。从这个角度来说，应该把心理和物质对立起来，不能混淆，否则便会犯唯心主义或庸俗唯物主义的错误。

三、心理是以活动的形式存在的

心理是在人的大脑中产生的客观事物的映象，这种映象本身从外部是看不见也摸不着的。但是，心理支配人的行为活动，又通过行为活动表现出来，因此，可以通过观察和分析人的行为活动客观地研究人的心理。

心理探索二：健康与心理健康

如今，健康的概念已经超越了传统的医学模式，心理的健康已成为“健康”概念和范畴中的必然而重要的组成部分。

美国健康教育学专家鲍尔等指出，健康是人们身体、心情和精神方面都自觉良好，活力充沛的状态。

1948 年，世界卫生组织（WHO）在其《世界卫生组织宪章》中开宗明义地指出：“健康不仅是免于疾病和虚弱，而且是保持身体上、精神上和社会适应方面的完美状态”。世界卫生组织还提出了健康的 10 个标志：① 有充沛的精力，能从容不迫地对付日常生活和工作而不感到有精神压力；② 处事乐观，态度积极，勇于承担责任；③ 善于休息，睡眠良好；④ 应变能力强，能适应外界的各种变化；⑤ 能抵抗普通感冒和传染病；⑥ 体重合适，身材匀称而挺拔；⑦ 眼睛明亮，反应敏锐；⑧ 头发具有光泽而少头屑；⑨ 牙齿清洁无龋，牙龈无出血而颜色正常；⑩ 肌肤富有弹性。

1989 年，世界卫生组织又将健康明确规定为“躯体健康、心理健康、社会适应良好和道德健康”。这就说明，随着社会的发展，过去那种“无病即健康”的传统健康观日渐为人们所抛弃，一种现代健康观应运而生。

由此可见，健康是一个综合概念，应包括生理、心理和社会适应等几方面。一个健康的人，既要有健康的身体，还应有健康的心理和行为。只有当一个人身体、心理和社会适应都处在一个良好状态时，才是真正的健康。

说到心理，至今为止许多人还是觉得它很神秘，看不见，摸不着，是无从认识的东西，更不知道何为心理健康。实际上这是一种误解。我们研究心理，并非脱离现实生活，只凭空猜测。我们都知道，人是具有高度主观性的动物，人的言语、行为、态度、情绪无不折射出人的心理活动。我们也正是从这些外部表现研究人的心理活动的规律以及它对人类健康的影响。那么，究竟什么才叫心理健康呢？

关于心理健康，国内外许多专家学者都提出过各自不同的看法。1946 年召开的第三届国际心理卫生大会曾为心理健康下过一个定义：“所谓心理健康，是指在身体、智能以及情感上与他人的心理健康不相矛盾的范围内，将个人心境发展成最佳的状态。”

世界心理卫生联合会还具体明确地指出心理健康的标志是：“身体、智力、情绪十分调和；适应环境，人际关系中彼此能谦让；有幸福感；在工作和职业中，能充分发挥自己的能力，过着有效率的生活。”

《简明大不列颠百科全书》指出，心理健康是指个体心理在本身及环境条件许可范围内所能达到的最佳功能状态，但不是指十全十美的绝对状态。我国台湾学者钱频认为：心理健康者应有满意的心境；和谐的人际关系；人格完整；个人与社会协调；情绪稳定。我国大陆学者张人骏等认为，心理健康应包括健全的认识能力；适度的情绪反应；坚强的意志品质；和谐的个性结构以及良好的人际关系。由此可见，学术界对什么是心理健康的提法可以说是仁者见仁，智者见智，而没有能够给心理健康下一个明确而统一的定义。

综上所述，我们认为心理健康可以从广义和狭义两种角度来理解。从广义上讲，心理健康是指一种高效而满意的、持续的心理状态。从狭义上讲，心理健康是指人的基本心理活动的过程内容完整、协调一致，即认识、情感、意志、行为、人格完整和协调，能顺应社会，与社会保持同步。

心理探索三：正确理解心理健康的标准

心理健康不是一种固定不变的状态，而是不断调整、变化、发展和完善的动态过程。心理完全健康的人都是少数，而且不是固定不变的，因为人有状态好的时候，也有不是非常好的时候，有了心理疾病也是可以完全被治愈的。大多数人的状态是心理亚健康状态。也就是有一定的心理问题，但是经过自身或者他人的帮助调节可以恢复心理健康的状态。

比如考试前感到焦虑紧张，遇到麻烦心情烦恼，遇到挫折情绪不好，遇到难以决策时犹豫不决等都属于是心理问题。

一般来说，心理健康与亚健康都统称为心理正常，而患有心理疾病则被称为心理异常，如图 1-1 所示。这里所说的“心理正常”，是指个体能进行正常的心理活动。其具有三大功能：能保障人作为生物体顺利地适应环境，健康地生存发展；能保障人作为社会实体正常地进行人际交往，在家庭、社会团体和机构中正常地担负责任，使人类赖以生存的社会组织正常运行；能使人类正常地、正确地反映、认识客观世界的本质及其规律性，以便创造性地改造世界，创造出更适合人类生存的环境条件。而“心理异常”，即异常的心理活动，是丧失了正常功能的心理活动。由于丧失了正常心理活动的上述三大功能，所以无法保证人的正常生活，进而破坏人的身心健康。

图 1-1　心理健康状况示意图

心理健康不是无失败、无冲突、无焦虑、无痛苦，心理健康者也不是对任何事都能愉快地胜任，而是在这些境遇下，对环境与挫折的反应，能有效地进行自我调整，更好地表现出积极的适应倾向，从而能保持良好的生活状态、学习状态和工作状态，这是心理健康者与心理不健康者的最大区别。

心理探索四：大学生心理健康的标准

大学生的年龄一般在 18～25 岁之间，从心理学的观点来看，正处于青年中期。大学生的心理具有青年中期的许多特点，但作为一个特殊群体，大学生又不能完全等同于社会上的青年。根据我国大学生的实际情况，评判大学生的心理健康水平可从以下几个标准考虑：

一、智力正常

智力是指一个人的认识能力与活动能力，是人的观察力、注意力、记忆力、思维力和想象力的综合。智力正常是大学生学习、生活、工作的最基本的心理条件，也是适应周围环境变化所必需的心理保证。因此衡量大学生的智力是否正常，关键在于其是否正常地、充分地发挥了自我效能：即有强烈的求知欲，乐于学习，能够积极参与学习活动。

四川南充 22 岁的复读生张非，从 2002 年开始，五年之内参加了四次高考，2003 年考上北大，一年以后被退学，复读一年考上了清华，又被退学，复读一年，再次考上清华。

从他考上的大学来看，这位同学智力水平算较高的，但是为什么会因为七门功课不及格被学校退学呢？因为他把精力完全放在了玩网络游戏上了，完全不上课。张非在意志品质方面存在很多问题：缺乏沟通能力和环境适应能力，其情绪控制能力很差，与22岁的年龄极不相称。张非对自己、对家庭缺乏责任感，是个典型的以自我为中心，生活自理能力极差，沉迷网络游戏无法自拔，情商极低的青年。虽然他拥有较高的智力水平，但没有积极的学习态度，终究会失败。

“考霸”张非

二、情绪健康

情绪健康的标志是情绪稳定、乐观、心情愉快。其包括的内容有：愉快情绪多于负面情绪，乐观开朗、富有朝气，对生活充满希望；了解自己，悦纳自己；情绪较稳定，善于控制与调节自己的情绪，既能克制又能合理宣泄自己的情绪，情绪的表达既符合社会的要求又符合自身的需要，在不同的时间和场合有恰如其分的情绪表达。

在判断一幅图表现的是日出还是日落时，一般拥有积极的心态人往往会认为这是一幅日出的画面，太阳正喷薄欲出，张开双臂迎接美好的一天的到来，但是悲观心态的人往往看到的是日落的画面，太阳行将没落，只留下一片凄凉寂寞。而对于半杯水呢？乐观的人总想着不管怎么说，知足吧，还有半杯水呢！心情顿时高涨起来。而悲观的人就会看着发愁，想着怎么只剩半杯水了！心情自然很低落。所以，要保持乐观的情绪状态，我们要从积极的方面来看问题。

情绪在心理健康中起核心作用，情绪异常往往是心理疾病的先兆。例如，躁郁症就是躁狂与抑郁交替发作的心理疾病。狂躁时表现为情绪过度兴奋、愉悦；精力充沛，不觉得需要睡眠；易怒、喜争论，易与人起冲突；过分慷慨、热心，乱花钱；自认能力很强或具超能力。抑郁时表现为情绪低落，表情忧愁；失眠、早醒或易惊醒；食欲减少、反应迟钝、动作减少；绝望、有罪恶感；有自杀意念或企图。

三、意志健全

意志是一种心理过程，即个体在完成一种有目标的活动时，所进行的选择、决定与执行的心理过程。一说到意志就联想到保尔·柯察金，炼就钢铁般的意志，才让我们在回首人生的时候不会因为虚度年华而悔恨，也不因过去的碌碌无为而羞耻。

意志健全的大学生在行动的自觉性、果断性、顽强性和自制力等方面都表现出较高的水平，在各种活动中都有自觉的目的性，能适时地做出决定并运用切实有准备的方式解决所遇到的问题，在困难和挫折面前能采取合理的、有效的反应方式，善于控制自己的情绪和言行，而不是行动盲目、畏惧困难、顽固执拗。良好的意志品质一经形成，将对人的一生产生极为重大的影响。一个意志健全的大学生，肯定会自觉寻求自身最大的发展，实现自己的价值。

意志不健全的表现：① 优柔寡断。又想读自考本科，又觉得到时候不一定有用，整天把注意力集中在如何选择上，觉得这也好，那也好，始终没有最终的答案，最后时间也慢慢过去，自考本科的准备时间也不充沛了，找工作的时间准备也没有，得不偿失。② 半途而废。这种经历想必很多同学都有过吧，练书法、学钢琴、学英语，最常见的就是减肥，很多同学为了减肥制订了很多计划，七日瘦身法、苹果减肥法、运动减肥法……但是往往经不起美食的诱惑，和温暖舒服的小床，使减肥计划半途而废、无疾而终。③ 草率行动。完全没有自制力，做事冲动，为了逞一时之快，别人一挑衅，立马就拳脚相迎了，等受了伤，人被打坏了，受罪的还是自己。

意志力

四、反应适度

个体的行为反应都是由一定刺激或者刺激的强化产生的。“刺激（S）—反应（R）”是经典条件反射实验。实验者巴甫洛夫给他的狗扔骨头吃，过段时间之后，狗一看到骨头来了，就会分泌唾液。在这个实验中，骨头就是刺激，分泌唾液就是反应。失恋了就悲伤，吃饱了就快活，中彩票的时候极度激动兴奋，这都是正常的反应，但是要适度。考试前焦虑很正常，但如果你紧张到完全睡不着觉，脑子里不停地想着考试题，或者考试时的情景，考试失败的结果等，到了考场也进入不了状态，这就属于反应过度，有点考试焦虑的倾向。坐公交车上别人不小心踩了你一脚，别人对你道歉之后你仍然不满意，还继续破口大骂，这也是反应过度。

五、自我评价正确

人的自我意识由自我认知、自我体验和自我控制三个维度构成。大学生评价自己要靠自我认知，过高地评价自己，就表现为自负；过低地评价自己，就表现为自卑。正确的自我评价是大学生心理健康的重要条件。心理健康的大学生在进行自我观察、自我认定、自我判断和自我评价时，能做到自知，恰如其分地认识自己，摆正自己的位置，从而有正常的自我体验，既不以自己在某些方面高于别人而自傲，也不以某些方面低于别人而自卑，面对挫折与困境，能够自我悦纳，喜欢自己，接受自己，并能很好地约束和控制自己的行为和情感，做到自知、自尊、自强、自制、自爱适度，正视现实，积极进取。

六、人际关系和谐

社会生活中最重要的是与人接触，同别人打交道也就是人际交往。一家人能和睦相处，要靠经常的相互了解、体谅和情感交流，在学校，在工作中也需要相互配合、帮助和支持。和谐的人际交往是保持良好的人际关系的前提条件。亲友之间相互敌对、仇视、怨恨、嫉妒往往起源于缺乏思想上的沟通和情感上的交流。其结果常导致人际冲突，或出现心理危机或发生社会悲剧。因此和谐的人际交往是良好的社会适应所不可缺少的。人际关系和谐既是心理健康的重要标准，也是维持心理健康的重要条件之一。良好而深厚的人际关系，也是事业成功与生活幸福的前提。其具体表现为：乐于与人交往，既有广泛而深厚的人际关系，又有知心朋友；在交往中保持独立而完整的人格，有自知之明，不卑不亢；能客观评价别人和自己，善取他人之长补己之短，宽以待人，乐于助人，正面的积极的交往态度多于消极态度，交往动机端正。

七、社会适应正常

心理健康的大学生，能与社会保持良好的接触，认识社会，了解社会，使自己的思想、信念、目标和行动跟上时代发展的步伐，与社会的进步与发展协调一致。如果与社会的进步和发展产生了矛盾和冲突，能及时调节、修正或放弃自己的计划和行动，顺历史潮流而行，而不是逃避现实，悲观失望，或妄自尊大、一意孤行，逆历史潮流而动。同时，心理健康的大学生还能适应客观现实生活环境，既能进行客观观察以取得正确认识，用有效的办法应付环境中的各种困难，不退缩；又能根据环境的特点和自我意识努力进行协调，或改变环境适应自己的需要，或改造自我适应环境。

八、心理行为表现符合大学生的年龄特征

人的一生包括不同年龄阶段，每一年龄阶段其心理发展都表现出相应的质的特征，称为心理年龄特征。一个人心理行为的发展，总是随着年龄的增长而发展变化的。大学生是处于特定年龄阶段的特殊群体，心理健康的大学生应具有与年龄和角色相适应的心理行为特征。如果严重偏离相应的年龄特征，发展严重滞后或超前，则是行为异常、心理不健康的表现。

心理探索五：大学生如何保持健康的心理状态

一、掌握一定的心理卫生知识

大学生已经开始走向成熟，自我意识已基本建立，对他们来说，最重要的教育是自我教育。因此，每个大学生都应增强心理卫生意识，了解心理卫生知识，而不应使自己在这方面存在盲点。了解了心理卫生知识，就等于拿到了通往健康心理的钥匙，在必要时就可以进行自我调节。

二、建立合理的生活秩序

许多大学生是头一次离家独自生活，一时间似乎得到了许多的“自由”。不过，如果滥用这种“自由”，或随心所欲，或负担过重，不顾自己的身体状况和生理节奏，都会导致精神损伤。因此，尽快地建立合理的生活秩序乃当务之急。这需要注意以下几点：

（一）心理负担适量

大学生的主要任务是学习，他们的很多心理活动都与学习有关。研究表明，个体在适度的压力和焦虑情绪之下，可以提高思考力和机敏度。因此，大学生的学习应有一定的压力，这种压力对心理健康发展及学业的完成是必要的，但不能过分加重负担。

许多新生入学，容易出现两种倾向：一是觉得苦读中学这么多年，好不容易进了大学，可以好好轻松一下。而大学相对中学来说，有更多的自由，也比较轻松，没有老师家长的过多的干涉与束缚，于是终日玩乐，不思进取，高呼“60 分万岁”，任自己的大学时光荒废过去；二是不太适应大学的学习方式，同时周围又强手云集，以前在本地区的那种优势已不复存在，而家乡的父老乡亲又给予自己厚望，于是压力很大，产生高度焦虑，这种状况又导致在学习上疲于被动应付，进而严重影响其自信心。这两种不良倾向，最终都可能导致学业上的挫折，带来苦恼及自我否认等心理问题。

（二）生活节奏合理，有张有弛

大学校园生活是丰富多彩的，这为合理安排生活节奏，积极参加多样的文体活动提供了十分有利的外在条件。这样既可调剂紧张的学习生活，又可以开阔视野、广交朋友，发现自己在各方面的潜力，增加与他人相处的经验。这种积极的状态，能使大学生充分发挥其潜在的能量，增强自信，使自己的生活有节奏感，劳逸结合，提高学习效率。

（三）注意保护大脑

大脑是心理活动的最重要的物质基础。大脑受到损伤，心理健康就无从谈起。过度的疲劳、紧张，或长时间的高度兴奋、强烈刺激，都会引起脑力衰竭。而脑力衰竭，恢复起来就比较困难。因此，大学生应千万注意不要图一时之快、逞一时之强，忽视用脑卫生。

三、保持健康的情绪

发泄情绪的方式

情绪对于心理健康来说，是至关重要的。几乎每一种心理疾病都有其情绪上的表现。稳定而良好的情绪状态，使人心情开朗，轻松安定，精力充沛，对生活充满乐趣与信心。相反，如果一个人情绪波动较大，患得患失，喜怒无常，时常处于不良的情绪状态中，而自己又不会调节和控制，就会导致心理失衡和心理危机，甚至精神错乱。大学生情感丰富而冲动，就更应学会保持健康的情绪。

保持健康的情绪，首先应学会合理宣泄，找到充分表达自己情绪的方法，既不要压抑自己，也不要放纵自己。每个大学生都应意识到，任何一种情绪，都是由一定原因引起的。正视这种原因，接受这种情绪，并让它适当地表达出来，这才会有益于健康。

在生活中，人们难免会遇到不良刺激而出现负性的情绪反应，如愤怒等。然而，剧烈的情绪反应会降低人的理智水平，情绪一旦失去了控制，会带来许多不良后果。所以，一个人应在自己情绪剧烈变化的过程中，及时给予控制。

其次，对于消极情绪，要学会几种自我疏导、自我排遣的方式。当感到忧愁、不平和烦恼时，应把它发泄出来。长期压抑情绪是有害于心理健康的。在忧郁的时候，找知心朋友或亲人倾诉，使不良情绪得以发泄，压抑的心境就可能得到缓解，甚至大哭一场也不失为一种调整机体平衡的方式。在倾诉郁闷的过程中，还可能获得更多的情感支持和理解，获得认识和解决问题的新思路，增强克服困难的信心。

另外，也可以用转移注意力的方式排泄不良情绪。对一件令人沮丧的事，总去注意它，就会限制自己的思维，使自己越发低沉。这时，不妨将自己的注意中心转移到别的事物上，暂时离开这件不愉快的事，去看看电影，听听音乐，这样便可使忧闷排遣出来。还有一种很好的调节方式就是幽默。幽默能使紧张的精神放松，摆脱窘困的场面，消除身心的某些痛苦，调节和保持心理健康。为了保持愉快、稳定的心境，要注意以下几点：

（1）不过分苛求自己。有些人把自己的抱负定得过高，根本无法达到，一旦达不到，就终日郁郁寡欢。有的人做事要求十全十美，往往因为小小的瑕疵而自责。如果把自己的目标和要求定在自己的能力范围内，自然就会心情舒畅。

（2）对他人期望不要过高。许多人把希望寄托在他人身上。如果对方达不到自己的要求，便会大失所望。其实每个人都有自己的个性和特点，何必一定要别人迎合自己的要求呢？

（3）偶尔也要屈服。要心胸开阔，做事从大处看，只要大原则不受影响，小事则不必斤斤计较，以减少自己的烦恼。

（4）暂时回避。在遇到挫折时，应该暂时将烦恼放下，去做些喜欢做的事。如运动、看电影、听音乐等。

（5）为别人做些事。帮助别人不仅能使自己忘却烦恼，而且还可以确定自己存在的价值，更可以获得珍贵的友谊。

四、建立良好的人际关系，学会去爱

人际关系

建立良好而真诚的人际关系，是非常重要的心理保健的途径。大学生都是同龄人，共同点较多，人际关系比社会上单纯。和谐的人际关系，可以增加自信和理解，减少心理上的不适感，实现心理平衡。健康的心理是需要丰富的营养的，最重要的营养就是爱。爱不是抽象的，它有着十分丰富的内涵。除了大家通常意义上的男女爱情之外，诸如眷恋、关怀、惦念、安慰、鼓励、帮助、支持、理解等，都可归为爱的范畴，而这些都可以从良好的人际关系中得到，反过来，又可以使人际关系更为和谐。

大学生的友谊往往是深刻而持久的。它可以成为大学生情感的寄托，可以增加归属感。而且，去关心他人，理解他人，又能促使自己拥有博大的胸怀，从而大大增加生活、学习、工作的信心和力量，最大限度地减少心理应激和心理危机感。这是人们维护和保持心理健康的最基本、最重要的因素之一。一个孤芳自赏、离群索居、生活在群体之外的人，是不可能做到心理健康的。

在交往过程中应该意识到，现实生活中的每个人都不可能是完美无缺的，在个性、行为习惯、价值观念和情绪状态等各个方面都会有各自的优点与不足。因此，对他人要有一种宽容的态度，不要期望过高。对他人期望过高，往往会产生失望感，其结果是使自己的心理平衡受到干扰，对自己造成更大的不良影响。

五、树立符合实际的奋斗目标

每个人都有成功的欲望。青年中的佼佼者——大学生们的这种成功欲望更为强烈。但客观地讲，每个人的能力都有一定的限度，都具有优势和劣势两个方面。一个心理健康的人，应该能对自己的能力做出客观的评价，并依此付诸社会实践。做到这一点，对于保护个体少受挫折及充分发挥才能等都是非常重要的。因此，不对自己过分苛求，把奋斗目标确定在自己能力所及的范围以内，使自己通过艰苦努力，能最终实现目标。成功的体验，对于维持心理健康是极为重要的。

与此相反，如果不自量力，仅凭良好的愿望和热情，盲目地制订宏伟目标，结果往往是目标落空，在个人心理上蒙受打击，产生挫折体验，不仅白白耗费了精力，也给自信心和心境造成不良影响，而且还会影响到今后的进一步发展。

此外，树立切实的目标，还包括不盲目地处处与人竞争，以避免过度紧张。大学生处于青年阶段，青年人在一起容易出现争强好胜、相互攀比的现象。有些学生常暗示并鼓励自己盲目地与他人竞争。然而，正如前面所指出的，每个人精力有限，优势各异，如果处处与他人竞争，不可避免地会受一些挫折、失败。而且，处处竞争会使自己终日生活在紧张状态之中，心理上承受过大的压力，这对心理健康极为不利。因此，每位大学生应根据自己的实际情况，选择竞争的领域。这样，一方面有利于充分发挥自己的优势，获得成功；另一方面，也会有助于身心健康发展。

六、学会自娱

一个人如果能注意培养和发展自己的业余爱好，进行多方面的自我娱乐活动，就可能在寂寞孤独、烦闷忧郁时，通过自我娱乐来缓解心境压抑，这对心理健康是极有好处的。人不可能总是工作和学习，有业余时间，积极开展愉快的娱乐活动，做到积极的放松和休整，才能使自己得到真正的心身保健，并使自己更有效地从事工作和学习。每个大学生在大学阶段，都要依据自己的性格特点和条件，注意培养和发展一些兴趣和业余爱好，学会自我娱乐，这对维护自身的心理健康是十分有益的。

七、学会寻求心理咨询的指导

心理咨询，是指从事心理咨询的专业人员给来访者以心理上的帮助过程。心理咨询在美国、日本等发达国家已成为心理学的热门分支学科，在日本的大学中，有70%以上的学校设有心理咨询机构。在这些学校中，学生退学、病休、自杀的人数明显低于没有设立咨询机构的学校。

我国的心理咨询起步较迟，随着现代社会和科学的发展，特别是医学模式的改变、健康观念的重新评价，心理咨询必将在我国迅猛发展。近十多年来，北京、上海、浙江等地的一些高校已经先行一步，取得了一些可喜的成果。事实表明，心理咨询的地位和作用已越来越受到教育者和大学生的重视，逐渐为更多的大学生所接受和欢迎。

心理探索六：大学生的心理问题

大学生的心理问题可分为三个层次：轻微心理失调、轻度的心理障碍和严重的心理疾病。前两个层次的心理问题一般可以通过自我调整或心理咨询进行解决，而严重的心理疾病则需要到专业的医疗机构诊治。

微电影——便条

一、轻微心理失调

轻微心理失调是指那些轻微的、对学生生活影响较小的不正常的心理状态。轻微的心理失调主要表现在轻微脑功能失调、冷漠与孤独、过度自卑、嫉妒等方面。大多数大学生的心理问题属于这一层次。

轻微脑功能失调主要表现为活泼过度，注意力不集中；情绪不稳，特别容易冲动，自我克制能力较差。他们对自己感兴趣的活动过度激动、兴奋，碰到不顺心的事则又容易激怒，表现出喜怒无常的状态。

冷漠与孤独的大学生对人对事都很冷淡、漠不关心，有时甚至冷酷无情。对所学的知识不专心，没有学习热情，对集体活动冷眼旁观，置身世外。

过度自卑感是普遍存在的一种情感体验，学生时期是自卑感的多发期。过度自卑的学生，胆小怯生，缺乏自信和勇气，不敢交际，特别畏惧失败。

轻微心理失调的大学生都能从事正常的活动，不过对活动的效率及其个性发展具有一定的或潜在的影响，但这种影响可以通过自我调节加以消除。问题在于具有此类轻微的心理失调，一般不容易引起重视，若任其发展，会向轻度心理障碍过渡，构成对心理健康的严重威胁。

二、轻度的心理障碍

轻度的心理障碍是心理活动中出现的轻度创伤，是在特定情境和特定时段由不良刺激引起的心理异常现象，属于正常心理活动中暂时性的局部异常状态。轻度心理障碍包括神经衰弱、抑郁性神经症、焦虑性神经症、强迫性神经症、恐惧症和癔症。

神经衰弱表现为兴奋性增高症状，疲劳过程加速症状、植物神经功能障碍等。

抑郁性神经症表现为情绪低沉忧郁，整日闷闷不乐，自我谴责，睡眠差，缺乏食欲，通常遭受精神刺激后发病，出现难以排解的抑郁心境，对生活没有乐趣，对前途失去希望，认为自己没有用处，还会有胸闷、乏力、疼痛等症状，严重时会出现自杀观念或行为。

焦虑性神经症以焦虑情绪为主，并伴有明显的植物神经功能紊乱和运动性不安。

强迫性神经症是以强迫观念和强迫动作为主要表现的一种神经症。

癔症（歇斯底里）起病急，可表现出多种多样的症状，有感觉和运动机制障碍，内脏器官的植物性神经机能失调以及心理异常等，常有抽搐、头痛、胸闷、心烦、委屈、肢体震颤、眨眼、摇头、面肌抽动或运动麻痹等多种不同反应。

如果长期持续的心理障碍得不到适当的调适或从中解脱出来就易导致精神疾病的产生。属于此层次的人虽然能维持正常活动，但已受到明显的干扰并表现出异常行为，需要进行心理咨询和心理治疗。开展心理咨询是预防和消除轻度心理障碍的最普遍、最有效的方法。

三、严重的心理疾病

严重的心理疾病是指人的整个心理机能的瓦解，心理活动各方面的协调一致遭到严重的损害，而且机体与周围环境的关系也严重失调，主要有精神分裂症、躁狂抑郁症等。

精神分裂症的特点是患者基本个性的改变，并出现感知、思维、情感和行为的分裂。

躁狂抑郁症是以原发性情感情绪障碍为临床表现。躁狂发作期言语明显增多，联想加快，观念飘忽，注意力不集中，情绪极端高涨，精力非常充沛，自我评价过高，行为轻率；抑郁发作期言语明显减少，感知迟钝，联想困难，思维迟缓，情绪低落，甚至出现轻生念头。这已属于一种心理疾病，处于此层次的人基本无法从事正常生活和学习，其思维意识与行为呈现出极为反常的状态，对自己和他人构成一种潜在威胁，需要到专业的医疗机构诊治。

心理探索七：大学生常见的心理困惑

一、环境适应问题

扫一扫

青春

环境适应问题在大一新生中较为常见。环境不适应的最初起因是环境改变了，从原来对高中生活的适应，处于平衡状态，到大学之后，环境有了新变化，平衡被打破，继而引发一系列的不适应。每个人都会遇到不适应。因为什么引起不适应，在哪些方面不适应，不适应症状持续多久，都因人而异。大学期间常见的不适应主要有习惯型不适应、情感型不适应和压力型不适应等。

二、学习问题

大学生常见的学习问题主要表现为：学习目的问题、学习动力问题、学习方法问题、学习态度问题，以及学习成绩差等。大学期间，学习往往不再如高中阶段那样得到绝大多数人的重视，目的不明确、动力不足、态度不好构成了学习问题的主要方面。

三、人际关系问题

如何与周围的同学友好相处，建立和谐的人际关系，是大学生面临的一个重要课题。同高中阶段相比，大学生对人际关系问题的关注程度超过了学习，也成为人学生心埋困扰的主要来源之一。人际关系问题常常表现为难以和别人愉快相处，没有知心朋友，缺乏必要的交往技巧，过分委曲求全等，以及由此而引起的孤单、苦闷、缺少支持和关爱等痛苦感受。

四、恋爱与性心理问题

大学生处于青年中后期，性发育成熟是重要特征，恋爱与性问题是不可避免的。恋爱问题一般包括单相思、恋爱受挫、恋爱与学业关系问题、情感破裂的报复心理等。而性心理问题常见的有手淫困扰，以及由婚前性行为、校园同居等问题引起的恐惧、焦虑、担忧等。

五、性格与情绪问题

性格障碍是大学生中较为严重的心理障碍，其形成与成长经历有关，原因较为复杂，主要表现为自卑、怯懦、依赖、神经质、偏激、敌对、孤僻、抑郁等。

六、求职与择业问题

在即将跨入社会时，高年级大学生往往感到很多的困惑和担忧。如何选择自己的职业，如何规划自己的职业生涯，求职需要些什么样的技巧等问题，都会或多或少地带来困扰和忧虑。

七、神经症问题

长期的睡眠困难、焦虑、抑郁、强迫、疑病、恐怖等都是神经症的临床表现症状。

对于大部分同学来说，常常遭遇到的是前六种心理困扰，这些困扰主要是由很多现实的社会心理因素所导致，也往往是暂时性的，经过自己的主动调节或寻求咨询老师的帮助，多能恢复心理的平衡和适应。第七种问题需要进行专业的心理咨询或心理治疗。

心理探索八：大学生常见异常心理

一、精神分裂症

精神分裂症为一组精神疾病的总称，因为具有精神分裂的共同症状而得名。精神分裂症与其他心理异常不同的是，此病已达到丧失自主生活的能力，严重到非住院治疗不可的地步。此病患病率较高，且有不同的种类。临床表现以思维松散，不合逻辑的联想，荒谬的妄想，情感不恰当或平淡和社会功能缺损等为主要症状。根据青年的精神分裂症状的不同，精神分裂症可以分为以下几种类型。

（一）单纯型

本病多发生在青少年时期。患者多数是性格孤僻，不喜欢交往，遇事退缩的学生。早期常有失眠、头痛、萎靡，且逐渐出现退缩、迟钝、不与人交往、对任何事都不感兴趣、对生活没有任何要求和理想；随后不愿意上课、工作，对人冷漠，整天呆坐或蒙头大睡，偶尔会激动突变。

（二）青春型

本病多发生在 20 岁以下的青春期。病前人的性格乖戾，情绪波动大，敏感而多疑，富于幻想。起病急骤，发展很快，几天内就可达到高峰。主要症状是思维紊乱，词语不连贯，很难与人交谈；情感波动很大，变化无常，时笑时哭，个性色彩明显，无故大发雷霆；意志薄弱，动作无意义。

（三）紧张型

这种病人多在 18～25 岁之间。此病症状主要有木僵状态与兴奋跳动两种，有时单独出现，有时交替出现。

二、情感性精神障碍

情感性精神障碍病因未明，以情绪高涨和低落为主要特征，伴有相应的思维和行为改变的精神疾病，包括抑郁症、躁狂症和躁郁症。仅有抑郁发作或仅有躁狂发作的分别称为抑郁症和躁狂症，两种都有的叫躁郁症。此病大多在进入青年期后开始出现。正常人的情感体验多种多样，有相应的表达方式，并且能为人所感知和自制。而情感性精神病患者是以自控感和对重大刺激主观体验丧失为特征的一组病症。其结果是导致患者人际关系、社会和职业功能受损。

其中，躁狂症临床表现为兴高采烈，情绪激昂，思维奔逸，精力充沛，意志增强，眨眼减少，动作增多，爆发过火行为，自我评价过高和夸大。抑郁症的临床表现为情绪极度低落，非常沮丧和悲伤，对其周围的一切均不感兴趣，甚至可能忽视自身的外表与健康，行为迟缓，可能无所事事地坐着，甚至终日昏睡，思维过程出现明显阻滞，出现注意力减弱、烦躁、失眠等。产生罪恶感，动作减少，令人丧失心志和有死亡或自杀的想法。其他症状包括活动能力、认知功能、语言以及其他生物节律等植物神经功能紊乱的一系列表现。

三、神经症

神经症是一组起病与工作、学习负担过重或心理应激因素相关的轻度精神障碍。它是一种非器质性的心理障碍。患者虽在生活上适应困难，心理上痛苦，但还未严重到必须住院治疗的程度，是临床最常见的心理疾病之一。

（一）神经衰弱

神经衰弱是一种由于大脑神经活动长期持续性过度紧张，导致大脑的兴奋和抑制失调，神经活动能力的减弱而产生的心理障碍。

（二）歇斯底里

该病又称癔症，多由于精神刺激或不良暗示而引起的感觉与运动机能障碍，植物神经系统机能失调与精神异常。发病急剧，但可以通过恰当治疗而迅速恢复。发病年龄多在16～30 岁，女性多于男性。大多数发病的青年人都有某种特点：高度的情绪强度和高度的受暗示性。

歇斯底里的症状多种多样，表现为嚎啕大哭、喊叫、捶胸顿足、撕裂衣服、双目失明、突然失声、失忆、突然肢体不能活动等。

（三）焦虑症

焦虑反应在正常人身上常发生，它是人们应激压力时的正常反应。但焦虑症病人不仅在正常的情景下产生焦虑，如对于考试、登台表演等，而且常在没有明确的现实威胁时也产生焦虑反应，即产生的恐慌不安不知道因何而起。另外，其焦虑体验往往较正常人强烈。

患者体验到一种难以言说的紧张感，混合着担心着急、坐立不安、害怕惶恐这样一些成分，好像灾难即将到来似的。躯体症状主要表现为交感神经过度兴奋和运动性不安。另外，焦虑病人大多都有眨眼障碍。大学生焦虑症较多见，除个体的遗传素质、身体、性格等因素外，主要诱因来自于学习紧张压力，考试压力，竞争压力及人际关系压力紧张等。

（四）强迫症

强迫症是以重复出现患者并不愿意出现的某些强迫性的观念、意向和行动为主要临床表现的神经症。此症导致患者紧张不安、十分痛苦。例如，有的患者不由自主地产生一些念头、强迫性的回忆、疑虑等，明知不必要，但难以摆脱。有的患者常做一些没意义的动作，如反复洗手、计数、查看、询问等，不这样做不舒服，但事后又懊丧自责。

（五）恐惧症

恐惧症是指对某一特定的物体、活动或处境产生持续、紧张和毫无理由的惧怕，从而出现回避反应。患者也明知这种反应不合理，但是在相同的场合或环境中仍会反复出现，并难以自控。恐惧症常急剧发病，患者有严重的焦虑，甚至达到惊恐程度。大学生常见的恐惧症有社交恐怖。该症的治疗以心理治疗为主。关键是让患者不要回避引起痛苦的某种刺激，而是在一定的心理准备下敢于去面对它、适应它、克服它。

四、人格障碍

人格障碍又称病态人格、人格异常。是指人格特征显著偏离正常，从而使患者形成了特有的行为模式，不能适应正常的社会生活。人格障碍的类型有很多，目前尚无一致公认的分类。参照美国《心理障碍的诊断和统计手册》中的分类，人格障碍有三大类群：第一类以行为怪僻、奇异为特点，包括偏执型、分裂型人格障碍；第二类以情感强烈、不稳定为特点，包括闭门癔病型、自恋型、反社会型人格障碍；第三类以紧张、退缩为特点，包括回避型、依赖型人格障碍。

心理训练

心理训练一：心理健康自我检测

人的心情在一生中必然会时好时坏，精神病学家和心理学家认为，当你觉得心情太坏，以至于无法工作，或当你的心理问题开始干扰你的日常生活时，便应该考虑求助于心理咨询了，但如果你只是偶尔有这类感觉或行为，就不能以为出现了情绪问题。那么，正常的心情好坏和需要治疗的情绪问题究竟有何不同呢？下面的一些问题可帮助你的判断。

1. 在新环境中，例如求职面谈，是否会发生难堪或不顺利的事？

A. 永远或大部分时间如此。

B．从不如此。

2．在作决定时，你是否会感到很困难，如选购一件新上衣或决定周末如何消遣时？

A．永远或大部分时间如此。

B．从不如此。

3．参与团体活动时，你是否犹豫不决？在宴会中你是否孤单地伫立一旁？

A．永远或大部分时间如此。

B．从不如此。

4．你是否满意与你关系亲近而密切的人？

A．永远或大部分时间如此。

B．从不如此。

5．在求职面谈或参加宴会之前，你是否须喝杯酒或服颗镇静剂，以增加信心？

A．永远或大部分时间如此。

B．从不如此。

6．你对不能控制的习惯，如吸烟或吃得太多，是否感到忧虑？

A．永远或大部分时间如此。

B．从不如此。

7．你在空间狭小的地方，是否会有无法控制的恐惧或吓得不能动弹？

A．永远或大部分时间如此。

B．从不如此。

8．你出门后，是否必须再回来一次，看看房门可曾锁好，炉子可曾熄灭以及诸如此类的事？

A．永远或大部分时间如此。

B．从不如此。

9．你是否要一个多小时才能入睡，或醒得比你希望的早一个多小时？

A．永远或大部分时间如此。

B．从不如此。

10．你是否非常注意清洁，或怕被你接触的东西弄脏了或怕弄脏了你所接触的东西？

A．永远或大部分时间如此。

B．从不如此。

11．你是否觉得前途无望，或曾想伤害自己或自杀？

A．永远或大部分时间如此。

B．从不如此。

12．你曾否看到、听到或感觉到别人觉察不到的东西？

A．永远或大部分时间如此。

B．从不如此。

13．你是否认为你有高超的能力，或认为别人用高超的能力来对付你？

A．永远或大部分时间如此。

B．从不如此。

14．你做经常做的事，诸如学校的日常学习或做家务，是否请求别人的赞成或鼓励？

A．永远或大部分时间如此。

B．从不如此。

选择 A——1 分　　选择 B——0 分

分数为 5 分以下：心理正常，不需要治疗。

分数为 6～9：在表达感情上有问题或对自己缺乏信心，如果想改变这类感觉或行为，心理治疗可能有效。

分数为 10～14：问题已干扰了日常生活，最好听听专家意见，应该立刻去请教专家，若需治疗，越早越容易。

心理训练二：房、树、人

基本工具：白纸、铅笔、橡皮、油画棒。

目的：挖掘自己心中未知的潜能，发现自身的局限。

操作方法：请在这张纸上画一间房子、一棵树和一个正在做某一个动作的人。尝试去画一个完整的人，不要画漫画或火柴人。

房、树、人心理投射分析

心理训练三：焦虑自评量表

表 1-2　焦虑自评量表

序号	题　目	没有或很少时间有	有时有	大部分时间有	绝大部分或全部时间有	评分
1	我觉得比平常容易紧张和着急（焦虑）					
2	我无缘无故地感到害怕（害怕）					
3	我容易心里烦乱或觉得惊恐（惊恐）					
4	我觉得我可能将要发疯（发疯感）					
5	我觉得一切都很好，也不会发生什么不幸（不幸预感）					
6	我手脚发抖打颤（手足颤抖）					
7	我因为头痛、颈痛和背痛而苦恼（躯体疼痛）					

（续表）

序号	题　目	没有或很少时间有	有时有	大部分时间有	绝大部分或全部时间都有	评分
8	我时常感觉精神衰弱和身体疲乏（乏力）					
9	我觉得心平气和，并且容易安静坐着（安静平和）					
10	我觉得心跳很快（心慌）					
11	我因为一阵阵头晕而苦恼（头昏）					
12	我有晕倒发作或觉得要晕倒似的（晕厥感）					
13	我呼气吸气都感到很容易（呼吸困难）					
14	我手脚麻木和刺痛（手足刺痛）					
15	我因为胃痛和消化不良而苦恼（胃痛或消化不良）					
16	我常常要小便（尿意频数）					
17	我的手常常是干燥温暖的（少汗）					
18	我脸红发热（面部潮红）					
19	我容易入睡并且一夜睡得很好（睡眠不足）					
20	我做噩梦					
总分统计						

评分方法：

采用 4 级评分，主要评定症状出现的频度，其标准为：“1”表示没有或很少时间有；“2”表示有时有；“3”表示大部分时间有；“4”表示绝大部分或全部时间都有。20 个条目中有 15 项是用负性词陈述的，按上述 1～4 顺序评分。其余 5 项（第 5，9，13，17，19），是用正性词陈述的，按 4～1 顺序反向计分。

分数解释：

50 分以下不构成焦虑，50～59 分为轻度焦虑，60～69 分为中度焦虑，70 分以上为重度焦虑。

心理训练四：抑郁自评量表

本量表共有 20 道题目，每题有 4 个选项，如表 1-3 所示。请仔细阅读每一条，根据近一周的实际感受选择最适合的程度。

表 1-3 抑郁自评量表

序号	题目	没有	有时	经常	持续
1	我觉得闷闷不乐，情绪低沉				
2	我觉得一天之中早晨最好				
3	我一阵阵哭出来或觉得想哭				
4	我晚上睡眠不好				
5	我吃得跟平常一样多				
6	我与异性亲密接触时和以往一样感觉愉快				
7	我发觉我的体重在下降				
8	我有便秘的苦恼				
9	我心跳比平时快				
10	我无缘无故地感到疲乏				
11	我的头脑跟平常一样清楚				
12	我觉得经常做的事情并没有困难				
13	我觉得不安而平静不下来				
14	我对将来抱有希望				
15	我比平常容易生气激动				
16	我觉得作出决定是容易的				
17	我觉得自己是个有用的人，有人需要我				
18	我的生活过得很有意思				
19	我认为如果我死了别人会生活得好些				
20	平常感兴趣的事我仍然照样感兴趣				

评分标准如表 1-4 所示，分为正向计分和反向计分。先将 20 道题目的分数相加，得到粗分，再将粗分乘以 1.25，四舍五入取整数，得到标准分。

表 1-4 计分标准

计分类别	包含题目	没有	有时	经常	持续
正向计分	1、3、4、7、8、9、10、13、15、19	1	2	3	4
反向计分	2、5、6、11、12、14、16、17、18、20	4	3	2	1

抑郁评定分界值为 50，分数越高，抑郁程度越明显。

50 分以下：正常范围。

50～59 分：轻度抑郁，建议适度放松，调整心态，也可咨询心理医生。

60～69 分：中度抑郁，建议寻求心理医生的帮助与治疗。

70 分以上：重度至严重抑郁，需立刻去心理诊所或精神医院治疗。

项目二　走进心理咨询室

——大学生心理咨询

【故事悦读】

所有的事情都压在我一个人头上

马特是一家服务机构的管理者，36 岁，事业有成，人缘颇佳，还拥有美满的婚姻。然而，他感到自己无法从工作中解脱。他睡眠状况很差，并且也觉得自己的思维越来越混乱。他把大部分时间都花在他的工作上，然而这种工作优先于家庭的做法让他感到愧疚。于是他开始借着喝酒、赌博来减轻自己的痛苦。在心理咨询的初始阶段，他完成了一系列有关压力、忧虑及沮丧情况的测试，这些测试分值表明其苦恼的程度。通过若干次心理咨询，马特了解到日常生活中所存在的问题（例如，没有被孩子需要的感觉）与他个人在工作或家庭中所扮演的角色是密切相关的。他渐渐学会更好地表达自己的需要和情感，也找到了如何在工作中把事情委托他人处理及寻求他人支持的方法。他认为自己拥有一种不断增强的满足感，工作职责履行得很好，同时与妻子之间的关系也有了改善。

可以说，心理咨询不曾改造马特，也不曾改变他那压力非常大的工作环境，但是却能够使他置身于繁杂纷呈的事务之外，审视自己，审视与他人的关系以及寻找使自己的生活回复到某种程度的平衡的方法。

热身运动

活动一：画“自画像”

活动目的：

（1）通过画“自画像”，让学生进一步认识自己，展示一个“内心的我”。

（2）通过交流，促进学生彼此理解。

活动时间：约 20 分钟。

扫一扫

心灵底片——自画像

活动道具：水彩笔和16开大小的白纸。

活动流程：

（1）主持人发给每位参与者一张16开大小的白纸，把水彩笔放于场地中央，供需要者自由取用。

（2）在8～10分钟内，每人在白纸上画一幅“自画像”。

（3）小组内交流“自画像”的含义，同组成员可以提出质疑。

（4）主持人将典型的案例做全班分享。

注意事项：

（1）主持人可以提示大家，“自画像”可以是具象的肖像画，也可以是抽象的比喻画；可以是单色的，也可以是彩色的。

（2）有的学生会因为自己的绘画技能差而感到为难，主持人要提醒大家本游戏不是绘画比赛，只要求大家画的内容、形式等能形象地反映对自我的认识。

（3）主持人寻找典型案例时，可以关注“自画像”的大小、位置、色彩、内容等，还可以关注在画“自画像”和交流时的神情。

活动二：人体“拷贝”

活动目的：

（1）通过活动让学生学会仔细观察、准确理解和清晰表达。

（2）让学生体验彼此信任、融洽沟通、团体合作带来的成功与快乐。

扫一扫

诗词传真

活动时间：约20分钟。

活动流程：

（1）全班分为若干组，要求每组10人以上。

（2）每组一路纵队站好，主持人将写有一个名词的纸条让每组的第一个人看一眼，然后请他通过肢体语言向后面的一位同学表达所看到的内容，依次“拷贝”传动，最后一位同学跑到主持人处，写出他得到的信息。

（3）全班交流，分享感受。

注意事项：

（1）避免各组之间的影响，各组“拷贝”的内容不要相同。

（2）在“拷贝”传递时，只允许两个人之间发生联系，不能集体参谋、交流。

（3）在游戏的过程中不要发出声音，否则游戏没有意义了。要求只在两个人之间传递信息，已传递完信息的和还未传递信息的学生都是背对两个正在传递信息的学生。

活动三：盲人走路

活动目的：

（1）帮助学生体会站在他人的角度上考虑问题。

（2）让学生理解他助与自助同等重要。

活动时间：约 30 分钟。

活动道具：一条通往教室门口的路线（路线中是由绳子、楼梯等构成的障碍），眼罩。

活动流程：

（1）每个人戴上眼罩扮演盲人，先尝试独自一人穿越障碍的旅程，体验盲人的无助、艰辛，甚至恐惧。

（2）所有学生中每两个人随机组合，一个人继续扮演盲人，另一人则扮演帮助盲人的“拐棍”，由“拐棍”帮助盲人完成从教室内到教室门口的充满障碍的旅程。

（3）所有学生均扮演盲人，并两个盲人相互帮助完成这一段障碍旅程。

（4）学生们交流：在不同情况下，扮演不同角色时的感受。

注意事项：

（1）可以根据实际情况从这三种 “盲人”之旅中选择一种完成。

（2）障碍旅程的设计，应该有跨越、钻圈、下蹲、上下楼梯等多种障碍。

（3）在“盲人”旅行的过程中，不允许用语言交流，最好配置适当的背景音乐。

（4）在角色互换的旅行中，“盲人”与“拐棍”最好不要选择同一人，以陌生的对象为好。

头脑风暴

心理咨询兴起于 20 世纪 40 年代。它的兴起主要受了 3 种力量的推动：一是受了人们对“精神分析疗法”日益不满（疗期太长、咨询关系像医患关系等）的影响；二是受了 20 世纪 30 年代职业咨询运动的推动；三是受人本主义思潮的启发。

咨询的意思是商榷、讨论与征求意见等。实际上，在今天的美国等西方发达国家，心理咨询已经是日常生活中不可缺少的事情。美国 90%的高校有心理学专业。有一个这样的故事：一个小伙子去与一个姑娘约会迟到了，这个小伙子向姑娘解释，说自己刚才去心理咨询了，所以耽搁了一些时间，来晚了。这个故事如果发生在中国，姑娘可能会问：你怎么了？但在美国，这个小伙子至少表达了两层含义：一是他很有钱，因为在美国心理咨询费用很高，一般人消费不起；

扫一扫

咖啡间疯云——心理咨询

另一方面说明他很有修养，因为心理咨询如同去听高雅音乐会一样，是能够净化心灵的。

今天，心理咨询早就远远超出了病与医院的范畴，心理咨询是面向健康的人群，面向正常人，主要任务是挖掘人的潜力，让人的思维更具理性，提高人的生活质量和幸福感，让人获得更好的发展，而不是治病，治病更多的是医院的事情。

所以，当代大学生要具备这种意识，即主动去心理咨询，这样对自己的发展有非常大的帮助。心理咨询并不是什么丢人的事情，恰恰相反，心理咨询实际上是一个人追求卓越、对自己负责的表现，是一种高素质、与时俱进的表现。

心理咨询可以给人以“登天的感觉”（源自我国心理学学者岳晓东）。心理咨询不是教训人，而是开导他人；心理咨询不是替人决策，而是帮人决策；心理咨询的首要任务是思想沟通，而非心理分析；心理咨询是现代人的精神享受，而非见不得人的事情；心理咨询使人更加相信自我，而非更加迷信他人；心理咨询使人学会多听少言，而非少听多言。

心理咨询不同于一般的安慰，就在于它不仅要使人开心，更要使人成长。这里的成长，就是通过心理咨询的过程，使前来咨询的人自己想通了，认清问题的本质，知道该怎么做，达到人们常说的心理平衡。所以，使人开心只是心理咨询的前奏曲，而使人成长才是心理咨询的主旋律。

由此，心理咨询力图使个人将不愉快的经历当做自我成长的良机。它竭力使人们积极乐观地看待个人所受的挫折与磨难，从危机中看到生机，从困难中看到希望。

从这个意义上讲，心理咨询也是帮助人们理性、辩证、科学地看待生活中的挫折，提高人的幸福感，但这一切都是依靠心理咨询的启发与领悟获得的。用心理学大师马斯洛的话来讲，心理咨询就是要使人获得“高峰体验”（peak experience），这也就是“登天的感觉”，这就是心理咨询追求的境界。

一般人在相互安慰的时候，常常会劝对方尽可能地忘记那些不愉快的事情，但心理咨询师会让人从挫折中认真、理性地反省自己，总结教训，以便能更好地应对日后生活中可能发生的各种困难。所以，心理咨询是在帮助人认识自我、开发自我、激励自我与完善自我。

同时，心理咨询非常强调要充分理解来访者内心世界的感受，尊重咨询者的内心想法，引导其分析问题，激励其独立理性决策，这样一来就是在不断强化咨询者的自信心。

心理咨询虽然也是人与人之间的交流，但它与我们日常人与人之间的交流是有区别的。后者多为表面客气，缺乏内容，而前者则是通过交谈给对方以心理帮助，是咨询师与来访者间的深层交流。做心理咨询要收集资料，其目的是为了提供帮助；咨询师也使用安慰，但不仅仅是安慰，心理咨询的重点是站在更高的层次上给予来访者以人生的启迪，使其能够面对自己和自己的感觉，并作出积极的行动。

像其他任何咨询一样，心理咨询不是帮助对方解决问题，而是鼓励人自助，协助他自己去克服困难，解决矛盾，包办代替不是心理咨询。更重要的是，心理咨询的目的是咨询促进来访者的成长，不能让来访者把心理咨询作为避难所，否则，有悖于心理咨询的宗旨。心理咨询不是决策机构，不会给来访者提供结论性意见，不会给来访者作决定、作选择，而是促使来访者自己负起责任。

有人以为心理咨询就是做人的思想工作，其实这是误解。诚然，心理咨询和做思想工作有某些表面上的相似的地方，如两者都是通过谈话的方式进行的，咨询师和思想工作者都要了解对方的态度和想法，以提供解释和帮助。但心理咨询与思想工作毕竟是两个不同的概念。传统的思想工作是以讲道理、说服对方、向对方灌输思想为主的一种活动，属于政治、哲学范畴，探讨“行为是否正确”；而心理咨询属于心理学范畴，在侧重人性、肯定人的价值的基础上，采取客观中立的态度，探讨“为什么会这样做”。

心理咨询在实现以心理学理论和方法为指导，有计划、有步骤地解决心理问题的过程中，虽然也会涉及教导，但这不是主要方面。如果谈话把来访者当作来受教诲的人，那么这谈话不是真正的心理咨询。咨询师应重视倾听，在保密的原则下，使来访者能毫无拘束地自由畅谈。

由于心理咨询活动的不断深入和发展，心理咨询与心理治疗也日趋分化。概括说来，心理咨询主要为人们在日常生活中出现的心理困惑与烦恼提供咨询，而心理治疗则主要为人们在人格、情绪与行为上的障碍及变态行为提供治疗。两者之间没有截然分明的界线，但有不同的专业评估与训练要求。简单地说，心理治疗人员不但要有心理咨询的知识，也要具备一定程度的医学知识，而对心理咨询师则没有这方面的明确要求。

心理探索

心理探索一：心理咨询的概念

关于心理咨询的概念，中外不同学者有不同的说法。

罗杰斯（C. R. Rogers）将心理咨询解释为：通过与个体持续的、直接的接触，向其提供心理帮助并力图促使其行为、态度发生变化的过程。

威乐森等将心理咨询解释为：A、B 两个人在面对面的情况下，受过心理咨询专门训练的 A，向在心理适应方面出现问题的 B 提供援助的过程。这里 A 就是咨询师，B 就是来访者。

陈仲庚认为，心理咨询就是帮助人们去探索和研究问题，使他们能决定自己应该做些什么。

《心理学大词典》将心理咨询定义为：“对心理失常的人，通过心理商谈的程序和方法，使其对自己与环境有一个正确的认识，以改变其压力源与行为，并对社会生活有良好的适应。心理失常有轻度的，也有重度的，有属于机能性的，也有属于机体性的。心理咨询以轻度的、属于机能性的心理失常为工作范围。心理咨询的目的，就是要纠正心理上的不平衡，使个人对自己与环境重新有一个清楚的认识，改变态度和行为，以达到对社会生活有良好的适应。”

《心理学百科全书》中对心理咨询的定义做了如下说明：“咨询者就访谈对象提出的心理障碍或要求加以矫正的，运用相应的心理学原理及其技术，借助一定的技术，与访谈者一起进行分析、研究和讨论，揭示引起心理障碍的原因，找出行为问题的症结，探索解决的可能条件和途径，共同协商出摆脱困境的对策，最后使来访者增强信心，克服障碍，维护心理健康。

张人俊等对心理咨询下的定义是：“心理咨询是通过语言、文字等媒介，给咨询对象以帮助、启发和教育的过程。通过心理咨询，可以使咨询对象的认识、情感和态度有所变化，解决其在学习、工作、生活、疾病和康复等方面出现的心理问题，从而更好地适应环境，保持身心健康。”

《辅导人生——心理咨询学》中认为：“心理咨询定义为运用有关心理科学的理论和方法，通过解决咨询对象的心理问题（包括发展性心理问题和障碍性心理问题），来维护和增进身心健康，促进个性发展和潜能开发的过程。”

《综合医院心理咨询》中提出我国的心理咨询的概念是：“向已经有了心理刺激而尚未发病的人，或已有某些心理疾病或身体疾病的人，进行心理指导，经过耐心细致的交谈，帮助他避免或消除不利于身心健康的心理社会因素，或认识这些心理社会因素在已发生疾病中的作用，因此能增强其对心理刺激与冲突导致疾病的防卫能力，减轻已经发生疾病者的心理负担，树立起对疾病的治疗信心，从而能预防某些精神病、神经症或心理疾病的发生，使工作、学习、生活更美满或促使患者向良好的痊愈方向发展。”

上述心理咨询的定义，颇有“同一事实，不同表述”的感觉。在科学领域中，按规则给某类事物下定义，应当是用最概括的语言说出该事物的本质。比如，给心理学下定义，我们只能说：“心理学是研究心理现象及其规律的科学”，而不能说：“心理学是受过训练的工作人员，采用实验法、观察法、测验法等科学方法，在与被试搞好关系的条件下（对动物的研究要使动物安静下来），为了探索人或动物心理与行为的规律，对人和动物的心理与行为进行研究的科学。”按后一种方式给心理学下定义，只是对心理学工作的描述。然而，描述不是科学定义，因为它不具备定义的高度概括性。

吸纳上述见解的合理内核，只用一句话就能给出心理咨询的定义：心理咨询是心理咨询师协助求助者解决心理问题的过程。这种协助是在什么条件下进行，求助者的具体问题是什么，运用什么样的理论和方法，遵循什么样的原则，咨询最终达到什么目标等，都是对该定义的解释和说明，这些解释和说明本不应该放入定义之中。

心理探索二：正确认识心理咨询

由于心理咨询与治疗在我国发展的历史不长，还不为人们所广泛了解。因此，在社会上存在着很多对心理咨询的误解。

有人认为心理咨询面对的都是心理失常的人，有些人不敢轻易地去进行心理咨询与治疗，害怕别人知道了认为自己精神不正常，这是对心理咨询的一种误解。因此有必要明确咨询的三大类对象：① 精神正常，但遇到了与心理有关的现实问题并请求帮助的人群；② 精神正常，但心理健康出现问题并请求帮助的人群；③ 特殊对象，即临床治愈的精神病患者。总之，心理咨询的对象不包括精神不正常的人（精神病人）。

扫一扫

我想和你们聊聊

心理咨询的对象是精神正常的人。不论是谁，只要你在生活和事业上遇到了一些事情，令你在心理上、情绪上产生了痛苦和烦恼，你希望自己能有所改善和提高，你都可以去寻找心理咨询师的指导和帮助。就像没有人会为因感冒到医院看病而感到羞于见人一样，你也不必为因为有心理问题去咨询而忐忑不安。实际上一般精神不正常的人是意识不到自己有心理问题的，更不会有求助的意识。

另一方面，有些人之所以有问题而不去求助，是因为他们觉得我的问题是我自己的事，没有严重到非得请别人帮忙不可；也有的人担心如果求助，会被人笑话自己懦弱。这同样是对于心理咨询的一些认识上的误区。实际上，真正有力量的人会在遇到困难时快速找到帮助和支持。

在西方国家，人们去求助心理咨询，就像治疗感冒那样普遍，是一种文明的表现。生活中所有的人都可以接受心理咨询和治疗，不论其问题大小与严重程度。尽管有些人对于自己的问题经过一段时间后能够解决，但并不是所有的人都能很科学合理地面对自己的心理困扰。一个人的一生中，也很难在任何时候都能很好地解决自己的问题。求助心理咨询是帮助人健康成长的一条重要途径，甚至可以说是一条捷径。就像过河一样，也许不用船也能过河，或建桥，或游泳，但是效率大不一样。同样，不求助心理咨询也能达到个人改变和成长的目标，但是对有些人而言可能会走不少弯路，而接受心理咨询的帮助会更有助于问题的有效解决。接受心理咨询是一种勇敢的表现，说明一个人勇于面对自己的问题，勇于承认自己的不足，勇于通过有效的途径解决自身的问题。这表明一个人有着积极健康的生活态度，是值得别人赞赏和学习的。

一些来访者把心理医生当作“救世主”，将自己的所有心理包袱丢给医生，以为医生应该有能耐把它们一一解开，而自己无须思考、无须努力、无须承担责任。然而，心理咨询与心理医生只能起到分析、引导、启发、支持、促进来访者改变和人格成长的作用，他无权把自己的价值观和愿望强加给来访者，更不能替来访者改变或作决定。真正的“救世主”只有一个，那就是自己。只有改变自己、战胜自己，最终才能超越自我，达到理想目标。

也有一些来访者将心理医生视为“开锁匠”，期盼其能打开所有的心结，所以常常求诊一两次，就希望达到“豁然开朗”的心境，否则就大失所望。实际上，心理咨询是一个连续的、艰难的改变过程。心理问题与来访者的个性及生活经历有关，就像一座冰山，堆积已久，没有强烈的求助、改变的动机，没有恒久的决心与之抗衡，是难以冰消雪融的，所以来访者需有打“持久战”的心理准备。

最后，还有人认为心理咨询师能窥视来访者的内心，这也是对心理咨询的误解。许多来访者不愿或羞于吐露自己的心理活动，认为只要简单说几句，咨询师就应该猜出他心中的想法，否则就表明咨询师水准不高。其实心理咨询师也是人，他们没有什么特异功能窥见他人的内心世界，他们只是应用心理学的理论和方法，对来访者提供的讯息进行讨论和分析。因此，来访者需详尽地提供有关情况，才能帮助双方共同找到问题的症结，有利于咨询师作出正确的诊断并进行恰当的咨询。

心理探索三：心理咨询的种类

心理咨询的种类按照不同的标准可有不同的划分。

一、发展性咨询、健康性咨询和障碍性咨询

依据咨询的性质和对象，心理咨询可分为发展性咨询、健康性咨询和障碍性咨询。

（一）发展性咨询

这类咨询的对象为无明显的心理冲突，基本适应环境的健康人群。咨询内容针对成长中不同阶段出现的心理困惑和心理问题进行心理辅导，如婚姻家庭问题、择业求学问题、职业适应和发展问题等。咨询主要是引导求助者面对自我发展的问题做出理想的选择，以便顺利度过人生的各个阶段。咨询的目的是为了更好地认识自己，扬长避短，充分发挥潜能，提高学习和生活的质量。

（二）健康性咨询

这类咨询的对象在现实生活中有各种烦恼和压力，有明显的心理矛盾和冲突，如新生入学后因环境适应不良而焦虑，因学习成绩上不去而苦闷，因单恋或失恋而不能自拔、过度自卑等。咨询主要是对来访者在学习、工作和人际关系等方面的适应不良提供帮助。咨询的目的是为了排除心理困扰，减轻心理压力，提高适应能力。

（三）障碍性咨询

这类咨询的对象已出现某些心理疾病的症状，影响了其正常的学习和生活，救治心切，如焦虑症、抑郁症和强迫症等。咨询的目的是找到对策，克服心理障碍，恢复心理健康状

态。需要注意的是，心理问题严重到心理障碍的程度，必须要接受系统的心理治疗，配合药物，心理咨询只是辅助手段。

二、个别咨询和团体咨询

按咨询对象的人数，心理咨询可以划分为个别咨询和团体咨询。

（一）个别咨询

这是由一位咨询师对一位来访者进行的咨询。个别咨询既可采用面谈的方式，也可以通过电话、信函等途径进行。由于这种咨询没有他人在旁，咨询对象一般顾虑较少，可以无保留地表达自己的真实思想，所以它是心理咨询中最常用的类型。

（二）团体咨询

团体咨询相对个别咨询而言，指的是将具有同类问题的来访者组成小组或较大的团体，进行共同讨论、指导和矫治。团体咨询的人数没有固定的标准，但人数太多不利于讨论，如人数超过 20 人，则可分为小组进行。

心理探索四：大学生心理咨询的特点

大学生心理咨询涉及的内容十分广泛，多为发展性咨询，主要是有关大学生的适应、交往、学习、恋爱、自我、就业等方面的问题的咨询，少部分涉及神经官能症、人格与性心理障碍等内容。

心理训练

以下是关于环境适应能力的测验，共 60 问，你认为“是”的请填 A，认为“不是”的请填 B。

1. 世界上怪人多的是，一概不予理睬。（ ）
2. 别人交谈时忍不住想插话。（ ）
3. 总是主动向人问好。（ ）
4. 遭人指责时，首先想到的是“讨厌”。（ ）
5. 难以确切表达自己的意思，容易遭人误解。（ ）
6. 对于他人不可思议的举动能够理解。（ ）
7. 不愿与同自己不合的人交往。（ ）
8. 在家里说话常常得不到父母的重视。（ ）
9. 好奇心强、兴趣广泛。（ ）
10. 遇到困难便一筹莫展。（ ）

11. 在与同性交往中就会自如，而对异性的想法则茫然无知。（　　）
12. 走投无路也绝望。（　　）
13. 看到有不良嗜好的人就想加以制止。（　　）
14. 不知道别人在想什么。（　　）
15. 在听别人说话时，常会受到启发，不由得点头称是。（　　）
16. 听天由命胜于一切。（　　）
17. 以为有了好条件便能学习好。（　　）
18. 即使因某种原因只剩下孤身一人，仍会充满信心生活下去。（　　）
19. 自认命运多舛，反抗是无用的。（　　）
20. 不论跟谁交谈都没有用，干脆哑口无言。（　　）
21. 善解应用题，长于智力游戏。（　　）
22. 听别人自我吹嘘，会觉得很无聊。（　　）
23. 对方动气，自己也会恼火。（　　）
24. 决定要干的事，不获成功，决不罢休。（　　）
25. 父母为子女操劳是天经地义的事，不必感恩。（　　）
26. 对于失败难以忘怀。（　　）
27. 十分清楚父母对自己寄予的期望是什么。（　　）
28. 因为有自信，而听不进别人的话。（　　）
29. 对牛弹琴，不如不费口舌。（　　）
30. 对别人的服装、发型总很留意。（　　）
31. 有时觉得活着没有意思。（　　）
32. 生气时便会揭人之短。（　　）
33. 对自己周围环境的变化很敏感。（　　）
34. 总觉得时间不够用。（　　）
35. 不管别人说什么，依然我行我素。（　　）
36. 在看电影和电视剧时，常会感动得流下泪来。（　　）
37. 渴望躲到荒无人烟的地方去。（　　）
38. 心安理得地让父母和老师代办一切。（　　）
39. 本想说什么的，但考虑到对方的情绪，欲言又止。（　　）
40. 对那些貌似幸福的人十分羡慕。（　　）
41. 每天都似乎是在人的操纵下生活。（　　）
42. 再忙也不会乱了阵脚。（　　）
43. 自己的人生属于自己，不容他人指手画脚。（　　）
44. 对家里人的想法漠不关心。（　　）

45. 人的言行都是有目的的，不能简单地只作表面理解。（　　）
46. 不同年代的人想法也不一样，因而寻求共同语言只能是徒劳。（　　）
47. 对“好”“坏”如不严格区分，便一事无成。（　　）
48. 同一个人，立场不同，自然其所讲的话也就不同。（　　）
49. 盲目行动，不计后果。（　　）
50. 即使想学习，也集中不了精神。（　　）
51. 对与自己关系亲密的人的兴趣和爱好十分熟悉。（　　）
52. 把不能充分发挥自己才能的原因归咎于环境。（　　）
53. 常常会有愉快的想法。（　　）
54. 独立决定自己毕业后的去向问题。（　　）
55. 和朋友相比，似乎总有种吃亏的感觉。（　　）
56. 虽很有才能，却得不到承认。（　　）
57. 必要时，可以结交新朋友。（　　）
58. 常常会因话不投机而出现冷场。（　　）
59. 想干的事不能干，是因为父母不理解自己。（　　）
60. 人在幸福的时候对谁都充满好意。（　　）

计分方法：

第 3、6、9、12、15、18、21、24、27、30、33、36、39、42、45、48、51、54、60 题填写 A 的得 1 分，其余各项填写 B 的得 1 分。最高得分 60 分。

分数解释：

（1）60～50 分，个人环境适应能力较好，能在不同的环境中学习、工作、生活等较自如，说明适应性较强。

（2）49～30 分，个人环境适应能力一般，应努力锻炼，提高自己。

（3）30～20 分，应考虑改善日常生活态度。

（4）20 分以下，对环境适应能力较差，应重视自己良好个性的培养，人际交往能力要提高。

项目三　大学新起点

——大学生的环境适应与心理健康

【故事悦读】

可悲大学生

案例一　2005 年，广州某大学一名新生入学仅一周，便感到生活不适应，其父母特意从老家来到学校，准备在附近租套房子给儿子陪读。可由于租金太贵，计划未能实现，母亲告诉儿子她每天会从家里做好饭菜送过来，但儿子却十分失望。当日晚上 7 时左右，该名学生从学校的 7 楼纵身跳下，当场殒命。他的一名同学回忆说，跳楼前他曾经抱怨“饭菜不合胃口，衣服也不会洗，不太适应这种生活”。

案例二　重庆市某高校管理学院行政管理专业的学生刘某，怀揣着憧憬和向往考入大学，但入学后不到两个月，就申请退学。刘某说：“我梦想中的大学生活是自由和浪漫的。可是，开学后我才发现，现实与梦想不一样。早上要早起，上课要点名，没办法，我经常迟到，老师讲课多是照本宣科，很无聊。”

扫一扫

大学生活想不到

十年寒窗，步入憧憬已久的高等学府，大学生原本可以在这里努力拼搏、实现理想，但是为什么会有很多人想要逃离这个曾经梦寐以求的地方，甚至结束自己的生命呢？

大学阶段是一生中的关键时期，大学生会遇到生活、学习、恋爱、人际交往和职业规划等一系列的适应问题。如何尽快地转变思维、适应大学生活，是大学生首先要解决的问题，这将会对他们未来的发展产生巨大影响。

热身运动

活动一：我说你画

活动目的：

（1）让学生学会全局思维、清晰表述、准确回应。

（2）让学生学会多角度找原因，主动承担责任。

（3）体验有效的信息沟通要素，包括准确表达、用心聆听、思考质疑、澄清确定等。

活动时间：约 15 分钟。

活动道具：两张样图（参见图 3-1），每人一张 16 开白纸和笔。

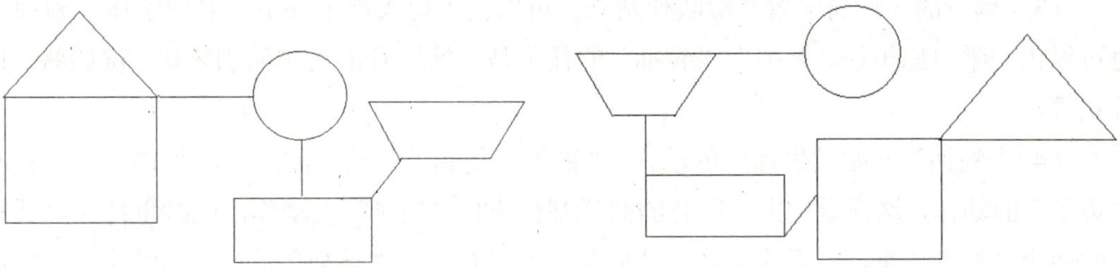

样图一　　样图二

图 3-1　两张样图

活动流程：

（1）第一轮请一名自愿者上台担任“传达者”，其余人员都作为“倾听者”，“传达者”看样图一两分钟，背对全体“倾听者”，下达画图指令。

（2）“倾听者”们根据“传达者”的指令画出样图上的图形，“倾听者”不许提问。

（3）根据“倾听者”的图，“传达者”和“倾听者”谈自己的感受。

（4）第二轮再请一位自愿者上台，看着样图二，面对“倾听者”们传达画图指令，其中允许“倾听者”不断提问，看看这一轮的结果如何？

（5）请“传达者”和“倾听者”谈自己的感受，并比较两轮过程与结果的差异。

注意事项：

（1）第一轮与第二轮两张样图构成基本图形一致，但位置关系有所区别。

（2）两轮中的“传达者”可以为同一人，也可以为不同的人。

（3）邀请“倾听者”谈感受时要选有代表性的，如画得较准确和特别离谱的，这样便于分析造成不同结果的多种因素，从而找到改进的主要原因。

活动二：找“领袖”

活动目的：

（1）让学生体验不同的角色的定位。

（2）让学生学会换位思考，学会站在别人的立场看问题、解决问题。

扫一扫

谁是卧底

活动时间：约 20 分钟。

活动流程：

（1）选出两位同学作为猜选的志愿者，让他们远离活动现场，不能让他们看到和听到主持人和同学之间的小声说话。

（2）接着找一名同学作为“镜子”，其任务是反射“领袖”的动作给其他同学，即“领袖”做什么动作，“镜子”要完全复制。

（3）剩下的全体同学按方形队列站立。可以由主持人指定其中一名同学作“领袖”，也可以由同学自愿担任“领袖”。“领袖”的任务是连续地发出动作如刷牙状、洗脸状、挠耳状等。

（4）“领袖”开始发出连续的动作，“镜子”复制“领袖”的动作，其他同学则复制“镜子”的动作，这样看起来，所有的同学都在模仿“镜子”做动作。此时主持人可让猜选的两个志愿者进来，告诉他们在这些同学里面，有一个“领袖”是动作的发出者，给他们一分钟或两分钟的时间，让他们猜猜谁是真正的“领袖”。

（5）让猜谜的志愿者、“镜子”、“领袖”和其他同学分别谈谈对这个游戏的感想。

注意事项：

（1）“领袖”发出的动作要连贯，每个动作最好持续6～10秒，中间不能有停顿，动作变化的幅度不宜过大，如一个刷牙动作突然变成甩手的动作，这样很容易被猜谜者看出谁是“领袖”。

（2）“镜子”的反应速度要快，若“镜子”反应慢半拍，那么当“领袖”在换动作的时候，就很容易暴露“领袖”。所以主持人在选“镜子”的时候，最好找反应灵敏，视力好、个子高的同学，为及时、准确复制“领袖”的动作奠定基础。

（3）模仿“镜子”的所有同学都要步调一致，认真复制“镜子”的动作。若有同学动作随意快或慢，会给猜谜的同学造成错觉，会对游戏造成一定的干扰，降低游戏的意义。

（4）若猜谜的同学很长时间猜不出正确答案，主持人可随时终止游戏。

头脑风暴

【案例】我为什么总是留恋中学时代？

以下是一年级新生王某与心理咨询师的对话。

扫一扫

那些年

“老师，我是刚刚入学不久的一年级新生。进大学前，幻想着大学生活浪漫、幸福，可是来到学校后却觉得人地两生。特别是到了周末、假日，看到当地同学陆续回家或与老同学团聚，我的思乡之情油然而生。我是多么留恋过去的中学时代、过去的同学和朋友、过去熟悉的生活环境，甚至后悔不该报考外地的学校。我觉得大学还不如过去的中学时代好，人长大了上了大学但生活却没什么意思，还不如少年时代好玩。老师，您说我这种心理是不是不正常呀？”

“你的这种心情，每年入学的新同学中都有。这是大学新生经常遇到的心理问题。心理学上称之为‘回归心理’。具体表现是迷恋过去，有一种希望回到过去的心态。它主要是由于对大学生活不适应，对新环境的陌生而造成的，由于人地两生而特别留恋过去，想回到过去那个熟悉而亲切的环境中去。你的心态也是这种回归心理的表现。”

“老师，我的这种心理正常吗？有没有办法改变呢？”

“‘回归心理’应当说是一种正常的心态。每个人，尤其是你们这些第一次离家的年轻人更容易产生这种心态。因为还没有与新同学建立起友好熟悉的关系，对新环境中的一切都没有对自己家乡那种亲切、熟悉和热爱的感觉，如果遇到一些挫折或不愉快的事情，这种回归心理还会增强。这就是为什么大一的新生普遍比高年级的学生与中学时的同学联系得多的原因。离家较近些的同学，甚至还会利用‘五·一’节、国庆节的时间，买火车票回家跑一趟，其实在家也只能待上一两天，也宁愿劳民伤财地来回跑。这种心情随着对新环境的熟悉就会改变……”

“回归心理”应该说是一种正常的心理状态，但是如果长期处于一种怀旧、留恋过去的心理状态中，会造成学习上的不安心，甚至夜不成眠，形成阻碍学习的心理压力。入学存在这种心态的新生应尽快熟悉新环境，克服“回归心理”，建议具体对策如下：

（1）找老乡谈心。首先了解一下学校里有哪些老乡。当你思乡心切，或在节假日感到孤独的时候，可以找他们聊聊，拉拉家常，谈谈家乡的变化和趣事，或相邀到附近的旅游区参观游览。在一定程度上可以改变你的思想心境。

（2）多与同学接触。俗话说：一回生，二回熟，三回成朋友。再要好的朋友，开始也是陌生人。人际交往有“自我循环”的特性：越是不敢交往，陌生感越是强烈；越是不怕陌生，越是敢于同陌生人接触，陌生感越是消失得快。特别是与同学的交往中，互相交流下从中学到大学的感受，你会发现，很多情感、心理活动是一样的，包括人来到一个举目无亲的新环境，一时的不适应是很自然的，从不适应到适应，人人都要经历这个过程。懂得这个过程是不可避免的，有利于回归心理的调控。

（3）培养业余爱好。整天紧张的学习、工作会使人感到生活单调、乏味，培养一下业余爱好，如下棋、画画、音乐、跳舞等，不仅能调剂枯燥的学习生活，还可以和周围同学更快熟悉起来，从而结交一些新朋友。在周末或节假日积极参加丰富多彩的课余活动，可以消除孤独和寂寞。

（4）与老同学、老朋友或家人及时交流信息、沟通思想、介绍新环境中的人和事，可减轻思乡、怀旧的情绪。

心理探索

心理探索一：大学生面临的新变化

一、生活方式的变化

大学之前，大部分学生的日常生活都是依赖父母的照料和安排，他们习惯了父母无微不至的关怀与呵护，缺乏独立的生活能力。进入大学后，大学生们远离了父母的细心照料，事无巨细都要自己完成。衣食起居、学习娱乐、理财规划、身体健康等方方面面都需要自己去处理，他们需要逐步建立一种与大学环境相适应的新的生活方式。

蜕变

在中学阶段，大部分学生都有属于自己的天地，学习和生活不受其他人的干扰，家庭的一切活动都要以他们为中心。进入大学以后，所要面对的是集体生活，寝室成为居住的单元。由于性格、喜好和作息时间等方面的不同，室友间难免相互影响，使各自原有的生活习惯被打破。因此，大学生不得不改变自己去适应集体生活。

二、学习方面的变化

（一）学习方式的变化

中学阶段的学习模式极为简单，学生只要针对老师安排的内容进行学习即可，对于不懂的问题可以与老师交流，及时解决。而在大学里，上课时间明显减少，老师不再督促和规定必须要掌握的知识内容，学生要全凭自己去管理学习时间、规划学习目标、安排学习内容、制订学习计划等。这就要求大学生有很强的自制能力和自学能力。

（二）学习内容的变化

中学学习的内容多以书本为主，大多是较为固定的基础知识，只要全部掌握就可以。而大学学习更偏重专业，需要学生在大量观点及理论研究成果的基础上总结出所学内容的规律和特点。大学生的学习不能只限于教材上的知识，还需要阅读大量相关的课外书籍、专业文献，进行总结归纳，提出自己的见解，培养研究探索能力。

三、人际关系的变化

从中学到大学，大学生所处的人际环境发生了全方位的变化，人际交往的范围、性质和标准等都发生了转变。

（一）交往范围逐渐扩大

中学时期的交往范围比较窄，多数学生都是学校、家庭两点一线，他们交往的对象主要是家长、老师和同学。进入大学，交往的范围扩大了，涉及班级、院系、社团、社会及网络等多个方面。

（二）人际关系更为复杂

中学时期的人际关系较为单纯，主要有朋友关系、同学关系、师生关系等。进入大学，人际关系变得较为复杂，除原有的人际关系外，还有室友关系、同乡关系、恋爱关系及社会关系等。

（三）交往标准适时改变

由于思想观念、个性特点、利益角色等方面的差异，大学生人际交往的标准也变得更为多样。他们需要根据不同的交往对象改变自己的交往态度和交往方式，以建立较为和谐的人际关系。

四、自身角色的变化

从社会心理学层面来说，角色是个体与其社会地位和身份相一致的行为方式和心理状态。进入大学以后，大学生的角色也随之发生了变化。

（一）从中心角色到普通角色的变化

从某种意义上说，能进入大学的学生，在中学阶段多为学习上的佼佼者，往往被视为“中心人物”，深得师长的关注和同学的拥戴。但是跨入大学校门后，人才济济、高手云集，人们的关注点已从单纯的学习转向综合素质，很多学生从前的辉煌与优势不再明显，他们已从“中心角色”变为“普通角色”。

（二）从家庭角色到社会角色的变化

在进入大学之前，大部分学生的家庭角色还占主导地位，到了大学就不能再以“孩子”的角色去面对新的环境。大学生需要开始独立生活，遇到事情要自己决定、自己处理，并且需要为自己的行为负责。大学是学生从校园走向社会的过渡，也是从家庭角色到社会角色的过渡，因此在大学阶段需提高自身认识社会的水平，加快向社会角色的转变，更好地适应大学生活。

五、发展目标的变化

在中学阶段，多数同学的唯一目标就是努力学习，考入高一级的学府继续深造，其目标比较明确。而进入大学阶段，不再有家长和老师为学生们指点明确的方向，大学生的发展目标朝着自由化和多样化的方向转变。大学生可以按照自己的意愿、兴趣以及实际情况确立考研、出国、工作或创业等多方面的发展目标，并依照自己的目标规划大学生活。

不同的发展目标决定着大学阶段不同的生活方式，有明确目标的学生，会在学习和生活中不断积累各方面的有利因素，为将来的发展打下坚实基础。而缺乏目标的同学，往往会漫无目的地混日子，把时间消磨在毫无意义的事情上。

心理探索二：大学生常见的适应问题

一、适应的概念

适应是指个体通过不断调整自身使其个人需要能够在环境中得到满足的过程，是自我与环境和谐统一的一种良好的生存状态。每一个人都有自己的生存或生活环境，适应使人在与环境的关系中达到一种动态的平衡。个体只有在对环境达到适应时，他的生存需要、安全需要、归属与尊重需要才能得到满足，潜能才有可能得到最大的发挥，最终实现自我。

在社会中生活的每个人都需要直面适应的问题——有适应才有生存和发展。适应有积极和消极之分，积极适应是指无论身处何处，都能为了自己的生存而去主动发现和利用环境中的资源，并在此基础上改变环境，这是最佳的适应状态。消极适应是指在一个新的环境里，被动地感知环境，被动地应对环境刺激。能动地适应和改造现实环境是心理健康的重要标志之一。

“世界上唯一不变的就是变化本身”。在这个瞬息万变的社会中生活，每个人都需要不断转变角色，不断调节自己的行为才能更好地适应环境、更好地工作和生活。适应是一个人生存的基本素质要求。

二、大学生生活中会遇到哪些适应问题

对于大学生来说，复杂多变的大学生活是他们未来发展的起点，同时也是对他们适应能力的挑战。在面对新的转变时，一些大学生常常会由于准备不足、经验不足或能力不足而出现各种适应问题。

（一）生活适应问题

新生入学首先面临的就是生活环境的变化。有很大一部分学生在上大学之前都没有出过远门。他们在家里过的是衣来伸手、饭来张口的生活，学习之外的一切事务都由父母来安排，以至形成了较强的依赖心理。

扫一扫

大学生活百态

进入大学以后，日常生活需要自己安排，内务需要自己整理，开支需要自己规划，繁杂与琐碎的事情占用了他们的时间、分散了他们的精力，让他们在正常的学习之余还要为生活琐事劳心费神。尤其是那些自理能力差的学生，一些很简单、很平常的小事却被他们看成是难以逾越的关卡，让他们束手无策、焦虑不安。

此外，一些大学生对于集体生活也会产生不适应，宿舍里很多人住在一起，难免相互影响，他们在家里习惯了以自我为中心，不会宽容忍让，因此，很容易出现争吵、冷战、拉帮结派等现象，一些学生还会因休息不好出现失眠、抑郁等症状。这种生活上的不适应使得部分大学生的生活混乱不堪，没有规律，从而严重影响学生的身心健康。

（二）学习适应问题

进入大学后，人们对于综合素质的关注，冲击着学习的主体地位。一些大学生不再把学习看得那么重要，学习目标不明确，学习动力不足，学习态度不端正，懒惰、散漫，甚至会逃课、逃学等。

大学教学方式的变化，也使得一部分学生难以适应，离开了老师的贴身指导和督促，他们突然失去了学习的方向，不知该重点学习哪些内容，不知如何安排学习计划，不知采取何种科学的学习方法，主观想学习却又感到无从下手，渐渐地就会丧失学习的信心。

还有一些大学新生，在学习方面急功近利，迫切希望在大一就把英语、计算机等各种等级证书拿到，但却没有科学的计划和统筹的安排，因而导致学习压力过大，产生紧张、焦虑等症状。

（三）人际关系适应问题

大学同学多来自不同城市、不同地区，且大多为独生子女，彼此之间必然存在着个性、思想、语言和习惯等多方面的差异，在日常的学习和生活中难免会出现误会和矛盾，影响正常的人际交往。

面对大学里人际关系的复杂状况，一些学生会产生畏惧心理，不愿与别人交往，过于在乎他人对自己的看法，远离群体、自我封闭，感到无助、孤独、抑郁或自卑。一些自小被娇生惯养的学生在人际交往中会表现出以自我为中心、自私自利、固执己见、心胸狭隘等特点。

他们过分地求全责备、嫉妒他人，不仅影响到与他人的正常交往，也使自己变得焦躁、猜忌和偏执，久而久之就会被群体孤立。如此恶性循环会导致严重的心理问题。

（四）情绪问题

大学生正处于情绪波动较大的时期，最容易出现的就是抑郁和焦虑等问题。在面对全新的大学生活时，大部分学生都会产生巨大的心理变化。面对如何在新的环境中独自生活和学习，如何更好地发展自己，如何应对复杂的人际关系，如何为将来的发展打下坚实的基础等一系列现实而深刻的问题，他们显得焦急和迷茫。在新鲜和陌生的环境中，他们不愿意将自己的矛盾与不安表现出来，长期压抑自己的情绪，因而会导致焦虑和抑郁等心理问题。

另一方面，大学生的承受能力还比较弱，在遭遇困难、挫折时不能合理地调节自己的情绪，不能以积极的态度面对现实，往往表现出怨天尤人、悲观失望、自暴自弃，甚至出现各种极端的行为。尤其是从小娇生惯养的学生，遇到一点不顺心就会抱怨、逃避、一蹶不振，如果不适时地进行帮助和指导，很容易造成不可挽回的后果。

心理探索三：大学生适应能力的培养

一、提高生活自理能力

对于新生活适应不良的大学生来说，他们首先应该认识到自身在自理能力方面的不足是由过去的环境和依赖心理造成的。因此，应摆正心态，从点滴的小事学起，要大胆实践、不怕失败、不断积累生活经验，尝试独立处理生活中遇到的各类问题。要改掉娇生惯养的坏习惯，遇到不懂的问题主动向他人寻求帮助。还可以向高年级的优秀学生学习，借鉴他们的经验和方法，逐步提高生活的自理能力。

二、培养良好的生活习惯

进入大学，脱离了父母的管束，大学生会有被“解放”的感觉。在这种宽松的环境中，大学生更应该注意培养良好的生活习惯，这是维持身心健康的重要保证。

首先，应制定合理的作息时间，保证生活和学习的规律性，不能随心所欲。

其次，应养成良好的饮食习惯，要按时、按顿吃饭，避免过多地以零食充饥或暴饮暴食。

第三，应注意劳逸结合，坚持参加适当的体育锻炼，保持充沛的精力。

三、摸索大学的学习方法

首先，要认识到大学学习是在教师引导下的独立学习。在教师讲完课后，学生主要依靠自己消化所学内容。

其次，要从个人实际出发，逐步摸索与自己的水平和基础相适应的学习方法，把掌握知识与积极思考结合起来，课内学习与课外学习结合起来，理论学习与社会实践结合起来。

最后，应注意自学能力的培养，要学会管理支配时间，养成预习和复习的习惯，善于抓住学习中的难点和重点，学会利用工具书、图书馆和网络资源等进行学习。

四、学会处理人际关系

面对复杂的人际关系，大学生首先要摆正心态，转变以自我为中心的处世态度，学会宽容和理解，接纳他人，尊重他人，并积极地关注他人，适时地给予他人帮助。

其次，要掌握人际交往的技巧，培养人际交往能力和沟通能力等。要学会表达自己的情感、观点和态度，学会倾听，保持求同存异的原则，主动建立和谐、融洽的人际关系。

另外，还应注意生活中的一些细节，例如，要养成良好的生活习惯和卫生习惯，在寝室有人休息时尽量轻声说话，占用寝室公用电话时间不要过长等。

五、确立明确的发展目标

处于失落与迷茫期的大学生，应积极地确立自我的发展目标。有了目标的指引，会增加大学生努力前进的动力，在遇到挫折或困难时，会使他们坚定信念，避免盲目、彷徨和不安，按部就班地完成所有任务。

确立明确的发展目标，可以使大学生有针对性地在大学阶段积累更多的经验，培养各方面的能力，以积极的态度面对生活。

确立目标时应全面认识和了解自身的兴趣、特长和能力，并综合考虑未来社会的发展趋势，长短结合，科学合理，使之真正成为大学阶段努力的方向和支点。

六、有效地管理时间

相比中学，大学的时间比较充裕，多数时间需自己安排，科学合理地管理时间，可以缓解紧张情绪、提高学习效率、提高生活质量，使繁杂的事情变得井井有条，使自己变得自信从容。有效的时间管理还具有调节作用，能够降低压力带来的焦虑和抑郁程度。因此，大学生要学会有效地管理时间。

扫一扫

个人时间管理

首先，应制订整个大学阶段的总体规划。例如，规划专业学习、考取职业证书、参加各类培训、参与社会实践及考研复习等的时间，以使各个阶段的学习和生活更有针对性。

其次，要分清重要和紧急的事情。可运用时间管理的四象限法（如图 3-2 所示）。

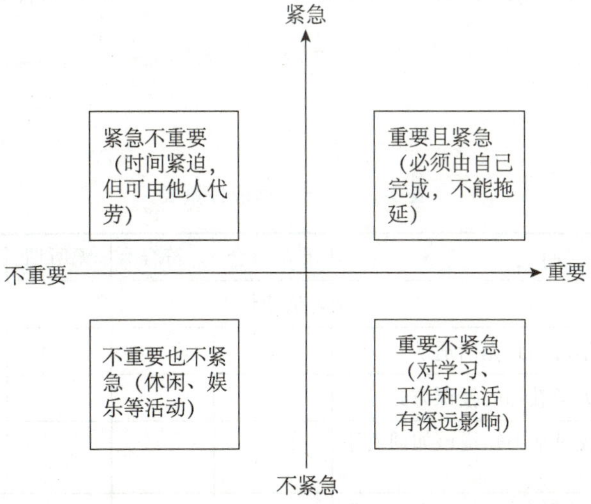

图 3-2　时间四象限示意图

（1）重要且紧急的事情，立即行动。

（2）重要不紧急的事情，投入主要精力，缩小第一象限范围，使工作学习更加从容。

（3）紧急不重要的事情，学会说不，能不做就不做。

（4）不重要也不紧急的事情，尽量不去做。

第三，要抓住零碎时间，如清晨起床或走路时可听英语、背单词，晚上睡觉前可回忆一天的学习内容，抓住零散时间会收到意想不到的效果。

七、寻求社会支持

研究表明，社会支持水平与个体的适应具有显著的正相关。社会支持对于大学生成功应对转折期的压力和挑战、尽快适应大学生活、维护身心健康都具有推动作用。

大学生可利用的社会支持系统主要有两个方面：一方面是家长、同学、老师，以及心理咨询师、发展指导教师等各类专业人士；一方面是书籍、杂志、网络等传播媒介。大学生应充分利用社会支持系统，抓住学习和发展的机会，在遇到困惑与挫折时主动地敞开心扉、寻求帮助、获得支持，平稳健康地渡过大学时光。

心理训练

一、测试要求

表 3-1 是《大学生适应性量表》，其中包括了学习适应性、人际适应性、角色适应性、职业选择适应性、生活自理适应性和环境的总体认同 6 个方面，请你根据自己的实际情况选择符合程度。

二、测试内容

表 3-1　大学生适应性量表

序号	问题	非常符合	符合	无所谓	不符合	非常不符合
学习适应性						
1	我对大学的学习感到无所适从					
2	我无法适应大学教师的授课方式					
3	在考试前，我时常不知道该如何着手复习					
4	我现在还没找到自己较为满意的学习方法					

（续表）

序号	问题	非常符合	符合	无所谓	不符合	非常不符合
5	我一直都没有明确的学习计划					
6	我感到无法缓解自己的学习压力					
7	我对自己在班上的学业地位感到失望					
8	与我的努力相比，我的学习成绩不算好					
人际适应性						
1	我感到周围的人难以相处					
2	我能很快化解与他人的矛盾冲突					
3	我不知道以何种方式与大学老师相处					
4	我很难加入到别人的讨论中去					
5	大伙儿讲话时，我时常躲在后面					
6	我在大学里如愿地结交了一些朋友					
7	我觉得我已融入了大学的环境					
8	我感到自己在学校里成了一个被遗忘的人					
9	我能与他人愉快地进行合作					
10	在学校和同学在一起时，我感到不自在					
11	对于我在大学里的社交，我感到相当的满意					
角色适应性						
1	我和异性同学相处得不好					
2	我参与了很多大学里的社会活动					
3	我不关心学习以外的东西					
4	我只在乎自己的学业成绩					
5	除了学习，我很少参加别的活动					
6	若有机会，我能胜任某种学生干部的工作					
7	我很重视发展自己的业余爱好					
8	我认为在大学里应多参加一些学习以外的活动					
9	我害怕与异性同学交往					
职业选择适应性						
1	我觉得自己还没有做好进入社会的准备					
2	我从没有考虑过以后的就业问题					

（续表）

序号	问题	非常符合	符合	无所谓	不符合	非常不符合
3	我有明确的就业方向					
4	我不知道自己适合从事哪方面的工作					
5	我难以决定自己该到哪里工作					
6	我有意识地训练自己的职业技能					
7	我参加过与专业有关的社会实践活动					
8	我有意识地通过各种渠道收集就业信息					
9	我不知道哪些专业知识是以后工作所需要的					
	生活自理适应性					
1	我能独立地处理日常事务					
2	父母不在身边的时候我也能够照顾好自己					
3	我常打电话向家人诉苦或求助					
4	我不敢单独上街买东西					
5	我很少自己动手洗衣服					
6	在大学什么都要靠自己，我感到很不适应					
	环境的总体认同					
1	周末我常常觉得没事可做					
2	我对自己上了这所大学感到高兴					
3	我很喜欢校园里的自然环境					
4	我对大学里的课外活动感到满意					
5	学校里的娱乐设施不能满足我的需要					
6	我认为学校的风气很糟					
7	我觉得学校的硬件设施很差					

三、评分标准

问卷包括正向记分和反向记分，各项适应分类所属的题目如表 3-2 所示，根据正反评分标准（如表 3-3 所示）记录所有问题的得分，然后分别将每个适应方面的得分相加，得出你在该方面的适应水平。得分越高，说明你在该方面的适应水平越高。

根据每个方面的得分，可以大致了解自己的适应状况和适应水平，并可有针对性地调节自己的适应能力，或请相关老师给予专业指导。

表 3-2　各项适应分类所属题目

序号	分类	正向记分题目	反向记分题目
1	学习适应性		1、2、3、4、5、6、7、8
2	人际适应性	2、6、7、9	1、3、4、5、8、10
3	角色适应性	2、6、7、8	1、3、4、5、9
4	职业选择适应性	3、6、7、8	1、2、4、5、9
5	生活自理适应性	1、2	3、4、5、6
6	环境的总体认同	2、3、4	1、5、6、7

表 3-3　正反评分标准

序号	选择程度	正向记分	反向记分
1	非常不符合	1	5
2	不符合	2	4
3	无所谓	3	3
4	符合	4	2
5	非常符合	5	1

项目四　认识自我　发展自我

——大学生自我意识的发展

【故事悦读】

苦恼中的小梅

小梅是一位19岁的大一学生，父母都是农民，家境贫寒。一段时间以来，小梅常常做母亲去世的噩梦，从梦中哭醒后，小梅连续几天都会很伤心，情绪低落，无法学习。后来，小梅在心理辅导中告诉心理咨询老师：一直以来，由于家庭贫困，我常担心因缴不起学费而辍学。而且为了我读书，家里已经负债累累，自己学习成绩也不太好，没有考上理想的学校，自己又没什么能力，根本不敢想以后找工作的事情。觉得长相普通，没什么优点，也不讨别人喜欢。总不相信别人，觉得别人都比自己优秀，都瞧不起自己，所以也不愿理会别人，对人冷漠、缺乏热情。总之，我感到大学生活非常灰暗，没有意思，没有任何快乐，好多次想要退学。

经过认真的沟通，心理咨询师分析发现，小梅是典型的自我意识混乱，不能形成正确的自我概念和适宜的自我评价，从而导致心理失衡，出现心理问题。

热身运动

活动一：自画像

活动流程：

（1）每位同学为自己画一幅带有文字的自画像。

（2）将所有的画打乱放置，每名学生随机抽出一张，根据所写所画内容猜猜这是谁，并说明为什么认为是他。

（3）最后由画主解说画的含义。

自画像

活动意义：

每个人有其独特的地方，拥有不同的特质。

活动二：我的特质

请学生以一个形容词来形容自己并说出一个自己的兴趣和一个特长。例如：我是勤劳的小兰，我喜欢旅行，我最擅长写作。然后进行分组讨论，分享刚刚活动时的感受与想法，说明认识自己的特质及兴趣是很重要的，会促进自己各项功能的发展，以此引入自我意识的主题。

头脑风暴

小丁来自农村，当年因家境不佳，所以以优异的成绩“屈就”某师范大学。这使他从上大学的第一天就有一种比其他学校的大学生差的感觉。他从内心深处希望改变这一状况。在大学四年的学习中，他一方面努力完成学业，另一方面也为生计奔波。在别人眼里他始终是个坚强而有头脑的人，而他却不这么认为，他觉得这只是自己一种无奈的选择。平常的他可以与周围的每个人融洽相处，加上他的阅历较多，所以总会有新奇的事说给他人听，让人感觉似乎他是个很开朗的人。但他说这不是真实的他，他不敢与人谈家，谈学校，谈那份奔波的辛苦，因为这些都是他心底最隐秘的东西，是他感到极度自卑的地方，想改变却又是徒劳的。他认为这个自卑的“我”才是真正的“我”，而那个外在的“我”不过是个假象而已，从来也不曾存在过。

思考：

1. 小丁认为自己是一个什么样的人？
2. 你觉得他对自我的认识正确吗？

心理探索

心理探索一：自我意识概述

当你向一位陌生的朋友描述你自己时，你最先想到的特征是什么呢，是你的性别？是你的社会角色如学生、职员、画家？还是性格特征如外向、内向？还是自己的爱好、优缺点等？

或者，在不同的年龄阶段你对自己会有不同的描述，小时候你会说“我是一个乖宝宝”，中学的时候你会说“我敏感而忧郁，但是作文写得很好”，大学的时候你说“我很开朗，变得外向多了，喜欢和不同的人打交道”。

或者，你可能更倾向于用概括性的语言对自己做一个总体评价，比如：“我是一个追求优雅和成功的女性”，“我没有什么优点，但是我平凡而又快乐”，或者“我是一个自信、活泼、开朗，充满理想主义战斗激情的男孩”等。

其实当我们用这些特征来描述自己的时候，我们是在进行自我认识和自我定义。从我们两三岁自我意识开始发展以来，我们就不停地在认识自己，并且在自我定义的过程中塑造着自己。良好客观的自我意识让我们正确地认识自己，促进自己的成长发展。而歪曲主观的自我意识让我们在错误的道路上跌跌撞撞，甚至在成长中给自己制造很多阻碍。

一、什么是自我意识

自我意识又称自我观念或自我观，是人对自己身心状态及对自己与客观世界的关系的意识，回答“我是谁”这样的终极问题。

什么是自我意识

自我意识包括三个层次：对自己及其状态的认识；对自己肢体活动状态的认识；对自己思维、情感、意志等心理活动的认识。

美国心理学家 W. 詹姆斯于 1890 年把自我划分为主体“我”（I）与客体“我”（me）。主体“我”是对自己活动的观察者，而客体“我”则是这个观察过程中被观察的对象。人们对自己的认知过程实际上就是主体“我”对客体“我”的反映过程。平时我们所说的“我认为”就是主体“我”，而“我很高”，“我擅长”，“我不喜欢”，“我是学生”……这些“我”都是客体“我”。

再看看下面这两个故事带给你什么样的感悟？

故事分享一：

一个年老的富翁送他的儿子去闯天下。青年来到热带雨林中找到一种树木，这种树木高十余米，在一大片雨林中只有一两株，青年觉得这种树木质不错而且稀有，就准备砍去贩卖。这种树木砍下之后，让外层腐烂，留下木头呈黑色的部分，会散发出无比香气，放在水中也不像其他树那样浮在水面上，而是沉到水底。青年把这带有香味的树木运到市场出售，可是没人买他的树，倒是旁边卖木炭的小贩生意很火。日子一天天过去，青年的树仍无人问津。他想，大概我的树真的不及他人的炭，于是他把香树烧成炭挑到市场上，结果一会儿就卖光了。青年很得意地回家告诉了老父，老父听了，忍不住落下了泪来。原来，青年烧成木炭的香木，正是世上最珍贵的树木——沉香。只要一小块，它的价值会超过一车木炭。

青年真正认识到这种树木的价值了吗？为什么他会把自己的树烧成炭去卖？

故事分享二：

小刘就读的学校是一所名牌大学。择业时，小刘自我感觉良好，期望值偏高，认为“我有知识你就得用我”，偏执地追求择业高标准，非名企不进。他把自己的学历、知识作为资本，认为到某个单位求职就是"赏脸"，面试时夸夸其谈，常常挑剔攀比，提出过分的要求，给用人单位留下浮躁、不踏实的印象，从而使用人单位难以接受。择业失败时，小刘又缺乏自知之明，不从主观上寻找原因，总认为自己是对的，全是用人单位的错，抱有"此处不留爷，自有留爷处"的想法，仍然相信自己是天才而不加努力。看到别人签约时，常常牢骚满腹，怨天尤人，认为是社会不公，十分不满和丧气。

就业季

发现了没有？有些人会低估自己的价值，有些人会高估自己的价值，而你，对自己有正确的认识吗？

因为我们的自我意识的主观性，有时候你会发现，真实的你是一个样子，你眼中的自己是另外一个样子，而别人眼中的你又是另外一个样，三者之间有着或大或小或多或少的区别。这又是怎么回事呢？

著名的久哈里之窗就说明了这个问题。

久哈里之窗由美国心理学家乔瑟夫·勒夫（Joseph Luft）和哈里·英格拉姆（Harry Ingram）在20世纪50年代提出，认为人的心中有四个区域（参见图4-1）。公开区是别人和自己都看得到的；盲点区是别人看得到，而自己毫无知晓；隐藏区是因为本性害羞或隐私故而没有公诸于世；未知区则是神秘莫测，为潜意识或无意识。

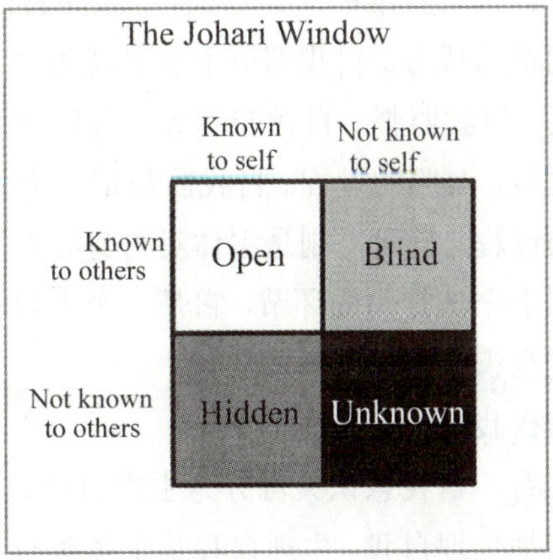

图4-1 久哈里之窗

现在你知道为什么你眼中的自己和别人眼中的自己不一样了吧。那你现在能从自己的身上举例说明公开区、盲区、隐藏区吗？

只有当我们从自己和他人的角度客观的认识自己，才能了解真正的自己，有清晰的自我意识。

二、自我意识的结构

（一）自我认知、自我体验和自我调节

自我意识的结构从知、情、意三方面分析，是由自我认知、自我体验和自我调节三个子系统构成。因此，自我意识也叫自我调节系统。

自我认知是自我意识的认知成分。它是自我意识的首要成分，是主观自我对客观自我的认识与评价。自我认知是对自己身心特征的认识，自我评价是在自我认识的基础上对自己作出的某种判断。自我评价是自我意识发展的主要成分和主要标志，是在认识自己的行为和活动的基础上产生的，是通过社会比较而实现的。正确的自我评价，对个人的心理生活及其行为表现有较大影响。如果个体对自身的估计与社会上其他人对自己的客观评价差距悬殊，就会使个体与周围人们之间的关系失去平衡，产生矛盾，长此以往，将会形成稳定的心理特征自满或自卑，将不利于个人心理上的健康成长。因此，要提高我们的自我评价能力，应学会与同伴进行比较，通过比较做出评价。还应学会借助别人的评价来评价自己，学会用一分为二的观点评价自己。

自我体验是自我意识的情感成分，是主观的我对客观的我所持有的一种态度，如自信、自卑、自尊、自满、内疚、羞耻等都是自我体验。自我体验往往与自我认知、自我评价有关，也和自己对社会的规范、价值标准的认识有关，良好的自我体验有助于自我的发展。

自我调节是自我意识的意志成分。自我调节主要表现为个人对自己的行为、活动和态度的调控。它包括自我检查、自我监督、自我控制等。自我检查是主体在头脑中将自己的活动结果与活动目的加以比较、对照的过程。自我监督是一个人以其良心或内在的行为准则对自己的言行实行监督的过程。自我控制是主体对自身心理与行为的主动的掌握。自我调节是自我意识中直接作用于个体行为的环节，它是一个人自我教育、自我发展的重要机制，自我调节的实现是自我意识的能动性质的表现。

（二）生理自我、心理自我与社会自我

按自我意识活动内容来看，自我意识又可分为生理自我、心理自我与社会自我。

自我意识最原始的形态是生理自我。生理自我是个体对自己身体的意识，也可称为躯体“我”，包括占有感、支配感和爱护感。你对自己身材、容貌和性别等的认知，以及生理病痛、温饱饥饿等的感受体验都属于生理自我。这些感觉大概在我们 3 岁左右就开始形成，从而我们能够把自我和非我区别开来，意识到我们的躯体是生存的基础。随着自我意识的成长，我们逐渐对生理自我有一个明晰的看法与正确的认识，但由于青年时期的不确定性，有的学生对生理自我产生较高的心理关注，例如，女孩子会关注自己是不是漂亮、迷人、有吸引力，关注自己的高矮胖瘦甚至脸上的雀斑；男孩子会关注自己的体形、身高甚至生理器官、声音的吸引力等。

心理自我是个体对自己的心理活动、个性特征、心理品质的认识、体验和愿望，包括

对自己的感知、记忆、思维、智力、能力、性格、气质、情绪、爱好和行为特点等的认识和体验。这些对自己心理的认知随着生活阅历的增加而逐渐形成，我们的情感、情绪、智力、能力、兴趣等都与日俱增，我们学会评价自己的心理自我、体验心理自我，如初恋与失恋的体验、成功与失败的体验等。

随着自我意识的发展，个体的社会角色渐渐浮出水面并占据重要位置，与此相应的责任感、义务感、角色感都在增长着。社会自我是个体对自己在社会关系、人际关系中角色的认识，包括个人对自己在客观环境及各种社会关系中的角色、地位、权利、义务、责任、力量等的意识。社会自我主要受他人看法的影响，生命中的重要人物，如父母、老师和好友对待我们的态度都会极大地影响社会自我的形成。青年男女常用“我已经长大了”来表达自己的社会自我，期望社会给予积极的肯定与认可。

生理自我、心理自我与社会自我是密切联系、相互影响的，它们都包含着不同的自我认知、自我评价与自我控制，如表 4-1 所示，但由于比例和搭配的不同，构成了个体自我意识之间的差异，也使得每个人都有自己的对人、对己、对社会的独特的看法和体验。当我们进行自我观察、自我感觉、自我分析、自我评价的时候，我们就形成了自我概念。

表 4-1 生理自我、心理自我与社会自我的联系

	自我认知	自我评价	自我控制
生理自我	对自己身体、外貌、衣着、风度、性别、病痛饱饿等的认识	帅、漂亮、有吸引力、迷人、矮小、普通、胖等	维护身体的外表修饰、物质欲望的满足等
心理自我	对自己的智力、性格、气质、兴趣、能力、记忆、思维等特点的认识	有能力、聪明、优雅、敏感、迟钝、感情丰富、细腻、暴躁、温和	追求信仰，注意行为符合社会规范，要求智慧与能力的发展
社会自我	对自己的名望、地位、角色、权利、义务、责任、力量的认识	自尊、自信、自爱、自豪、自卑、自怜、自恋	追求名誉地位，与他人竞争，争取得到他人的好感等

（三）现实自我、投射自我和理想自我

按自我观念分来看，意识结构又可以分为现实自我、投射自我和理想自我三方面。

现实自我是我们在现实生活中获得的自我感觉，即按照我们自己的标准对自己目前身心状况和社会关系的看法。投射自我是在我们看来，其他人对自己的评价和看法。而理想自我则是自己希望达到的完善形象、生活目标，对未来的憧憬、期待和抱负，以及自己希望自己能成为什么样的人，这些都是理想自我。

假设你目前是一个师范学校的大学生，你认为自己有很强的人际沟通能力和语言表达能力，这是你的现实自我；你认为你的朋友很欣赏你的随和、大方、活泼，是你的投射自我；而你希望能成为一名优秀中学教师则是你的理想自我。现实自我与投射自我，现实自我与理想自我的和谐一致是心理健康的基本保证，这三者存在矛盾冲突就会引起自我意识的矛盾和偏差。

心理探索二：大学生的自我意识

一、大学生自我意识发展的特点

心理学家斯普兰格指出：青年期是开始“自我发现”的新时期。其主要表现在以下几个方面:关于自己是否是成人的自我意识。如,我是个成人吗？我的行为符合成人要求吗？关于自己美丽的自我意识。如常在镜子面前评价自己。关于自己能力、性格的自我意识。如我聪明吗？我温柔吗？我是一个诚实的人吗？关于性的自我意识。如我的男性特征明显吗？男生喜欢我吗？怎样才招异性喜欢关于社会归属与社会地位的自我意识。如我被重视吗？我在班上名气大吗？关于对人生价值的自我意识。如人为什么活着？人生的价值与意义是什么？我要成为一个怎样的人？

青年初期学生自我意识的特点，可以归结为以下五个方面：

第一，自我意识中独立意向的发展。青年人已完全意识到自己是一个独立的个体，因此要求独立的愿望日趋强烈。与少年期不同的是，此时独立性的要求是建立在与成人和睦相处的基础上的。

第二，意识成分的分化。青年初期学生在心理上把自我分成了“理想的自我”和“现实的自我”两个部分，他们能够按照“理想的自我”去要求和调控“现实中的自我”，但有时也出现矛盾。

第三，强烈地关心着自己的个性成长。青年初期的学生十分关心自己在个性方面的优缺点，对别人或自己进行评价时，也特别重视个性方面的特点。

第四，有很强的自尊心。青年初期个体自尊心变得脆弱而敏感。他们最不能忍受被轻视、侮辱，既希望得到父母的支持，更在乎同伴的赞许和重视。他们会以各种方式表现自己，争强好胜，以求获得赞赏和满足。如果不能通过正当的途径满足这种要求，他们有可能用不符合社会角色的方式去寻求满足，如寻衅滋事、玩世不恭、打架斗殴、搞恶作剧等。自尊心长期得不到满足时会导致低自尊、抑郁情绪以及普遍的失望甚至绝望。

第五，道德意识高度发展。学龄期儿童已经初步懂得了一些道德准则与道德观念。进入青少年期以后，由于接触的范围和自我道德实践经验的不断扩大，我们所掌握的道德准则不仅数量上增加，而且越来越深刻。在道德情感中直觉式情感减少，伦理道德式情感体验开始占优势。道德理想更为现实，道德意识在道德行为中的作用日益加强。

具体来说，大学生在自我意识方面表现为以下几个方面：

（一）自我认识的主动性增强但自我认识的自觉性有待提高

在激烈的就业竞争中，大学生从一入学就面对学习和就业的压力。在我们面前摆着很多深刻的问题：将来做个什么样的人，我能够从事什么样的工作，我喜欢什么样的工作等。我们开始更加主动地去认识自己，自我意识更为明晰。大学生普遍存在不能客观认识自己能力的情况，不能客观分析自己的优缺点，从而造成妄自菲薄。

（二）自我认识途径增多

就读大学后，大学学习、生活环境为大学生提供了一个新天地。在大学生活中，博览群书、广交朋友、学生活动、社会实践等不同途径为其提供了新的认识自我的方法。在大学中，不再是中小学式的封闭班级，与同学、老师的接触，在社会实践中与社会的接触为大学生提供了广阔的视野，也让我们更深入地接触社会，从而增加了自我认识的途径。

（三）自我评价的兴趣增加，能力增强

进入大学后，与同学、朋友的交往使得我们的社会比较增多，我们更多地将自己的能力、相貌、学习、娱乐等与别人作比较，也尝试通过老师、同学对自己的评价来认识自己。但是也有可能存在自我评价过高或过低的情况。

（四）自我体验丰富、深刻

随着我们对自身的认识的发展、自我评价的增多，对社会的规范、价值标准的进一步认识而导致更加丰富深刻的内心情绪体验，也就是主观的我对客观的我所持有的一种态度，比如自信、自卑、自尊、自豪、内疚、羞耻和、挫败感等。

大学生自我体验的丰富、深刻，还表现在对外部世界和自己内心世界的某些方面非常敏感，涉及“我”及与“我”相关的事物等，都容易迅速引起情绪上的反应。

（五）自我控制能力提高

自我控制是自我意识的意志成分，处于大学阶段的我们，离开了中学时督促我们的家长和老师，对自己的行为、活动和态度的调控愿望增强。有一定的自我设计、自我规划的愿望，能够更好地进行自我检查和自我监督，自觉地调节行为。但是大学生自我控制水平还不够，有时候行为随意性比较大，刚下决心要做某事，但是转身又找到理由原谅自己放弃。大学生一些违反校规、校纪的情况就是不善于自己控制的后果。

二、大学生自我意识发展的矛盾

迈入大学殿堂，我们的身心更为成熟，自我意识的发展也进入了新的阶段，但是新的矛盾和冲突又产生了。

（一）理想我与现实我的矛盾

每个青年人心中都有无数光彩耀眼的梦想，特别是随着经济的发展，很多学生心中涌动着强烈的成功梦想，为自己设定了一个美好的“理想我”，对自己的大学生活进行了理想化设定。但是当现实大学与理想大学、现实社会与理想社会、现实自我与理想自我形成巨大的反差时，一部分学生会找不到自己生活的正确方向，将一些可克服的障碍或干扰误认为是无法逾越的鸿沟，对挫折缺乏较强的心理承受能力。现实生活中，“理想我”与“现实我”总是存在一定差距的，合理的差距能够使人不断进步、奋发有为。但是，如果差距过大，则有可能引起各种各样的心理不适与心理问题，甚至自暴自弃。

（二）我观“我”与他观“我”的矛盾

适当的自我评价能让我们体验到自己存在的价值，而对自己的能力、性格、优缺点的客观评价能让我们正确地认识自我。人对于自己的优点很敏感，而对于自己的缺点却容易忽视，不知道自己的专长是什么，真正的本领是什么，缺少的东西是什么。作为大学生，我们在认识和评价自己时难免会有较为主观的时候，或高估、或低抑、或偏颇，与他人对我们的评价形成对立。当然，他人的评价并非一定都是正确，因为他人也可能会有主观的时候，正如镜子因凹凸不平会歪曲人的形象一样。

（三）思我与行我的矛盾

每个年轻人都可能存在这样一种矛盾的心态，心里想的是一回事，但是做的是另一回事，心里喜欢的是一回事，能付诸现实的是另外一回事。例如，小李刚上大学的时候壮志满怀，希望自己好好学习，但是配上电脑之后晚上常常打游戏到深夜，早上又起不来床。小李一边责怪自己荒废时间，应该认真学习，一边又控制不了自己对游戏的沉迷。而小刘呢，想在在校期间培养自己开朗的性格，多参加社会实践，却因为内向不善言谈而屡屡被兼职招聘拒绝。小刘一边想要改善自己内向的性格，一边却因为挫折更惧于展现自己。这种思与行的矛盾在学生身上有较多表现，其原因是意志力不够、缺乏对自己的控制，或是内心缺乏动机，或是找不到行为的方法，或是受到环境制约等。

（四）强烈的自我改变意愿与意志品质滞后的矛盾

当我们看到理想我与现实我的矛盾后，在挫折情景或他人成功的时刻，我们会产生强烈自我改变的愿望。但在我们意志品质发展还不够成熟的情况下，我们的自觉性、果断性、自制性和坚韧性都还有所欠缺，自制和自控能力与改变的意愿形成较大的冲突。

三、大学生自我意识的偏差

当前高校学生的主流心态是积极的，是健康发展的，但由于社会环境、家庭环境等的影响，部分学生在学习、生活、工作过程中存在着自我意识的偏差，其通常表现在以下几个方面：

（一）自我评价偏高

高校中有些学生对自己有不切合实际的高估，优越感强，过于自信，自尊心和好胜心过强。在行为上容易表现出评价他人责备求全、观察问题易简单化、行动目标过高等。

（二）自我评价偏低

高校学生中有的因高考失利而后悔，有的因志愿没填好而痛苦，有的因对专业不满意而消沉，有的为就业而担忧……这些学生明显地表现出失望与悲观，导致学习动机不强，学习的盲目性大、积极性不高。也有少数学生因本身基础较差，进校后较为自卑，学习也不知努力，做一天和尚撞一天钟，致使学习风气不浓，学生补考、考试舞弊现象较为严重。

学生典型的自我评价偏低表现为自我否定、言语和行为迟滞、对批评敏感、对奉承反应过度、逃避集体、多有防御行为、轻视他人、矫饰优越等。

（三）自我迷失

有的大学生在丰富的大学生活中找不到自己，不知道自己到底要什么，不知道自己生活的意义，不知道自己该做什么，不知道该往什么方向走，他们的心中充满了犹豫和矛盾。很多学生对自己身上的优缺点缺乏正确的认识和态度，很难认识自己和发展自己，从而在外界环境的影响下，盲目做出从众行为。

心理探索三：培养健康的自我意识

一、健康自我意识的标志

有健全自我意识的人应该是：

- 自我肯定、自我统合，能正确评价自我的人。
- 自我认识、自我体验和自我调节协调一致，能较好地进行自我整合的人。
- 独立的，同时又与外界保持协调的人。
- 主动发展自我、且自我具有灵活性的人。

二、健康自我意识的培养及完善

（一）正确认识自我

你认识你自己吗？你知道你是谁吗？表面上这是很简单的问题，但事实上很多人并不真正了解自己。古诗中说“不识庐山真面目，只缘身在此山中”，或说“当局者迷，旁观者清”，说明要真实地了解自己真的很难。

1．自我认识的内容

认识自我

第一，认识自己的生理特点。

第二，认识自己的心理特点。

第三，认识自己的优势。

第四，认识自己的劣势。

2．自我认识的途径

进行良好的自我认识不但需要以人为镜，也要进行较完善的自我分析。我们可以尝试合理地进行社会比较法。

一方面，进行横向比较，将自己与他人进行合理比较。我们可以尝试通过与周围人比较发现自己的优势和劣势，或者根据他人对自己的态度来评价自己，以增进对自己的认识。

另一方面，进行纵向比较，将以前的自己与现在的自己进行比较。如画自画像，将以前和现在自己的知识、能力、情感、意志、性格等进行对比，发现自己的成长。总结经验教训，自己记忆中最成功、最自豪的事情是什么？最失败、最失望的事情是什么？发现自己从中得到了怎样的成长。

（二）积极悦纳自我

自我悦纳是对自己的本来面目持肯定、认可的态度，是自我意识健康发展的关键所在。一个人只有欣然地接受自我，才能有信心去面对真实的我，自尊、自爱，珍惜自己的人格和名誉，注重自我修养，使自己发展到一个较高境界。当前他们面临严峻的就业形势，学习竞争、家庭环境等也给我们带来压力，这就要求我们培养自身健康的心理、健全的人格与成熟的心态，要坦然、愉悦地接纳真实的自己，不仅接纳自己的优点，也要接纳自己的不足和缺点。

1．喜欢自己

悦纳自我首先要接纳自己、喜欢自己、欣赏自己，看到自己身上的闪光点，具有成长的潜能，具有存在的价值。你要知道，当你排挤、讨厌自己的时候，你根本提不起劲去改善自己的处境。所以第一件你需要做的事是要多照镜子，并不断对镜中人说“我真的很不错，我真的真的很不错！”

在成长的过程中，你也经历了一些或大或小的挫折、阻碍，也会有成功的喜悦。挫折和阻碍会变化成为你成长的财富，所以你也有理由把右手放在你的胸口，大声地告诉自己“我为自己骄傲！”

2．保持乐观，性情开朗

在大学生活中，我们可能会面临各种生活、学习和人际交往的压力，时常会遇到各种挫折和冲突。有位同学钱包掉了，一个月的生活费没了，却不见他特别沮丧。问他为什么，他说：“钱包掉了本来就是一种损失，如果再因此让自己很不开心，不是损失更大了吗？为什么要把金钱的损失扩大为时间和心情的损失呢？我不是粗心的人，但是作为教训，下次我会更小心一点。”

如果我们能像这位同学一样，遇事保持乐观的心态，不对自己太过苛责，接纳自己偶尔也会犯错，也有短处、缺点，这样反而会给自己更自由的成长空间，会有一个更为理想的心理健康状态。

3．全面看待自己的优缺点

每个人都会有优点，也会有缺点。但是我们在生活和学习中，会发现有的人只能片面的看待自己，要么只能看见自己的缺点，一无是处，这样的人活得自卑痛苦；要么觉得自己全是优点，问题和缺点都是别人的，这样的人充满优越感而自负满满。不管是自卑，还是自负，都会成为我们成长路程上的阻碍。全面看待自己的优缺点，才能认识真实的自己，在与人交往中才能进退有度。

（三）自觉调控自我

在实现人生目标的旅途上，既有各种本能欲望的干扰，又有各种外部诱惑的侵袭，而自觉调节控制自己是健全自我意识完善的根本途径。大学生要控制自我，应该做到：

1．培养顽强的意志力

很多大学生为自己树立了远大的目标和理想。但在努力的过程中，没有足够的自制能力和坚强的意志力，经受不住挫折和打击，无法实现自我理想。大学生经常说："我想早起，可就是没有恒心"，"我想学习，可就是学不进去"。培养顽强的意志，发展坚持性和自制力，增强挫折耐受力，使自己能自觉主动地认清目标，为实现目标而努力排除干扰，克服困难。

自我意识的调节

2．培养自信心

美国思想家爱默生说："自信心是成功的第一个秘诀。"自信心是个体对自己的认可、肯定、接受和支持的积极感受，就是相信自己，对自己力量的充分估计的一种自我体验。自信是自我意识的一个重要组成部分，属于自我意识的情感形式，是对自我的积极的情感体验。自信的人相信自己，相信自己的能力和价值，相信自己追求的目标是正确的，也相信自己有能力去实现目标，遇事有主动精神。培养自信心可以大胆积极地表现自己的长处，从小事、容易成功的事做起，通过小的成功来增强自信。树立恰当的目标，一小步一小步地做，一有进步就强化；坚持每天记下一件成功的事，只要是成功的、可以增强自信的事都简单记下来；学会积极争取他人的帮助，增强成功的几率；循序渐进地积累成功的经验，淡化失败的体验；从积极方面去总结失败，吸取教训，将失败变为成功之母，自信心也就逐渐培养起来了。建立自信，就要相信自己有能力干好每一件事，用已过去的成功例子，不断告诉自己："我能行"，"我能做到！"

（四）不断超越自我

认识自我，接纳自我，都是为了塑造自我，超越自我。对于大学生而言，超越自我更是终生努力的目标。人们常说，人最大的竞争对手是自己。因此，我们只有理智地分析自我，不断地超越自我，才能在激烈的竞争中立于不败之地。

心理训练

心理训练一：增强自信心

你也可以做到

一、自卑心理案例分析

吴某，男，重点大学二年级。自进入大学后，一直很自卑，父母都是农民，家境贫寒。以前因为在中学时成绩拔尖，深受老师和同学的器重，自己也因此似乎忽视了家庭的贫困和普通。为了他上大学，家里负债累累。进了大学后，自己又借了不少钱以掩饰自己的贫困和普通。原以为到了上海，会有很多机会，可以通过打工来补贴自己，但实际上很难。曾想了许多办法来提升自己的素质（比如参加社团、看书、看展览会、考证书等），但实施之后，往往都是半途而废，从而感到自己脱离不了贫穷，改变不了社会底层的地位，自己不会有好的前途，不可能光宗耀祖，甚至找女朋友在上海成家都很困难。

思考：

1. 吴某对自己的认识是否正确？

2. 自卑心理是什么？

3. 吴某的自卑心理是怎么产生的？

4. 请同学们相互讨论一下自卑都有哪些危害。

二、自信从何而来

“罗森塔尔效应”产生于美国著名心理学家罗森塔尔的一次有名的实验中：他和助手来到一所小学，声称要进行一个“未来发展趋势测验”，并煞有介事地以赞赏的口吻，将一份“最有发展前途者”的名单交给了校长和相关教师，叮嘱他们务必要保密，以免影响实验的正确性。其实他撒了一个“权威性谎言”，因为名单上的学生根本就是随机挑选出来的。8 个月后，奇迹出现了，凡是上了名单的学生，个个成绩都有了较大的进步，且各方面都很优秀。罗森塔尔认为，可能是因为老师们认为这些大器晚成的学生开始崭露头角，予以特别照顾和关怀，以致使他们的成绩得以改善。这就是著名的罗森塔尔效应。

期望的力量

对“罗森塔尔效应”进行以下讨论：

1. 为什么在老师心目中，这些同学是聪明的？

2. 这些同学果然就变得聪明了吗？

3. 你认为是什么原因导致了“罗森塔尔效应”？

三、自信训练

想象这样的情境：一个雇员找老板要求升职，老板问：“你怎么敢问这个问题？”

假如你是这位雇员，你会以怎样的方式提出要求升职这一问题，之后又会如何回答？

请学生两人一组分别扮演雇员和老板的角色，要求第一次老板有接受的态度，第二次老板不接受。

四、探索能力

了解自己所具备或者隐藏的能力，能激发自己的潜能，不但能令你会更喜欢自己，而且在未来可以寻找机会发挥自己的潜力。分组讨论以下问题：

1. 你觉得自己目前具备哪些能力？

2. 哪些能力是你目前没有，但是想要拥有的？

3. 你会做哪些努力去拥有这些能力？

心理训练二：完美一角

活动内容：

1. 活动以小组形式进行，组长分发缺一角的圆形纸片。每个组员一个，颜色各不相同。

2. 请组员在圆形纸片上写下自己目前所拥有的资源。

3. 组长分发圆形纸片的缺角给组员，并且说明这一纸张是要让他们写上自己目前最想追求的东西。

4. 请组员分享自己的作品。

5. 讨论：

（1）本身所拥有的资源是什么？

（2）想追求什么让自己的生命更趋于完满？

（3）你做了怎样的努力来追求自己想要的东西？

（4）得不到的时候，你会如何面对？

6. 组长整理组员所分享的内容，鼓励大家勇于追求自己想要的东西并成为想要成为的人，但不要忘记看看自己所拥有的东西并且能试着去接纳自己的缺陷。

项目五　优化性格　完美人生

——大学生的气质应用及性格优化

【故事悦读】

性格决定成败

有位美国记者采访晚年的投资银行一代宗师 J. P. 摩根，问："决定你成功的条件是什么？"老摩根毫不掩饰地说："性格。"记者又问："资本和资金何者更为重要？"老摩根一语中的答道："资本比资金重要，但最重要的还是性格。"

确实，翻开摩根的奋斗史，无论他成功地在欧洲发行美国公债，慧眼识中无名小卒的建议大搞钢铁托拉斯计划，还是力排众议，甚至冒着生命危险推行全国铁路联合，都取决于他倔强和敢于创新的性格，如果排除这一条，恐怕有再多的资本也无法开创投资银行这一伟大开创性的事业。

1998 年 5 月，华盛顿大学350 名学生有幸请来世界巨富沃沦巴菲特和盖茨演讲，当学生们问道"你们怎么变得比上帝还富有？"这一有趣的问题时，巴菲特说："这个问题非常简单，原因不在智商。为什么聪明人会做一些阻碍自己发挥全部功效的事情呢？原因在于习惯、性格和脾气。"盖茨表示赞同。无论是在工作和生活中，都是性格决定命运，性格好比是水泥柱子中的钢筋铁骨，而知识和学问则是浇筑的混凝土。

热身运动

活动一：性格魅力测试站

假设你参加了一个聚会，在里面你结识了很多性格迥异的人，有真诚的、善解人意的、乐于助人的、体贴的、热情的、善良的、活泼开朗的、风趣幽默的、聪明能干的、自信的、心胸宽阔的、脾气古怪的、不友好的、饶舌的、自私自利的、自负傲慢的、虚伪的、恶毒的、不可信任的、性情暴躁的、孤僻的、冷漠的、固执的、心胸狭隘的等。

活动流程：

（1）组织成员进行讨论：你最不愿意和哪三种人做朋友，最愿意和哪三种人做朋友，并简要地说明理由。请每位成员在心底对自己作一个评判（不需要说出来）：你认为自己最类似于以上哪两种人？优缺点各选一个。然后仔细倾听其他成员对此的评价，从而了解自己的性格在人际交往中的受欢迎程度。

（2）根据成员的发言，记录下每种性格的魅力指数。最愿意和某三种人做朋友，那么根据喜欢程度的高低，这三种性格分别记+3，+2，+1 分；反之，最不愿意和某三种人做朋友，那么根据讨厌程度的高低，这三种性格分别记-3，-2，-1 分。所有成员发言完后，计算每种性格的总分，得出该性格的人际魅力指数。

活动二：理解性格

想象一下，你是一个篮球队的队长，你必须选择一名队员当选“年度篮球先生”。最后有两个候选人：A 和 B。那么你倾向于谁？

对于 A，很明显，他是一个明星队员，虽然他还是一个低年级学生，但是他为球队赢得了许多分数，并使得全队获得年度金奖。虽然说 A 是天生的运动健将，但是他也非常尽力地打好每场比赛。所以，出于公平起见，选择必须根据赛场表现做出。否则，如果有偏袒，那么会开一个不好的先例。当然，相信所有的人都会毫无异议地同意 A 获得这个荣誉。

B 虽然不是最佳的球手，但是他付出了超出常人的努力去练球，总是拿出 150%的努力打好每场比赛。每一场比赛他都热情高涨，并且很好地鼓动其他的战友共同努力。而且 B 是高年级的，因为家境问题，高中毕业后就得找份工作，而不能进入大学学习。所以，这次可能是他唯一一次获得这样荣誉的机会。奖金还可能使他有机会继续读书。

头脑风暴

1987 年，三名瑞典人从瑞典的斯德哥尔摩出发，向北进入北极圈，展开了他们跨越极点的旅行。

当时正是北极的夏天，无论白天还是晚上，都是极地的白昼。三个人驾驶着雪橇，一路上心情很雀跃。到了出发的第五天，在距离极点还有 300 公里的地方，天气突然发生了变化。寒风夹杂着大片大片的雪花和冰粒吹过来，让他们几乎寸步难行。他们只好停下来，扎好帐篷躲了进去。没想到，这一停就是一个星期。一个星期之后，暴风雪一点都没有停下来的意思。三人的给养一天天地减少，他们开始怀疑是否还能坚持下去，并成功穿越北极。

其中一个人沮丧地说：“即使明天天气就好转，剩下的给养也难以让我们成功穿越北极，再遇上这样的天气，又没有给养，只有死路一条。”他的失望情绪很快传染给了另外一个人，两个人都表示，如果明天天气还不好转，他们就马上回转，放弃这次北极冒险。

只有第三个人一点都不灰心，他坚持说：“如果明天天气好转，剩下的给养再加上猎杀一些海豹，足以维持到穿越北极。况且，现在正是北极的夏天，再遇上这样恶劣天气的机会是非常小的。”

第二天一早，天气真的好转了。但前两个人已经失去了信心，三人无法统一意见，于是他们把给养分成了三份，每人各取一份。认定此行无法成功的两个人带上属于他们的那一份原路返回，而第三个人独自上路。

事情的发展正如第三个人所预计的。在此后的几天，天气迅速好转，再没有下过大规模的暴雪，而他依靠自己猎杀的海豹，加上分得的那份给养，成功穿越了北极。

思考：上述三人分别有着什么样的性格特征，才产生了上述不同的结果？

心理探索

心理探索一：气质的概念

在日常生活中，气质主要指人的姿态、长相、穿着、性格、行为等元素结合起来，给别人的一种感觉。而心理学中所讲的气质与通常意义上人们所说的气质有较大的区别。气质是个人生来就具有的心理活动的动力特征。它表现在人的认知活动、情感活动和意志活动中，主要指心理活动的速度、稳定性、强度、指向性等方面的特点。这些相对稳定的心理动力特征相互联系和相互作用，使人的日常活动带有一定的倾向性色彩，因而具有浓郁的个人色彩。例如，一个人遇到任何问题都表现得很激动，等待朋友时坐立不安，参加演讲比赛前沉不住气，经常在课堂上抢答老师的提问，父母说话时还没说完就被她打断了，那么这个人具有情绪激动的气质特征。

气质表现一个人生来就具有的自然特性。个体一出生，就具有由神经活动系统所决定的某种气质，而在后天环境的影响下，个体在生长发育的过程中，气质也会发生改变。因此，我们可以说，气质天成，具有稳定性，但也具有一定的可塑性。

心理探索二：气质的类型

一、古希腊体液说

古希腊医生希波克拉底（公元前460—公元前377年）很早就观察到人有不同的气质，他认为人体内有四种体液：血液、黏液、黄胆汁和黑胆汁。希波克拉底根据人体内的这四种体液的不同比例，将人的气质划分为四种不同类型：

- **多血质：**喜欢活动，体液中血液占优势。
- **黏液质：**冷静、善于算计，体液中黏液占优势。
- **胆汁质：**易怒、动作激烈，体液中黄胆汁占优势。
- **抑郁质：**神经过敏，易于郁闷，体液中黑胆汁占优势。

这种学说缺乏生理支持，但气质的这四类名称被沿用下来。

扫一扫

迟到

二、巴普洛夫的高级神经活动类型学说

巴甫洛夫认为有四种典型的高级神经活动类型，即活泼型、兴奋型、安静型和抑制型，分别与希波克拉底的四种气质类型相对应，如表5-1所示。除这四种典型的类型外，还有许多中间类型。巴甫洛夫学派的观点得到后继者的进一步发展，如捷普洛夫和涅贝利岑等主张研究神经系统的各种特性及其判定指标；梅尔林主张探讨神经系统特性与气质的关系，强调神经系统的几种特性的组织是气质产生的基础。还有人将气质归因于体质、内分泌腺或血型的差异，但气质的生理基础仍无法确定。

表5-1 四种气质类型

气质类型	高级神经活动类型
多血质	活泼型
胆汁质	兴奋型
黏液质	安静型
抑郁质	抑制型

三、流行的气质类型分类方法

流行的分类方法是把人的气质分为多血质、胆汁质、黏液质和抑郁质。

- **多血质：**情绪易表露，也易变化，敏感、思维灵活、反应迅速、善于交际、适应性强。但注意力容易转移，兴趣容易变换，做事往往缺乏持久性，常受情绪波动的影响。
- **胆汁质：**以精力旺盛、表里如一、刚强、易感情用事为特征。直率、热情，但情

绪容易波动，表情容易外露，脾气显得暴躁。

- **黏液质：**心情比较平稳，变化缓慢，心平气和，喜沉思，但灵活性不足；稳定，但有些平板；沉着冷静，但缺乏生气。
- **抑郁质：**细心，谨慎，情绪体验深刻，善于觉察他人觉察不到的事物，但孤僻，多忧多思，行动迟缓，顾虑重重，在面临危险情境时常感到恐惧。

大学生人群中往往多数人是接近于某种气质而又兼有其他类型的混合型或介于各类型之间的中间型。这四种气质类型，在日常生活中虽然有典型的代表人物，但大多数人都是属于混合型的。如胆汁—多血质，胆汁—黏液质，多血—胆汁质，多血—黏液质，多血—抑郁质，黏液—胆汁质，黏液—抑郁质等。各种气质类型，都是先天和后天的“合金”。因而，它总是随着人的年龄和经历的发展变化而变化的。

心理探索三：气质的应用

气质本身并没有善恶、好坏之分，每种气质都有其积极的一面，也有消极的一面。气质并不能决定一个人活动的社会价值和成就高低。每一种职业领域都可以找出各种不同气质类型的代表，同一气质的人在不同的职业部门都能做出突出的贡献。但是，人们所从事的职业，不同的岗位，却对从业人员的气质有不同的要求。某种气质特征，往往能为胜任某项工作提供有利条件，而对另一些工作又表现出明显的不适应。研究和实践都表明：气质特征是选择职业的重要依据之一。

扫一扫

气质与职业

（一）胆汁质气质与职业选择

胆汁质的主要特征是直率、热情、精力旺盛、脾气急躁、情绪兴奋性高、易冲动、反应迅速，心境变化剧烈。择业时主动性强，具有竞争意识，通常倾向选择且适合于竞争激烈、冒险性和风险性强的职业或社会服务型的职业，如运动员、改革者、探险者等。

（二）多血质气质与职业选择

多血质的主要特征是活泼、好动、敏感、反应快、善于交际，兴趣与情绪易转换。择业时积极主动，热情大方，善于推销自己，适应性强，很受用人单位的欢迎。通常适合于出头露面，交际方面的职业，如记者、律师、公关人员、秘书、艺术工作者等。

（三）黏液质气质与职业选择

黏液质的主要特征是安静、稳定、反应迟缓、沉默寡言、情绪不易外露，善于忍耐。择业时沉着冷静，目标确定后，具有执着追求、坚持不懈的韧性，从而弥补了其他素质的不足。一般适合于医务、图书管理、情报翻译、教员、营业员等工作。

（四）抑郁质气质与职业选择

抑郁质的主要特征是情绪体验深刻、孤僻、行动迟缓、感受性强、敏感、细致。择业时思虑周密，有步骤、有计划，一般较适合从事理论研究工作等。

以上只是从气质典型的角度论及各种气质与职业选择的关联。每一个求职者应从自己的实际气质特征出发，认真考察职业气质要求与自身特征的对应关系，选择那些能使自己气质的积极方面得到发挥的职业与岗位，避开消极的一面。

心理探索四：性格的形成

一、性格的概念

性格不是先天具有的，而是在后天的长期社会生活和劳动实践中，在环境和教育的影响下逐步形成发展的。在心理学上，通常把性格理解为一个人对现实的稳定态度和习惯化了的行为方式中所表现出来的个性心理特征。诚实或虚伪、勇敢或怯懦、谦虚或骄傲等都被认为是性格特征，性格是一个人的许多特征所组成的统一体，人对现实稳定的态度决定着他的行为方式，而人的习惯行为方式又体现了他对现实的态度。

二、性格的类型

心理学家们曾经以各自的标准和原则，对性格类型进行了分类，下面是几种有代表性的观点：

1．从心理机能上划分，性格可分为理智型、情感型和意志型

培因等依据智力、情绪和意志三种心理机能在人身上所占的优势，把性格分为理智型、情绪性和意志型。理智型者依冷静的理性思考而行事，以理智来支配自己的行动。情绪型者不善于思考，凭感情办事。意志型者目标明确，行为主动。

扫一扫

如何与理智型的人沟通

2．从心理活动倾向性上划分，性格可分为内倾型和外倾型

1913 年，瑞士心理学家荣格在慕尼黑国际精神分析会议上提出了内倾型和外倾型的性格。后来，他又在 1921 年发表的《心理类型学》一书中充分阐明了这两种性格类型的特点。他在该书中从性格的一般态度类型和机能类型两个方面论述了这种性格类型。

（1）一般态度类型

荣格根据心理能量的指向划分性格类型。个体心理能量的活动倾向于外部环境，就是外倾型的人。外倾型的人重视外界，爱社交、活跃、开朗、自信、勇于进取、兴趣广、易适应环境；心理能量的活动倾向于自己，就是内倾型的人。内倾型的人重视主观世界、好沉思、善内省、常自我欣赏和陶醉，孤僻、缺乏自信、害羞、冷漠、寡言、较难适应环境的变化。外倾型和内倾型是性格的两大态度类型，也就是个体对特有情境的反应的两种态度或方式。

（2）机能类型

荣格将人的心理活动分为感觉、思维、情感和直觉 4 种基本机能。感觉告诉你存在着某种东西；思维告诉你它是什么；情感告诉你它是否令人满意；直觉则告诉你它来自何处和向何处去。一般说，直觉在荣格看来是允许人们在缺乏事实材料的情况下进行推断。按照两种态度类型与四种机能的组合，荣格描述了八种性格类型。① 外倾思维型。该类型的人，既外倾，但又偏向于思维。其思想特点是一定要以客观资料为依据，以外界信息激发自己的思想过程。情感压抑，缺乏鲜明的个性，甚至表现为冷淡和傲慢等人格特点。② 内倾思维型。该类型的人，既内倾，又偏向于思维功能。其除了思考外界信息外，还思考自身的精神世界。其具有感压抑、冷漠、沉溺于幻想、固执，刚愎和骄傲等人格特点。③ 外倾情感型。该类型的人，既外倾，又偏向于情感功能。思维压抑，情感外露，好交际，寻求与外界和谐。④ 内倾情感型。该类型的人既内倾，又偏向于情感功能。其感情由内在的主观因素所激发。思维压抑，情感深藏，沉默，力图保持隐蔽状态，易忧郁。⑤ 外倾感觉型。该类型的人既外倾，又偏向于感觉功能。其头脑清醒，积累外部世界的经验，对事物并不过分地追根究底。寻求享乐，追求刺激，情感浅薄，直觉压抑。⑥ 内倾感觉型。该类型的人既内倾，又偏向于感觉功能。他们远离外界，常沉浸在自己的主观感觉世界中。其知觉深受心理状态的影响。艺术性强，直觉压抑。⑦ 外倾直觉型。该类型的人既外倾，又偏向于直觉功能。他们力图从外界中发现各种可能性，并不断寻求新的可能性。这种人可以成为新事业的发起人，但不能坚持到底。⑧ 内倾直觉型。该类型的人既内倾，又偏向于直觉功能。他们力图从精神现象中发现各种可能性。不关心外界事物，脱离实际、善幻想，观点新颖，但有点稀奇古怪。

荣格并非截然地把人格简单划分为 8 种类型，他的心理类型学只是作为一个理论体系用来说明性格的差异，在实际生活中，绝大多数人都是兼有外倾型和内倾型的中间型。纯粹的内倾型的或外倾型的人是没有的，只有在特定场合下，由于情境的影响，使得某一种态度占优势。每个人也能同时运用四种心理机能，只不过各人的侧重点不同。此外，外倾型和内倾型也并不影响个人在事业上的成就。荣格的类型理论已广泛地应用到教育、管理、医学和职业选择等领域，因这种划分带来了使用上的方便。现在已有许多研究证实内外倾是人格的主要特质，为此，心理学家还编制了测量内外倾的量表。

扫一扫

内向的人都是奇葩么？

3．从社会生活方式上划分，性格分为经济型、理论型、审美型、宗教型、权力型和社会型

德国心理学家斯普兰格认为生活方式对人的性格影响很大，提出根据人们认为哪一种生活方式最有价值来划分性格类型，共分为 6 种，如表 5-2 所示。斯普兰格认为，纯粹某种类型的人是没有的，大多数人都是以某种类型为主的混合型。

表 5-2　性格类型及其表现

性格类型	表　　现
经济型	以经济的观点看待事物，从实际效果来判断事物的价值，以获得财产、追求利润为生活目的
理论型	冷静而又客观地观察事物，根据自己的知识体系来判断事物的价值，但遇到实际问题时无法处理。以追求真理为生活的目的
审美型	不大关心实际生活，而是从美的角度来判断事物的价值
宗教型	相信宗教，有感于圣人相救之恩，坚信永存的绝对生命
权力型	重视权力，并努力去获得权力，总想指挥别人或命令别人
社会型	重视爱，以爱他人为其最高价值，有志于增进他人或社会的福利

三、性格的特征

性格具有十分复杂的心理结构。它包含的各个方面，具有各种不同的性格特征。性格特征就是指性格的各个不同方面的特征，它主要有 4 个部分组成，即性格的态度特征、性格的意志特征、性格的情绪特征和性格的理智特征。

（一）性格的态度特征

性格的态度特征主要是指人在处理各种社会关系方面的性格特征，包含以下三个方面的内容：对社会、集体和他人的态度的特征；对工作和学习的态度的特征；对自己的态度的特征。

（二）性格的意志特征

性格的意志特征指人在对自己行为的自觉调节方式和水平方面的性格特征，包括对行为目的的明确程度的特征、对行为的自觉控制水平的特征、在长期工作中表现出来的特征和在紧急或困难的情况下表现出来的特征。

（三）性格的情绪特征

性格的情绪特征指人的情绪活动时，在强度、稳定性、持续性和心境方面表现出来的性格特征。

（四）性格的理智特征

性格的理智特征指人在认知过程中的性格特征。人的认知水平的差异被称为能力特征，人的认知活动特点与风格被称为性格的理智特征。它包括感知、记忆、想象和思维方面的特征。

心理探索五：性格的优化

每个人都想把自己的人生谱写得更光辉更灿烂，那就必须优化自己的性格，才能完善自己的人生。

性格是表现在人的态度和行为方面的较为稳定的心理特征，是个性的重要组成部分。性格成功学家杨斌说：“生活的矛盾、冲突大部分都源自我们的性格。性格决定命运。”性格是决定一个人成功与否的很关键的因素。成也性格，败也性格；好性格能成就你的一生，而坏性格可毁掉你的一生。歌德说过：“人人都有惊人的潜力，要相信自己的力量与青春。要不断地告诉自己，万事全依赖自己。”谚语有云：“播种行为，收获习惯；播种习惯，收获性格；播种性格，收获命运。”

所谓优化性格，完善人生，就是从认识和了解自己的性格入手，把握自己性格的优势和劣势。对自己的优良性格发扬光大，缺陷性格逐渐改正。

一、认识和了解自己的性格

（一）用“比较法”认识自己

通过与同年龄的伙伴在处世方法、对人对事的态度、情感表达方式等方面进行比较，“以人为镜”找出自己的特点来认识自己。比较时，对象的选择至关重要。找不如自己的人作比较，或者拿自己的缺陷与别人的优点比，都会失之偏颇。因此，要根据自己的实际情况，选择条件相当的人作比较，找出自己在群体中的合适位置，这样认识自己才比较客观。

（二）用“自省法”认识自己

自省是人的一种自我体验。人们在实际生活中，往往通过自我反思、自我检查来认识自己。在重大事件中获得的经验和教训可以提供了解自己的个性和能力的信息，从中发现自己的长处和不足。

（三）用“评价法”认识自己

在认识自己的时候，应该重视同伴对自己的评价。他人的评价比主观自省具有更大的客观性。如果自我评价与他人的评价相近似，则可说明自我认识较好；如果两者相差过大，大多表明自我认识上有偏差，需要调整。当然，对待他人的评价，也要有认识上的完整性，不可偏听偏信，要恰如其分地认识自己。

（四）用“经历法”认识自己

在生活中通过总结过往的成功和失败，最能反映一个人的性格、能力的优点和劣势。

（五）用“二分法”认识自己

对任何事物的看法都应坚持唯物、辩证的观点，对自己的认识也不例外，既要充分发现自己的长处、优点，也要认清自己的短处与不足，只有这样，才能扬长避短，把握自己，取得更大的进步。

除上述方法外，本项目的心理训练还提供了性格测试问卷和气质类型问卷，请同学们通过科学测试，正确认识自己的性格和气质类型。

二、优化性格的目标与方法

性格优化的主要目的就是要克服不良性格，实现从不良性格向优良性格的转变。而这一点不是很容易就能做到的，它需要有一个长期努力的过程，还需要有比较恰当的转化途径。

（一）性格优化与自我修养

人们性格成熟的进度，往往是同性格修养的认真程度成正比的。性格的自我修养进行得越认真，性格成熟也就越快。这可以从杰出人物优良性格的形成过程中得到证明。

大凡在历史上很有作为的杰出人物，他们的性格都有许多优良之处。他们的优良性格是不是天然生就、自生自长起来的呢？当然不是。伟人也罢，庸人也罢，童年时期性格都是幼稚脆弱的。每个人，不管长大以后性格多么坚强，取得了多么伟大的成就、受到了多么热烈的推崇，但是在他小时候，他的性格必定是孩子式的、不稳定的。他们的优良性格主要是他们在后天实践的过程中，顽强地进行自我修炼的结果。孔子也不相信自己是“天生圣人”。他说：“吾十有五而志于学，三十而立，四十而不惑，五十而知天命，六十而耳顺，七十而从心所欲不逾矩。”俄罗斯大文学家列夫·托尔斯泰青年时期，就开始为自己拟定“意志发展的规则”。开始是规定生活制度方面的要求，如什么时候起身、睡觉、吃什么等。后来，直接的意志训练内容在这个规则中占了主要地位，如“集中全力去做一件事情”，“尽力而为”，“只有在必要的情况下，一件事情没有结束，才着手做其他的事情”，“在从事一切工作前，要考虑它的目的”，等等。俄罗斯著名教育家乌申斯基在其青年时期，也十分重视从行为规则入手控制和培养性格。他为自己定过以下规则：

- 绝对的平静，至少表面上绝对的平静。
- 在言行方面老老实实。
- 行动时要深思熟虑。
- 果断。
- 不讲一句不必要的话。
- 不无意识地浪费时间，只做那些应该做的事，而不是偶然想到的事。
- 只把金钱花在必要的地方，而不花费在不必要的欲望方面。
- 每天晚上诚实地检查自己的行为。
- 从不夸张过去、现在所做的事情和将来要做的事情。

他的坚定沉着、冷静自持等优良性格，就是这样一点一滴培养起来的。

美国著名科学家富兰克林进行性格培养的故事就更有趣了。富兰克林早在年轻的时候就下决心“克服一切坏的自然倾向、习惯或伙伴的引诱”。为此，他给自己制订了一项包括 13 个名目在内的性格修养计划：节制、静默、守秩序、果断、俭约、勤勉、真诚、公平、稳健、整洁、宁静、坚贞和谦逊。为了监督自己逐条执行这些项目，在青年时期，他把这13项内容记录在小本子上，划出相应的空格，每晚做一番自省。如果日间犯了某一种过失，就在相应的空格里记上一个黑点。他希望通过长年累月的自我反省，能够完全消灭这些代表缺点的黑点符号。直到晚年他撰写自传时，还特别谈起青年时代自我修养的努力，认为他的成绩应当归功于自我节制。

无产阶级革命领袖，对于自身修养和自我改造更加重视。刘少奇同志曾专门写过《论共产党员的修养》一书，对共产党员自身修养的重要性以及自我修养的途径和方法作了系统的阐述和探讨。周恩来同志为自己规定过《我的修养要则》，身体力行，堪称自我修养的典范。彭德怀同志也常常用反省的办法检查自己。陈毅、吴玉章等同志则常常为自己书写“座右铭”以自勉。有些青年往往只看到伟大人物的气魄多么宏大、性格多么具有伟人气质，而不注意他们在日常自我修养中做出的巨大努力。他们顽强的自我修养精神同他们的伟人性格一样，都值得我们学习和仿效。

（二）性格转化的渐变和缓冲

心理学告诉我们，性格是一种比较稳定的个性特质。它的稳定性的特点决定了性格的转化只能是一个缓慢的过程。

有的人在性格修养中，一开始就提出过高要求，想使性格一下子来个一百八十度的大转弯，这是不现实的。一个心胸狭窄、容易发怒的人，马上使自己变得豁达宽宏、雍容大度，实际上是办不到的。一个虚荣心很强的人，要自己马上就能做到闻过则喜、欢迎批评，这也是很难办到的过高要求。在性格的改变上急刹车、陡转弯，不但难以奏效，而且很可能使你失去信心。我们应当允许在性格的转化上有个缓冲的过程。一辆高速前进的车子，如果要倒车，就得先把车停稳，然后往回倒，停车的过程就是缓冲的过程。有了这个缓冲过程，才能抵消车子前冲的惯性，顺利地把车子倒回去，否则就会把车子弄翻。性格在发展中也有一种惯性，你要改变它的发展方向，就必须首先把它的惯性停下来，然后再慢慢改变它的发展方向。比如，急躁易怒、爱发脾气的人，性格培养的第一步应当是先设法克制火气，在将要发火时使自己冷静下来。即使在克制火气时，呼吸急促、脸涨得通红、感情很不自然，也不要放松克制。过一段时间再提出进一步的要求，即不但不发火，还要表情自然、呼吸不急促、脸色无变化。若这个要求也达到了，再进而要求自己抑制火气时能潇洒自如、豁达大度。如此循序渐进，性格才会逐步地由急躁易怒变为豁达大度。克服不良性格，只有这样从较低的起点开始，一步一步提高要求，才能顺利地实现性格的转化。

（三）从改变坏习惯到改变性格

有人曾把习惯比做人的“第二天性”。实际上，人们性格中的很大一部分所表现的正是一个人习惯化了的行为方式。俗话说，“积习难移”“习惯成自然”。在对自己行为的支配中，习惯的力量比任何理论原则的力量来得更大。一切最好的理论原则，最好的行为准则，在成为你的习惯之前，你不见得能够始终如一地去信守它。只有在变成了你的习惯之后，它才能在你的行为中巩固下来。

因此，性格培养的关键在于努力培养自己良好的生活习惯。例如，要培养自己严谨和有条理的性格，就应当在每一件小事上培养自己严谨和有条理的习惯：穿衣服，先穿哪件，后穿哪件，有一定的条理，不乱穿一气；东西放置，有一定的秩序，不能放得乱糟糟的；办事情，先做哪件，后做哪件，有明确的规划，不随心所欲；时间安排，什么时间干什么，有一定的规律……如果你时时处处都能注意做到严谨和有条理，那么这种习惯形成之日，就是严谨和办事有条理的性格形成之时。

从培养习惯到改变性格，这个过程要求我们能够针对自己暴露出来的性格弱点，有意识地培养与之相反的习惯，通过这种新的习惯来克服和改变原有的性格弱点。比如，你在性格上犯有“冷热病”的毛病，情绪时高时低，你就应当找出“冷热病”的病根，克服过于计较小事的心理，逐步培养不为小事动容的习惯；如果你好胜心过强，经常使自己惴惴不安，你就要放弃做一个“超人”的企图，并且中止以眼前胜败来衡量成绩的习惯，而培养从长远看问题的习惯；如果你性格急躁，你就不要老是忙忙碌碌，在时间安排上要留有余地，培养安详从容地进行工作的习惯；如果你性格易怒，你就应当学会用克制和幽默来克服怒气，并培养自己宽宏待人的习惯。总之，在你最容易暴露性格弱点的地方，你得先行“对抗”，用相反的习惯去克服和战胜它。这种办法将有助于你积小胜为大胜，最后达到完全改变性格弱点的目的。对于培养一种新的性格，许多人往往认为是很难的事。但对于培养一种好的习惯，大家还是有信心的。实际上，只要我们有决心、有恒心，真正培养起良好的生活习惯，优良的性格也就在这些习惯中形成了。

（四）从控制情绪到转化性格

有的人认为，当情绪冲动起来时，人们很难理智地控制自己。因此，急躁易怒的性格实际上难以克服。这种看法是不对的，情绪不是不可控制的，它完全能够被人所主宰。情绪是人脑的机能，当激烈情绪爆发时，可以暂时地出现“意识狭窄”的现象，即注意力的中心被集中引向激起情绪的事物上，人的理智分析能力受到抑制，容易为情绪所支配。但是，即使在这种时候，也并不是说人已完全失去理智。因此，控制自己的情绪冲动是完全可能的。只要他能控制住情绪冲动，实际上他已经在逐步改变他急躁易怒的性格了。一个人如果能够经常地消除烦恼、愤怒、急躁等不良情绪，这对于帮助他克服急躁易怒的不良性格无疑会有帮助的。

情绪是性格的特征指标之一，人们的不同性格，常常通过不同的情绪反映出来。性格乐天、心胸豁达的人，其情绪会经常处在喜悠悠、乐陶陶、无忧无虑的境界；性格抑郁、心胸狭隘的人，在情绪上则常常唉声叹气、愁眉苦脸，似乎有无穷的忧虑和无尽的烦恼。尤其是在重要的事情面前，人们不同的情绪反应更能表现出人们不同的性格。同样是在行动中遇到了阻力和困难，有的人因困难引起愁闷和忧虑；有的人则因困难激起更高昂的斗志和干劲。同样面对残暴的敌人，有的表现出害怕、畏惧的情绪，有的则表现出愤怒、仇恨和誓死拼斗的情绪。显然，前一种情绪表现出的是软弱怯懦的性格，后一种情绪则表现了英勇顽强的性格。

因此，我们可以通过有意识地培养某种情绪，逐步地改变某种与之相应的性格。比如，性格抑郁的人可以首先培养自己具有愉快欢悦的情绪，使自己高高兴兴地生活。欢悦愉快的情绪持续愈长，愈有可能形成比较稳定的愉快心境。长期受到愉快心境的感染，原来比较抑郁的性格就会逐步转化，变得开朗和活跃起来。同样，性格比较暴躁的人，也可以通过努力培养平静、从容的情绪，使自己保持心平气和的心境，促进暴躁性格的转化。

心理训练

心理训练一：乐嘉性格色彩测试

1. 关于人生观，我的内心其实是：

A. 希望能够有尽量多的人生体验，所以会有非常多样化的想法。

B. 在小心合理的基础上，谨慎地确定自己的目标，一旦确定会坚定不移地去做。

C. 更加注重的是取得一切有可能的成就。

D. 宁愿剔除风险而享受平静或现状。

2. 如果爬山旅游，在下山回来的路线选择上，我更在乎：

A. 好玩有趣，所以宁愿新路线回巢。

B. 安全稳妥，所以宁愿原路线返回。

C. 挑战困难，所以宁愿新路线回巢。

D. 方便省心，所以宁愿原路线返回。

3. 通常在表达一件事情上，我更看重：

A. 说话给对方感受到的强烈印象。

B. 说话表述的准确程度。

C. 说话所能达到的最终目标。

D. 说话后周围的人际感受是否舒服。

扫一扫

性格色彩

4. 在生命的大多数时候，我的内心其实更加欣喜于和希望多些：

A. 刺激。

B. 安全。

C. 挑战。

D. 稳定。

5. 我认为自己在情感上的基本特点是：

A. 情绪多变，经常情绪波动。

B. 外表上自我抑制能力强，但内心感情起伏极大，一旦挫伤难以平复。

C. 感情不拖泥带水，较为直接，只是一旦不稳定，容易激动和发怒。

D. 天性情绪四平八稳。

6. 我认为自己在整个人生中，除了工作以外，在控制欲上面，我：

A. 没有控制欲，只有感染带动他人的欲望，但自控能力不算强。

B. 用规则来保持我对自己的控制和对他人的要求。

C. 内心是有控制欲和希望别人服从我的。

D. 不会有任何兴趣去影响别人，也不愿意别人来管控我。

7. 当与情人交往时，我倾向于着重：

A. 兴趣上的相容性，一起做喜欢的事情，对他的爱意溢于言表。

B. 思想上的相容性，体贴入微，对他的需求很敏感。

C. 智慧上的相容性，沟通重要的想法，客观地讨论、辩论事情。

D. 和谐上的相容性，包容理解另一半的不同观点。

8. 在人际交往时，我：

A. 心态开放，可以快速建立起友谊和人际关系。

B. 非常审慎缓慢地进入，一旦认为是朋友，便长久地维持。

C. 希望在人际关系中占据主导地位。

D. 顺其自然，不温不火，相对被动。

9. 我认为自己大多数时候更是：

A. 感情丰富的人。

B. 思路清晰的人。

C. 办事麻利的人。

D. 心态平静的人。

10. 通常我完成任务的方式是：

A. 经常会赶在最后期限前完成。

B. 自己做，精确地做，不要麻烦别人。

C. 先做，快速做。

D. 使用传统的方法，需要时从他人处得到帮助。

11. 如果有人深深惹恼我时，我：

A. 内心感到受伤，认为没有原谅的可能，可最终很多时候还是会原谅对方。

B. 深深感到愤怒，如此之深怎可忘记？我会牢记，同时未来完全避开那个家伙。

C. 会火冒三丈，并且内心期望有机会狠狠地回应和打击。

D. 我会避免摊牌，因为还不到那个地步，那个人多行不义必自毙，或者自己再去找新朋友。

12. 在人际关系中，我最在意的是：

A. 得到他人的赞美和欢迎。

B. 得到他人的理解和欣赏。

C. 得到他人的感激和尊敬。

D. 得到他人的尊重和接纳。

13. 在工作上，我表现出来更多的是：

A. 充满热忱，有很多想法且很有灵性。

B. 心思细腻，完美精确，而且为人可靠。

C. 坚强而直截了当，而且有推动力。

D. 有耐心，适应性强而且善于协调。

14. 我过往的老师最有可能对我的评价是：

A. 情绪起伏大，善于表达和抒发情感。

B. 严格保护自己的私密，有时会显得孤独或是不合群。

C. 动作敏捷又独立，并且喜欢自己做事情。

D. 看起来安稳轻松，反应度偏低，比较温和。

15. 朋友对我的评价最有可能的是：

A. 喜欢对朋友诉说事情，也有能量说服别人去做事。

B. 能够提出很多周全的问题，而且需要许多详细的解说。

C. 愿意直言表达想法，有时会直率而犀利地谈论不喜欢的人、事、物。

D. 通常与他人一起时多听少说。

16. 在帮助他人的问题上，我倾向于：

A. 多一事不如少一事，但若他来找我，那我定会帮他。

B. 值得帮助的人应该帮助，锦上添花犹胜雪中送炭。

C. 无关者何必要帮，但我若承诺，必欲完之而后释然。

D. 虽无英雄打虎之胆，却有自告奋勇之心。

17. 面对他人对自己的赞美，我的本能反应是：

A. 没有也无所谓，特别欣喜倒也不至于。

B. 我不需要那些无关痛痒的赞美，宁可他们欣赏我的能力。

C. 有点怀疑对方是否认真或者立即回避众人的关注。

D. 赞美总是一件令人心情非常愉悦的事。

18. 面对生活的现状，我的行为习惯更加倾向于：

A. 外面怎么变化与我无关，我觉得自己这样还不错。

B. 这个世界如果我没什么进步，别人就会进步，所以我需要不停地前进。

C. 在所有的问题未发生之前，就应该尽量想好所有的可能性。

D. 每天的生活开心快乐最重要。

19. 对于规则，我内心的态度是：

A. 不愿违反规则，但可能因为松散而无法达到规则的要求。

B. 打破规则，希望由自己来制定规则而不是遵守规则。

C. 严格遵守规则，并且竭尽全力做到规则内的最好。

D. 不喜被规则束缚，不按规则出牌会觉得新鲜有趣。

20. 我认为自己在行为上的基本特点是：

A. 慢条斯理，办事按部就班，能与周围的人协调一致。

B. 目标明确，集中精力为实现目标而努力，善于抓住核心要点。

C. 慎重小心，为做好预防及善后，会不惜一切而尽心操劳。

D. 丰富跃动，不喜欢制度和约束，倾向于快速反应。

21. 在面对压力时，我比较倾向于选用：

A. 眼不见为净地化解压力。

B. 压力越大抵抗力越大。

C. 和别人讲也不一定有用，压力在自己的内心慢慢地咀嚼。

D. 本能地回避压力，回避不掉就用各种方法来宣泄出去。

22. 当结束一段刻骨铭心的感情时，我会：

A. 非常难受，可是日子总还是要过的，时间会冲淡一切的。

B. 虽然觉得受伤，但一旦下定决心，就会努力把过去的影子甩掉。

C. 深陷在悲伤的情绪中，在相当长的时期里难以自拔，也不愿再接受新的人。

D. 痛不欲生，需要找朋友倾诉或者找渠道发泄，寻求化解之道。

23. 面对他人的倾诉，我回顾自己大多时候本能上倾向于：

A. 认同并理解对方感受。

B. 做出一些定论或判断。

C. 给予一些分析或推理。

D. 发表一些评论或意见。

24. 我在以下哪个群体中较感满足？

A. 能心平气和最终大家达成一致结论的。

B. 能彼此展开充分激烈的辩论。

C. 能详细讨论事情的好坏和影响的。

D. 能随意无拘束地自由散谈，同时又很开心。

25. 在内心的真实想法里，我觉得工作：

A. 如果不必有压力，可以让我做我熟悉的工作那就不错。

B. 应该以最快的速度完成，且争取去完成更多的任务。

C. 要么不做，要做就做到最好。

D. 如果能将乐趣融合在里面那就太棒了，不过如果不喜欢的工作实在没劲。

26. 如果我是领导，我内心更希望在部属心目中，我是：

A. 可以亲近的和善于为他们着想的。

B. 有很强的能力和富有领导力的。

C. 公平公正且足以信赖的。

D. 被他们喜欢并且觉得富有感召力的。

27. 我希望得到的认同方式是：

A. 无所谓别人是否认同。

B. 精英群体的认同最重要。

C. 只要我认同的人或者我在乎的人的认同就可以了。

D. 希望得到所有大众的认同。

28. 当我还是个孩子的时候，我：

A. 不太会积极尝试新事物，通常比较喜欢旧有的和熟悉的。

B. 是孩子王，大家经常听我的决定。

C. 害羞见生人，有意识地回避。

D. 调皮可爱，在大部分的情况下是乐观而又热心的。

29. 如果我是父母，我也许是：

A. 不愿干涉子女或者容易被说动的。

B. 严厉的或者直接给予方向性指点的。

C. 用行动代替语言来表示关爱或者高要求的。

D. 愿意陪伴孩子一起玩的，孩子的朋友们所喜欢和欢迎的。

30. 以下有四组格言，哪组里符合我感觉的数目最多？

A. 最深刻的真理是最简单和最平凡的。知足是人生在世最大的幸福。

B. 走自己的路，让人家去说吧。虽然世界充满了苦难，但是苦难总是能战胜的。

C. 一个不注意小事情的人，永远不会成功大事业。理性是灵魂中最高贵的因素，谨慎比大胆要有力量得多。

D. 与其在死的时候握着一大把钱，还不如活时活得丰富多彩。幸福不在于拥有金钱，而在于获得成就时的喜悦以及产生创造力。

1～15 题合计数：

A 的总数（　　）

B 的总数（　　）

C 的总数（　　）

D 的总数（　　）

16～30 题合计数：

A 的总数（ ）

B 的总数（ ）

C 的总数（ ）

D 的总数（ ）

现在把两部分的数目汇总在一起，你将得到你的性格色彩速写分数。

红色：前 A＋后 D 的总数（ ）

蓝色：前 B＋后 C 的总数（ ）

黄色：前 C＋后 B 的总数（ ）

绿色：前 D＋后 A 的总数（ ）

红、蓝、黄、绿是一种性格的代表。红色代表活泼、蓝色代表完美、黄色代表进取，而绿色代表平和。

总分中数目最大的字母，是你的核心性格，也是你天性中最重要的动机的性格。如你红色的得数是 25，那么你是标准的红色性格；又比如，你黄色的得分是 15，红色是 11，其他各为 2，那么你是黄+红的性格，而且偏黄。

其中（红+蓝、蓝+红）或（黄＋绿、绿＋黄）都是比较少出现的结果，因为，红与蓝或黄与绿是完全相反的性格，这种相反的性格旗鼓相当在组合在一个人身上，必定有另外一个是受到强大的后天影响，个体将在很多时候呈现极大的内心困惑。

心理训练二：气质类型测试

请认真阅读下列各题，对于每一题，你认为非常符合自己情况的，在题后面写上“+2”，比较符合的写上“+1”，拿不准的写上“0”，比较不符合的写上“-1”，完全不符合的写上“-2”。

1．做事力求稳妥，不做无把握的事。

2．遇到可气的事就怒不可遏，想把心里话全说出来才痛快。

3．宁肯一个人干事，不愿很多人在一起。

4．到一个新环境很快就能适应。

5．厌恶那些强烈的刺激，如尖叫、噪声、危险的镜头等。

6．和人争吵时，总是先发制人，喜欢挑衅。

7．喜欢安静的环境。

8．喜欢和人交往。

9．羡慕那种能克制自己感情的人。

10．生活有规律，很少违反作息制度。

11．在多数情况下情绪是乐观的。

12. 碰到陌生人觉得很拘束。
13. 遇到令人气愤的事，能很好地自我克制。
14. 做事总是有旺盛的精力。
15. 遇到问题常常举棋不定，优柔寡断。
16. 在人群中从不觉得过分拘束。
17. 情绪高昂时，觉得干什么都有趣。
18. 当注意力集中于一件事时，别的事很难使我分心。
19. 理解问题总比别人快。
20. 碰到危险情境，常有一种极度恐怖感。
21. 对学习、工作、事业怀有很高的热情。
22. 能够长时间做枯燥、单调的工作。
23. 符合兴趣的事情，干起来劲头十足，否则就不想干。
24. 一点小事就能引起情绪波动。
25. 讨厌做那种需要耐心、细致的工作。
26. 与人交往不卑不亢。
27. 喜欢参加热烈的活动。
28. 爱看感情细腻、描写人物内心活动的文学作品。
29. 工作、学习时间长了，常感到厌倦。
30. 不喜欢长时间谈论一个问题，愿意实际动手干。
31. 宁愿侃侃而谈，不愿窃窃私语。
32. 别人说我总是闷闷不乐。
33. 疲倦时只要短暂的休息就能精神抖擞，重新投入工作。
34. 理解问题常比别人慢些。
35. 心里有话宁愿自己想，不愿说出来。
36. 认准一个目标就希望尽快实现，不达目的，誓不罢休。
37. 和别人学习、工作同样一段时间后，常比别人更疲倦。
38. 做事有些莽撞，常常不考虑后果。
39. 老师或师傅讲授新知识、技术时，总希望他讲慢些，多重复几遍。
40. 能够很快地忘记那些不愉快的事情。
41. 做作业或完成一件工作总比别人花的时间多。
42. 喜欢运动量大的剧烈体育活动，或参加各种文娱活动。
43. 不能很快地把注意力从一件事转移到另一件事上去。
44. 接受一个任务后，希望把它迅速完成。
45. 认为墨守成规比冒风险强些。

46．能够同时注意几件事物。

47．当我烦闷的时候，别人很难使我高兴起来。

48．爱看情节起伏跌宕、激动人心的小说。

49．对工作抱认真严谨、始终一贯的态度。

50．和周围人们的关系总是相处不好。

51．喜欢复习学过的知识，重复做已经掌握的工作。

52．喜欢做变化大、花样多的工作。

53．小时候会背的诗歌，我似乎比别人记得清楚。

54．别人说我“出语伤人”，可我并不觉得这样。

55．在体育活动中，常因反应慢而落后。

56．反应敏捷，头脑机智。

57．喜欢有条理而不甚麻烦的工作。

58．兴奋的事常使我失眠。

59．老师讲新概念，常常听不懂，但是弄懂以后就很难忘记。

60．假如工作枯燥无味，马上就会情绪低落。

胆汁质，包括 2，6，9，14，17，21，27，31，36，38，42，48，50，54，58 各题。

多血质，包括 4，8，11，16，19，23，25，29，34，40，44，46，52，56，60 各题。

黏液质，包括 1，7，10，13，18，22，26，30，33，39，43，45，49，55，57 各题。

抑郁质，包括 3，5，12，15，20，24，28，32，35，37，41，47，51，53，59 各题。

分别把属于每一种类型的题的分数相加，得出的和即为该类型的得分。最后的评分标准是：如果某种气质得分明显高出其他三种（均高出 4 分以上），则可定为该种气质；如两种气质得分接近（差异低于 3 分）而又明显高于其他两种（高出 4 分以上），则可定为二种气质的混合型；如果三种气质均高于第四种的得分且相接近，则为三种气质的混合型。由此可能具有 13 种类型：① 胆汁；② 多血；③ 黏液；④ 抑郁；⑤ 胆汁－多血；⑥ 多血－黏液；⑦ 黏液－抑郁；⑧ 胆汁－抑郁；⑨ 胆计－多血－黏液；⑩ 多血－黏液－抑郁；⑪ 胆汁－多血－抑郁；⑫ 胆汁－黏液－抑郁；⑬ 胆汁－多血－黏液－抑郁。

项目六　驾驭情绪　理性生活

——大学生的情绪管理

【故事悦读】

被苍蝇击倒的冠军

1965年9月7日，世界台球冠军争夺赛在美国纽约举行。路易斯·福克斯的得分一路遥遥领先，只要再得几分便可稳拿冠军了，就在这个时候，他发现一只苍蝇落在主球上，他挥手将苍蝇赶走了。可是，当他俯身击球的时候，那只苍蝇又飞回到主球上，他在观众的笑声中再一次驱赶苍蝇。这只讨厌的苍蝇破坏了他的情绪，而且更为糟糕的是，苍蝇好像是有意跟他作对，他一回到球台，苍蝇就又飞回到主球上，引得周围的观众哈哈大笑。路易斯·福克斯的情绪恶劣到了极点，终于失去了冷静和理智。他愤怒地用球杆去击打苍蝇，不小心碰动了主球，裁判判为击球，他因此失去一轮击球机会。路易斯·福克斯方寸大乱，连连失利，而本以为败局已定的对手约翰·迪瑞见状勇气大增，信心十足，愈战愈勇，最终赶上并超过了他，夺走了冠军。

第二天早上，人们在河里发现路易斯·福克斯的尸体。他投河自杀了！一只小小的苍蝇，竟然击倒了所向无敌的世界冠军！

热身运动

活动一：情绪温度计

情绪温度计的刻度从0～10度，分别代表不快乐到快乐的程度，请学生以0～10度来表示自己这周的情绪温度。

活动流程：

（1）依温度的分布情况将学生分成高中低三组。

（2）请各小组成员分享选择此情绪温度的原因，并谈一谈影响情绪温度的最大因素。

（3）请成员分享对小组中其他人印象的最深刻、最有感触之处。

活动二：情绪表演

活动流程：

（1）将惊奇、愤怒、高兴、害怕、悲伤、厌恶 6 种情景分别写在 6 张卡片上。

（2）将写有这些情绪的卡片分别呈现给 6 位同学，但不能让其他学生看到。

扫一扫

人类情绪拼图

（3）这 6 名同学分别进行情绪表演。

（4）每一次表演完，同学们猜测是什么情绪，给予适当的评价并谈谈自己的感受。

（5）思考这一周来自己经常出现的情绪。

头脑风暴

活动：情绪词汇大比拼。

目的：了解情绪的基本类型，认识情绪与人们生活的关系以及对人们的影响。

操作：请同学们归纳出 4 种基本情绪类型（喜、怒、哀、惧），并写出表现每种基本情绪类型的词语，越多越好。表 6-1 给出了一些范例。

表 6-1 情绪词汇大比拼

喜	开心 甜蜜 从容 愉快 满足 快乐 狂喜 欣喜 痛快 称心 舒心 自在 激动 动心 扬眉吐气……
怒	生气 气恼 不满 气愤 激愤 盛怒 震怒 勃然大怒 七窍生烟 愤愤不平 恼羞成怒 愤恨 耿耿于怀……
哀	伤心 悲哀 痛苦 哀伤 忧郁 伤感 辛酸 凄惨 悲痛 痛心 内疚 羞愧 惭愧 肝肠寸断 黯然神伤 难过 凄凉……
惧	紧张 不安 着急 慌乱 害怕 惊愕 心悸 震惊 后怕 退避 不寒而栗 大惊失色 敬而远之 焦虑 胆战心惊……

心理探索

心理探索一：情绪影响身心健康

情绪就像影子一样，每天与我们相伴相随。在生活中，随时随地都会发生喜怒哀乐等情绪的起伏变化，我们的一切活动无不打上情绪的烙印。情绪的力量以及人们尝试着对情绪进行的调节和控制，是日常生活中不可或缺的一部分。人的情绪或情感是人类心理活动的重要方面，它常伴随着人的认识活动而出现，同时也决定着人的意志与行为。情绪健康是心理健康的重要标志。

一、情绪是什么

美国心理学家罗伯特·利珀（Robert Ward Leeper）把情绪定义为：“情绪是一种具有动机和知觉的积极力量，它组织、维持和指导行为”。美国心理学家丹尼尔·戈尔曼（Daniel Goleman）认为，“情绪是感觉及其特有的思想、心理和生理状态及行动的倾向性”。苏联心理学家为情绪作出一种概括的定义：“情绪是对事物的关系或态度的体验。”总之，情绪是个人的主观体验和感受，是对外界刺激所产生的心理反应以及附带的生理反应，如：喜、怒、哀、乐、悲、忧等。它左右人的精神状态，驱使人们去行动。行为在身体动作上表现越强就说明其情绪越强，如喜会是手舞足蹈、怒会是咬牙切齿、悲会是痛心疾首、忧会是茶饭不思等就是情绪在身体动作上的反应。

扫一扫

情绪

除了情绪的概念外，在心理学上还经常使用情感这一概念。情绪和情感都是人对客观事物所持的态度体验，两者有着紧密的联系：情绪是情感的表现形式，情感是情绪的本质内容；情绪带有极大的情境性，情感则带有很大的稳定性；情绪较为强烈，冲动性大，具有明显的外部表现。情感一般较微弱，较少有冲动性，外部表现也不明显；情绪更倾向于个体基本需求欲望上的态度体验，而情感则更倾向于社会需求欲望上的态度体验。

二、情绪的分类

人的情绪和情感的表现形式多种多样，根据情绪发生的强度、持续时间和紧张度，可以将情绪分为心境、激情和应激。

心境是一种微弱平静而持续的情绪状态，如心情愉快或闷闷不乐等。所谓“忧者见之则忧，喜者见之则喜”，这种情绪的蔓延状态就是一个人在这段时间内的心境。引起心境的原因是多种多样的，外界的情景，如生活上的重大事件、工作的顺利或挫折，以及人与人相处的关系等，都可成为引起心境的原因。心境还可由自己身体的自我感觉所引起，如身体的健康水平，精力充沛或疲劳状态等。此外，自然环境的变化也能引起心境的变化，例如春光明媚、秋高气爽，会引起心境振奋、舒畅。积极心境有助于工作和学习，使人勇于克服困难，发挥主动性和创造性。消极心境则易使人陷于颓唐，妨碍工作和学习。

激情是一种爆发迅速、强烈而时间短暂的情绪状态，如狂欢、暴怒、痛哭等。激情常常是由对个体具有重大意义的强烈刺激或突如其来的意外事件所引起。在激情状态下，人的一切心理过程和全部行动会随之产生显著的变化。激情产生的过程十分猛烈，强度很大，并使人体内部突然发生剧烈的生理变化，有明显的外部表现。如咬牙切齿、面红耳赤、捶胸顿足等，有时还会出现痉挛性的动作或言语紊乱。同时，当个体处于激情状态时，往往失去意志力对行为的控制，有一种情不自禁、身不由己的感受。激情虽然可以使理解力和自制力有所降低，但并非全然不能自制，因为大脑皮层在强烈的情绪中仍能起主导作用，一般正常人在强烈的情绪情况下也仍有一定理智控制。积极的激情与冷静的理智和坚强的意志相联系，能激励人们攻克难关，成为正确行动的巨大动力。

应激是在出现意外事件和遇到危险情景的情况下所出现的高度紧张的情绪状态。人在突如其来或十分危急的情况下，在必须迅速果断地做出反应的时刻，往往会出现应激状态。例如，人们遇到突然发生的火灾、地震等自然灾害时，刹那间人的身心都处于高度紧张状态之中，这时，人所产生的特殊紧张的情绪体验就是应激状态。由于此时要求人们迅速地判断情况，瞬间作出选择，这就会引起机体一系列的明显的生理变化，比如心跳、血压、呼吸、腺体活动以及紧张度等都会发生变化。

适当的应激状态，使人处于警觉状态之中，并通过神经内分泌系统的调节，使内脏器官、肌肉、骨骼系统的生理、生化过程加强，并促使机体能量的释放，提高活动效能。而过度地或者长期地处于应激状态之中，会过多地消耗掉身体的能量，以致引起疾病和导致死亡。人在应激状态时，可能会有两种表现：一种是动员身体各种潜能，使活动积极起来，情急生智，沉着镇定，以致能超乎寻常地应付危急局面；另一种是使活动抑制或完全紊乱，手足无措，呆若木鸡，有些人甚至会发生临时性的休克等症状。在应激状态下，人们会出现何种行为反应与个体的适应能力、个性特征、知识经验以及意志品质等密切相关。同时，应激的积极状态也是可以训练的。如军人的实战训练、学生的模拟考试等，目的都在于促成应激状态下的积极反应。

三、情绪与身心健康

情绪对身心健康的作用表现在正反两个方面：不良情绪压抑过久，或是某种情绪表现过激都会影响人的身心健康；而合理控制情绪的变化，巧妙地运用情绪来调节人体的生理指标，又会增进人的身心健康，所以，情绪能致病亦能治病。

扫一扫

情绪与健康

我国古代就很注重情绪对身心健康的作用。如《黄帝内经》中指出：“心者，五脏六腑之主也……故悲哀忧愁则心动，心动则五脏六腑皆摇。”古代所讲的“心”不是指心脏，而是指大脑的神经活动，指心理活动。任何情志的失调都可伤心，心伤则会引起其他脏腑功能失调。现代科学也进一步证明，情绪可以通过大脑而影响心理活动和全身的生理活动。当我们产生某种情绪变化的时候，我们体内的生理指标都会发生一系列的变化，如心跳速率、呼吸的节奏、血压的升降、血管的容积、心电图、脑电图、体内激素的水平等方面都会受到影响。如果一旦我们受到强烈的外部刺激或长期处于消极的情绪刺激状态下，刺激经传入神经的传导后，作用于大脑，多次经过大脑的分析加工产生过激或消极的情绪体验，这种不良的情绪体验受到压抑便导致心理的失衡，引起正常生理功能的减弱或紊乱，尤其是植物性神经系统功能的失调，进而产生身体器官组织病变或身体功能障碍。反过来，身体的不适和病痛又会引起不良的情绪变化和积压，引起生理指标进一步变化。如此恶性循环变化，最终导致疾病或加重了疾病。

美国生理学家艾尔玛曾做过一个简单实验研究情绪对健康的影响。他将人在不同情绪状态下呼出的气体收集在玻璃试管中，冷却后变成水，结果发现，在心平气和的状态下呼出的气体冷却成水后，水是澄清透明的；在悲伤状态下呼出的气体冷却成水后，水中有白色沉淀。在愤怒、生气状态下呼出的气体冷却成水后，将其注射到大白鼠身上，几分钟后大白鼠死亡。这说明，人在生气时的生理反应非常剧烈，同时会分泌出许多有毒性的物质。

医学心理学家还用狗作嫉妒情绪实验：把一只饥饿的狗关在一个铁笼子里，让笼子外面另一只狗当着它的面吃肉骨头，笼内的狗在急躁、气愤和嫉妒的负性情绪状态下，产生了神经症性的病态反应。

积极的情绪能维护生理机能的正常运转，使人体的免疫系统处于平衡状态，从而增强对疾病的抵抗力，使人精力充沛，延年益寿。莎士比亚说："积极、愉快、坚强的意志和乐观的情绪，可以战胜疾病，更可以使人强壮和长寿。"国内外许多科学家研究都指出：长寿老人最大的特点之一就是具有乐观的情绪。如湖北省曾对本省 88 名百岁老人做过调查，发现积极开朗型 45 名，占 51.2%；安静温和型 39 名，占 44.3%；孤僻忧郁型 4 名，占 4.5%，这 4 位老人虽然孤僻、忧郁、内向，但是自控能力强。

积极情绪能够改善人的心理状态，提高人的活动能力，充实人的体力和精力，促进人的感知、记忆、思维、意志等心理活动，使人思维敏捷，记忆准确，意志坚定，决策果断。许多实验都证明，愉快的事情令人记忆最清晰，回忆细节也多。积极的情绪也可以调动个人的潜能，提高对环境的适应能力。

心理探索二：大学生的情绪特点与常见负性情绪

一、大学生的情绪特点

大学生的年龄一般为 18～23 岁，正处于生理、心理及思想急剧变化发展的时期，是一个非常关注自我、注重个性表达、情绪体验丰富、情绪波动起伏、自身尚不成熟、性格不稳定的年龄阶段。该阶段的大学生情绪上有以下几个特点：

（一）情绪的丰富性

随着生理和自我意识的不断成熟和发展，大学生出现较多的是自我体验，自尊、交往、爱与被爱以及自我发展的需要更加强烈。随着交往范围的日益扩大，同学、朋友及师长之间的交往频繁，有的学生开始了恋爱，情绪表现得更细腻、更复杂。他们通过各种活动了解社会，对自己的能力特长、性格特征、身份地位、道德水平等有了更深刻的自我认识和评价，专业兴趣、恋爱、人际交往、就业等新问题不可避免地摆在了大学生的面前，这些需要和问题相应地产生了多种多样的情绪体验，理智感、美感、集体荣誉感等高级情感也有所发展，使大学生的情绪、情感特别丰富，表现出活跃、浪漫、热情，并富有创造性。

（二）情绪的矛盾性

一是情感独立与依赖的矛盾。随着大学生离开家庭进入大学及其自我意识的增强，大学生的成人感迅速增强。他们已经获得了一种独立于父母的自主感，自信心和自尊心也有很大的提高。但是家长认为大学生仍是未经世事的孩子，对他们的生活呵护有加，而学校和社会又把大学生认同为社会成员，要求他们独立自理。

所以，一方面他们在情绪上有着强烈的独立反应，渴望独立生活，希望社会承认并相信他们独立生活的能力；另一方面，由于受社会经验和认识习惯的局限，还无法完全依靠自己的力量来处理学习与生活中一系列复杂的问题，对家庭、学校和社会有明显的情绪依赖性。这种依赖性与迅速发展的独立性并存的特点，常使大学生产生强烈的负性情绪。

二是理想与现实的矛盾引起的情绪困扰。青年期是人生最富于理想的时期，大学生一般都有自己对理想的设计，但由于缺乏一定的社会经验，许多大学生对理想只是停留于想象阶段或口头阶段，不确定自我实现理想的途径，没有坚定的行动，这种对自我理想的认识与行为的不同步，以及由此而形成的自我现实与理想的差距，特别是当理想在现实中受挫时，许多大学生就会表现出强烈的负性情绪。该年龄段的大学生对社会和自我的认识不够成熟，社会适应和应对能力较低，易受外界环境和自我矛盾所左右。另外，还有心理与生理之间的矛盾、个人需要和社会满足之间的矛盾等在情绪上的反映。

（三）情绪的冲动性

有的心理学家把青年期形容为“疾风怒涛”时期。大学生处于青年期，对外界事物较敏感，年轻气盛。在遇到外界的强刺激或突发事件时其情绪容易被激发，很容易感情用事。大学生的情绪往往表现得快而强烈，常因一点小事振奋不已，豪情万丈。

大学生情绪的冲动性一般表现为对外部环境或他人的不满，情绪失控，语言、行动极富攻击性。由于需求的期望大，渴求急迫，当理想化的未来憧憬与客观现实之间发生矛盾冲突时，往往容易产生焦急和浮躁情绪，时常表现为兴奋、焦虑之情。但同时青年期的情绪又具有可调节性，随着青年人文化知识、思想修养和心理发展水平的不断提高，他们有较强的自我意识，具备了一定的反省自身弱点的能力和控制情绪的水平。多数情况下，在感情冲动过后能理性地思考问题，对自己的情绪和行为进行自我约束和调控。

（四）情绪的不稳定性

由于大学生的人生观、价值观还未完全定型，认知能力还有待提高，大学生的情绪活动往往强烈而不能持久，情绪活动随着认知标准的改变而改变。在情绪上的起伏与不稳定尤为明显，积极与消极，平稳与急躁之间的变化呈现无规则状态。喜怒哀乐无常、阴晴雾雨变化是大学生情绪常见的现象，风平浪静之后可能就是急风暴雨。大学生情绪中的肯定与否定，积极与消极，紧张与轻松，激动与平静两极性突出，且易受情绪感染，就使情绪带有矛盾性和极端性，遇到问题往往会犹疑不定，或从一个极端跳到另一个极端，高兴时忘乎所以，看什么都顺眼，消沉时心灰意冷，看什么都别扭，情绪呈现不稳定状态。随着对社会的渐趋深入的了解，随着认识水平的提高和知识经验的积累，大学生对自己的情绪有了一定的调控能力，情绪渐趋于稳定。

（五）情绪的掩饰性

大学生随着知识水平的提高，思想内涵的丰富，在情绪反应上较隐晦。他们已具备在一定的情景下压抑、控制自己的愤怒、悲伤的情绪，将真实的情绪掩饰起来的能力，形成外在表现和内心体验不一致的特点。他们会根据一定的条件来表达情绪，如对一件事情或对某人明明是厌烦的，但由于种种原因，可能表现出较好的或不在意的态度。大学生不愿意或不轻易将真实思想流露，情绪表现出封闭性和掩饰性的特点。

二、大学生常见的负性情绪

现代社会的竞争激烈、生活节奏加快，文化观念的多元碰撞，加之大学生自身身心发展的矛盾，以及生活、学习的压力与挫折等，都可能使大学生产生种种负性情绪。所谓负性情绪是指因生活事件引起的悲伤、痛苦长时间持续不能消除的状态，是在人们主观预期有挫折、威胁、压力等事物和情境将要来临，自己又感到缺乏有效的应对措施而产生的以紧张为主并伴以忧虑、恐惧、不安等不愉快的情绪体验。如果负性情绪反应持续时间过长或者泛化，就会严重影响学习和生活。大学生中常见的负性情绪及表现主要有：

扫一扫

负面情绪

（一）焦虑

在大学生所有的情绪问题中，焦虑是最主要的一种情绪困扰。焦虑是人们对即将发生的某种事件或情境感到担忧和不安，又无法采取有效的措施加以预防和解决，此时心理上会产生紧张的期待情绪，表现出不明原因的忧虑和不安，是一种紧张、害怕、担忧、焦急混合交织的情绪体验。焦虑本身并不是病态的，几乎每个人都曾有过焦虑的体验。有时候焦虑是一种正常的情绪反应，而且适当的焦虑是发挥潜能、解决问题、有效学习的动力之一。但过度焦虑则会对大学生带来不良的影响。

焦虑是大学生常见的情绪状态，当他们在学习、工作、生活各方面遭遇挫折或担心需要付出巨大努力的事情将要来临时，便会产生这种体验。被焦虑困扰的大学生内心感到紧张着急、惶恐害怕，并且心烦意乱，会无缘无故的紧张，总是担心有什么事情要发生，常常烦躁不安、心事重重，不能放松自己，经常处于警觉的、无所适从的状态，思维迟钝，记忆力减弱，同时伴有头痛、食欲不振等身体反应。

大学生主要有考试焦虑、社交焦虑和就业焦虑三方面的焦虑情绪。考试焦虑是因考试压力引起的一种心理障碍，主要表现在迎考及考试期间出现过分担心、紧张、不安、恐惧等复合情绪障碍，还可伴有失眠、全身不适等症状。这种状态影响思维广度、深度和灵活性，降低应试的注意力、记忆力，使复习及考试达不到应有的效果，甚至无法参加考试。社交焦虑是一种与人交往的时候，觉得不舒服、不自然，紧张甚至恐惧的情绪体验，表现为情绪上的紧张、不安、担心甚至害怕，还伴随心跳加快、出汗、脸红、发抖、呼吸困难等生理表现，行为上还伴有回避。就业焦虑是大学生在面对毕业求职问题时，对可能出现无法实现就业目标的情况时所产生的焦躁不安的情绪体验。

【案例】考试焦虑

李某，女，大一学生。自述从高一的时候开始对考试紧张、焦虑，每次考试来临的时候便开始坐卧不安。虽然每次考试前都会很积极地复习功课，每次考试也都能考得不错，但仍然每到考试就紧张，一听要考试了便觉得很慌慌不安。老是担心自己在考试时会出问题，强迫自己抓紧时间看书、复习，课间不敢出去休息很久，即使是这样，但是效率并不高。到考试前的一天或考前的几天，就会突然拉肚子，浑身不舒服。现在快要到期末考试了，李某想到这些就害怕，怕自己再出现这样的现象，影响考试。

【案例】就业焦虑

毕业前 2 个月的一天，陆某在一场大型的招聘会上递交了几十份个人简历，全都是往大企业、大公司投的。招聘单位说，过一个星期会通知面试，当时她心里还挺兴奋的，心想总会被一两家大公司录用。过了两天，有一家公司通知去面试。面试的前一天晚上，她把面试应该注意的事项都考虑了一遍，面试当天还精心打扮了一番，面试时，心里还是挺紧张，以至于说话有点发抖。面试结束后，他们告诉她若通过了面试，会有复试。在等待复试的日子里，她的手机天天开着，连晚上也从不关机，并总是随身带着。可是两个星期过去了，没人通知她去复试，也没有其他公司通知去面试。马上就要毕业了，工作还是没有着落。她每天总在想：为什么找不着好工作？是不是因为学校不起眼，不是名牌大学？这时父母亲的话在耳边响起：只有名牌大学毕业生才能找到好工作。她越想越觉得自己找不着好工作就是这个原因。现在想起真后悔，后悔当初没有考上名牌大学。心情也非常烦躁，焦虑，看书没有以前专心，老是走神，食欲也下降了，总是担心找不着好工作。看到同学们陆续找到了工作，她觉得自己没用，是个废物，同学们一定都很看不起自己，在他们眼里自己肯定“一无是处”，感觉对不起母亲。为此，情绪更加低落，也更烦躁了，又不愿意和同学们说，无法化解这些负性情绪，内心十分痛苦。

就业季 or 焦虑季

（二）自卑

自卑是个体在自我认识过程中对自己的能力或品质评价过低，轻视或者看不起自己，担心失去他人尊重的一种心理状态。产生自卑感的学生大都情绪低落，干任何事情都提不起精神，不敢或不积极参与各项工作和各种活动，甚至在学习上不敢提问，造成了心理上、能力上、学习上的恶性循环。

自卑，并不是指客观上看来自己不如别人，而是人主观上认为自己不如别人，认为自己不够好，自己一文不值。上课的时候，不敢举手发表自己的意见，因为害怕自己的回答不够好；很多事情想做，但是又害怕去做，因为害怕自己做不好；一件衣服，穿在别人身上很好看，但是穿在自己身上即使很合身，也觉得不如别人穿着好看；做任何事情都会小心翼翼的，因为害怕别人说自己不够好。这就是自卑心理在大学生身上的表现。有自卑感的学生由于自我评价过低，导致行为畏缩、瞻前顾后、多愁善感，自尊心极强，过于敏感，严重影响各方面的正常发展。

【案例】自卑心理

王文在上高中时，在大众场合不敢发言，跟别人交流时总不能恰当地表达自己，尤其是跟老师或陌生人谈话，总觉得十分局促，举手投足不知如何是好，并且脸红得很厉害。没有一个可以谈心的朋友，让他变得越来越自闭，有时甚至偷偷掉眼泪。很羡慕别的同学在公共场合能够从容不迫，侃侃而谈。他知道自己的性格会影响自己的生活，甚至是以后的成长，强烈希望改变自己。进入大学时，王文暗暗下决心要改变自己的“交往低能”，他认为“最怕什么，就去做什么。”进校不久，王文不断挑战自己，参加各种校园精英挑战比赛，如“精彩大学特训营”、“课前 5 分钟演讲”、“辩论赛”等。通过一系列的练习，王文从刚开始的没方向感、乱撞式的讲话，变得神采奕奕，自信非凡。他不再是那个不敢和别人交流的王文，而是面对别人的不屑、疑问、耻笑，仍会自己笑着做下去。伙伴们也惊喜于他的变化，觉得他现在有了脱胎换骨的变化，多了自信，有勇气，还有想法。王文说：“在他改变的过程中，遇到的都是友善的笑脸，困难比他想象的要小得多，走出自己心灵桎梏的一小步，就成功了一大步。”

（三）抑郁

抑郁是一种持续时间较长的低落消沉的情绪。抑郁状态中的大学生对学习、对生活兴趣索然，情绪低落，遇事缺乏信心，无精打采，常常逃课，不愿与人交流思想，思维抑制，反应迟缓，行为被动，自我封闭，突发冲动，行为极端，常感到精力不足，注意力不集中，缺少青年人应有的朝气与活力，对生活失去信心，同时伴有羞愧、痛苦、自怨自艾、悲伤、忧郁、沮丧、孤独、绝望、自责等不良心境。

大学生产生抑郁的主要原因有：性格方面，如内向孤僻、不爱交际、敏感等；学习方面，压力过大、成绩不理想等；人际交往方面，如长期不受欢迎、人际关系紧张、得不到理解与尊重等。抑郁的主要表现是：情绪低落、思维迟缓、郁郁寡欢、闷闷不乐、兴趣丧失，体验不到生活、学习的快乐，并伴有食欲减退、失眠、疲劳等不良反应。研究表明，长期处于抑郁状态下的个体，其对活动的参与性和主动性会降低，严重者甚至出现辍学、自杀等行为。

（四）恐惧

【案例】交往恐惧

张某，女，大三，相貌平平，成绩一般。从小性格内向、胆小、孤僻。父母对她要求极严甚至苛刻。父亲动起怒来特别可怕。父母很正统、很古板，对张某的禁忌很多，不准她和陌生孩子交往。父亲认为女孩子在外蹦蹦跳跳、打打闹闹是不正经的，还容易上坏人的当。所以除了学校和家，张某很少在外玩耍。

谈到不愉快的经历，张某还记得：初中时，一向成绩很好的她，一次提问没答好，老师当众批评她、挖苦她，她难过得直流眼泪。大一时，同寝室一位同学 A 来自农村，家境不好，张某就经常主动帮助她，可这样反而伤了 A 的自尊，A 不但不把张某当朋友，反而时常挑剔她、指责她、刁难她，故意当着她的面和其他同学亲亲热热，冷落她、孤立她。这使张某委屈极了，难过极了。她恨自己，自责自己是不受欢迎的人。

扫一扫

我也想

不知不觉地张某就怕和人接触了，愈来愈害羞了。她认为自己是个怪人，怪毛病就是害羞。一年多来，她从不与人讲话，与人讲话时也不敢直视，眼睛躲闪，像做了亏心事。一说话脸就发烧，低头盯住脚尖，心怦怦跳，浑身起鸡皮疙瘩，好像全身都在发抖。她不愿与班上的同学接触，觉得别人讨厌自己，在别人眼中自己是个“怪人”。

她对老师也害怕。上课时，只有老师背对学生板书时才不紧张。只要老师面对学生，就不敢朝黑板方向看。常常因为紧张，对老师所讲的内容不知所云。更糟糕的是，现在在亲友、邻居面前说话也“不自然”了。由于这些毛病，她极少去社交场所，很少与人接触。平常她的最大娱乐就是在家里上网，因为她认为“在虚拟世界里的交往比较有安全感”。

从大一下学期起她就申请了走读，除了上课和考试，基本上不与同学有任何交往。她表示自己和“不熟悉”的人在一起生活会感觉不自在，自己难以适应大学生活。长期以来，她一直经受着心理障碍的困扰和折磨，这已经给她的生活和学习造成了很大的影响。

恐惧感包括担心、惧怕、被威胁感、不安、焦虑等。在负性情绪中，恐惧是最常出现的情绪。担心长得不好看、担心考试不及格、担心朋友背叛自己、害怕生病、害怕孤独、害怕穷困潦倒、害怕别人对自己的印象不好、害怕高考落榜丢面子、害怕找不到工作等。在日常生活中总是怕别人说三道四，怕社会舆论压力，怕被别人拒绝而使行为受阻，这些所有的“怕”，情况严重者会影响学习和生活。

因恐惧而导致的心理疾病多种多样，如疑病症、强迫症、恐惧症等。恐惧感通常与当事人幼年及青春期的经历和挫折体验有关。对于恐惧，我们可以采取以下措施消除其影响：

面对现实、接受事实；放弃消极无效的行动，采取积极行动；对于潜在的危险、威胁、恐惧等，最好的办法是从心理上做最坏的打算。

（五）悲哀

悲哀是指失去所热爱的对象或需要的东西以及由期盼破灭而产生的情绪体验，包括遗憾、失望、难过、悲观和极度悲痛等不同程度的消极体验。悲哀虽不能导致大学生心理失调，但体验过多或时间过久也会导致大学生承受过多负性情绪，给学习和生活带来负面影响。

（六）冷漠

【案例】冷漠情绪

一女生曾这样认为：自我一出生，父母就教我与人竞争，别人会弹琴，我也得会弹；别人会跳舞，我也得会跳；别人考试第二，我得第一。比来比去，虽然上了大学，但我觉得很没有意义，父母真不该把我带到这个社会上来。所以平时这个女生表情平淡呆板，行动无生气、懒散，对他人的奋斗进取精神不理解。

冷漠是情感的萎缩，对他人冷淡漠然的消极心态。主要表现为对人怀有戒心甚至敌对情绪，既不与他人交流思想感情，又对他人的不幸冷眼旁观、无动于衷、毫无同情心，感知迟钝，缺乏热情和激情，对集体、他人漠不关心，麻木不仁。冷漠通常因受人欺骗、暗算等心灵创伤或因种种原因受人漠视、轻视甚至歧视所致。

案例中的女生冷漠的形成与其生活经历有关。由于一直处于一种竞争的心态下，并且每次竞争几乎都以胜利告终，发现比来比去毫无意义，进而用一种冷漠的态度来应对周围的一切。帮助该女生克服冷漠最根本的是改变认知，让其发现生活的意义，发现自我的价值，改变长此以往形成的对人生消极的看法；从行为上要多鼓励其积极投身各种有意义的活动中，融入到集体中，进行积极的自我暗示与自我提升。

（七）厌恶

厌恶是对现实、人生都感到不满或厌烦，不愿学习，不愿工作，对什么都无兴趣，常伴有悲观厌世心理。厌恶有时是由某种挫折感引起的，比如升学、应聘、晋级受阻、受挫。挫折感通常是当个体的愿望与现实发生矛盾时产生的，它导致人的心理失调。长期处于对某一对象的厌恶感中的人，可能会把这种厌恶感“泛化”到更多的对象身上，从而严重影响当事人的社会适应功能，造成人际关系紧张。对厌恶情绪，只要不断调整自己用来对比的参照体系，看到更多的解决途径，才能减少由于挫折感而引起的厌恶情绪，从而保持良好的心境。

（八）愤怒

【案例】盗窃室友，只为报复

去年 10 月，某区某高校一女生宿舍被盗，丢失的东西包括：小哲的 MP4 一部以及笔记本电脑一部，价值人民币 2800 元；小洁的 MP4 一部，价值人民币 315 元；小兰的耳机

1 副，价值人民币 8 元，而同宿舍的小芸则未丢任何东西。警方接案后，迅速展开调查。很快，小芸发现事态严重，主动投案认罪，并将所有物品归还了失主。事后，经调查得知，小芸父母均为国家干部，家庭条件很优越。但因与室友相处不和，小芸便“想教训她们一下”。于是趁室友上课之机，盗得以上物品。

愤怒情绪表现为：血液涌向四肢、躯干、脑部，心率加快、肾上腺激素分泌增加，产生强大的身心能量，以应付激烈的行动。愤怒、生气、不满、仇视、鄙视等情绪都属于激怒冲动类情绪。这种情绪类型的人，常容易产生难于自控的行为。

大学生有愤怒情绪时，首先应调动自己的自制力，并弄清愤怒的根源。采取内心质问方式：在我的生活中，究竟是谁给我造成了怒气冲冲的感觉，这种感觉是从什么时候开始反复出现的。通过分析会发现，自己的愤怒情绪往往都有历史根源。其次，分析一下发怒、冲动或报复的后果，重要的是对自己会造成什么样的后果。再次，怎样使自己不过分冲动。平常要训练自己的自我约束能力和放松能力，尽量避免冲动后的遗憾。同样是别人不友好的举动，关键在于自己怎样去理解。最后尝试做出建设性的行动来改善人际关系。

扫一扫

与愤怒和谐相处

（九）自我

【案例】这位同学为何不受欢迎

“一直以来，周围的人都对我不满，很多人都不喜欢我，我现在很少和同学来往，他们有事也不找我，觉得很孤单。其实我内心是很想交朋友的。刚进校不久，我住在宿舍，另外三个人特别吵闹，弄得我晚上总是睡不好，后来我就在外面租了房子，清净多了，但这样同学都不理我了。一开始并不这样，记得有一次去同学宿舍玩，看到同学们忙忙碌碌的，就问他们干什么，同学说正在准备，晚上有一个同学过生日，问我是否愿意一起去。我就问要交多少钱，因为一般同学过生日都要一起凑钱的。同学说：每人 75 元。我就说，那你们去吧，我觉得我没有能力承担 75 元，要是 20 元，我就参加了。但这次没有参加后，有同学过生日时就再也不喊我了。前一次，有一个不是很熟的同学，找我帮助他，之后他主请我吃饭，我推辞不掉后就答应了。

请客那天因为早上没吃饭，临近中午时就特别饿，我就在同学请客的饭馆点了一碗面条，打算一边吃一边等他，结果他发现我在吃面条非常生气，说是我这样做不给他面子，而且责问我，是不是我以为他请不起客。其实我根本没有那个意思，我觉得饿了就吃一点，这很正常吧。对我不满的还不只同学。去年春节期间姑妈来我家做客，她为我们烧了一个汤，端上桌子，她说太烫了，我就说，烫没关系，正好去毛。我是开玩笑，想用死猪去毛开水烫来打比方，但姑妈立刻就不高兴了。其实我只是开玩笑而已，一般情况下和人说话，我总是想表现自己的独特性，也想开玩笑，一般人都会说的常用语，我基本上都不说，因为我觉得太平常了，说了没意义。”

所谓自我，就是以自我为中心。以自我为中心的人很难与别人相处，因为常常表现出自私和自负，以自我存在为处世的前提，凡与我相吻合的便是真理。有这种心理的大学生片面强调自我需求的合理性，自私自利和自以为是。

（十）内疚

【案例】因梦而产生的内疚

某男，21岁，大三。平时性格比较内向，不善于与人交往，从没有和哪一个女孩子特别亲近。然而不久前他做了一个梦，梦中居然和别人发生了性关系。梦醒后他愧疚不已，感到犯了乱伦的罪过，无颜面对他人。后来又做了一个梦，梦中和班中的女团支书发生了关系。潜意识中似乎在证明什么，他不相信自己的道德如此败坏，竟这样下流无耻，担心团支书因此受到伤害，以至于不敢面对她。只要她在教室，他就看不下去书。如果单独与她不期而遇，一天便会心神不宁，强烈的罪恶感使他不能安心学习。他担心自己要变成性犯罪分子，有时还怀疑自己是不是得了精神病，为什么会如此不正常。心理的负荷使他不敢入睡，生怕“旧梦重温”，讲又讲不出口，想也想不开，忘更是忘不掉，万般苦闷中他走向心理咨询室。

内疚是个体认为自己对实际的或者想象的罪行或过失负有责任，而产生的强烈的不安、羞愧和负罪的情绪体验。内疚者往往有良心和道德上的自我谴责，并试图做出努力来弥补自己的过失。内疚主要包括羞耻感、自责心理、自卑心理、无地自容。过少或者过多的内疚感都是不健康的，特别是过多的内疚感是心灵的“毒药”，会使人长期生活在压力、紧张和痛苦中，这样不利于身心健康。被这类情绪所缠绕的人，常常会沉湎于往事，为过去所做的事情而自悔自恨。

控制内疚情绪的积极措施有：设法面对和理解自己一再逃避的问题；保证最重要的心理需要得到满足的同时，学会放弃一些并不重要的需要；检查造成内心冲突和焦虑的观念，用新的观念替代陈旧的观念。

（十一）嫉妒

【案例】嫉妒心理

赵某，女，大二，来自苏北农村，家庭条件较差，同宿舍的几位室友家庭条件较好。在与同伴交往的过程中，她产生了强烈的心理落差与嫉妒感，为了能像别的同学一样吃好、穿好、玩好，她疯狂地打工、做家教，挣来的钱全部用来买名牌衣服和生活用品，而且经常借债买这些物品，一度被同学们誉为“购物狂”。每当看到别人穿着高档的衣服、生活幸福的样子，就感到心理不平衡，怀疑别人都看不起她。大学一年级时，她的学习成绩是寝室6位同学中最好的，她常常以此为傲。可是大学二年级时，寝室有一位同学的外语成绩优于她，她心里觉得难受，怎么看这位同学都不顺眼，便趁这位同学不在寝室时，将其听英语磁带的收录机损坏。之后，内心很内疚，也很矛盾，可自己无论如何也不能容忍其他同学比自己的成绩好，因为自己就只有这一点在寝室里占绝对优势。后来又有两位同学的总分超过她，她觉得无地自容，感到痛苦不堪，甚至感觉自己的天塌了，坐卧不宁。有一天深夜，趁同学们睡着时，她用剪刀将那两位同学摘下的隐形眼镜各捅破一个，内心获得了暂时的平衡。事后又不断的谴责自己，心理上产生了严重的罪恶感，导致自我否定，进而产生了轻生的念头。

嫉妒是指他人在某些方面胜过自己而引起的不快甚至是痛苦的情绪体验。就内心感受来讲，前期依次表现为由攀比到失望的压力感；中期则表现为由羞愧到屈辱的心理挫折感；后期则表现由为不服、不满到怨恨、憎恨的发泄行为。嫉妒在大学生中普遍存在，具体表现是：当看到他人学识能力、品行荣誉甚至穿着打扮超过自己时，内心产生不平、痛苦、愤怒等感觉；当别人身陷不幸或处于困境时则幸灾乐祸，甚至落井下石，在人后恶语中伤、诽谤。

要想解脱嫉妒的苦恼，最根本的是自己的胸襟要宽，气量要大，不去斤斤计较别人的一言一语，仍旧保持坦诚的态度与人相处，即使是嫉妒自己的人，也不必疏远，也许别人对你的嫉妒也就随之瓦解；闲言碎语也不再有作用，因为常相处的人都了解你是什么人，不实事求是的言论自然站不住脚。懂得自己所取得的成绩与别人的帮助是分不开的。在取得成功和荣誉时，不要冷落了大家，更不要居功自傲，因为这的确容易招来他人的嫉妒。相反，真诚地感激大家，让大伙一同分享荣誉，虚怀若谷，就会得到众人的拥护、支持，不致招来嫉妒。

三、负性情绪产生的具体原因

负性情绪反应通常是对压力进行应对后产生的结果。研究表明，随着压力水平的提高，个体的抑郁、焦虑水平往往呈现上升的趋势。在大学生群体中，负性情绪主要是由就业压力、经济压力、学业压力、人际压力、感情问题等引起的。

（一）就业压力

就业压力是由自身期望、理想与现状及自我实现三个方面构成。目前大多数毕业生在找工作的过程中会遇到各种各样的困难，即便找到工作了，也和自己的理想存在一定的差距。低薪致使刚刚参加工作的大学生在较长的时间内难以维持自己在城市的基本生存需要，更不用说偿还所欠的高额学费了，并且还要解决结婚、购房等问题，这种现状使大学生迷茫、彷徨，这是大学生产生负性情绪的主要因素。

（二）经济压力

经济压力由目前费用、打工赚钱和经济保障三个方面构成。学费和生活费使得家庭贫困的大学生承受沉重的心理负担。贫困家庭的大学生无论在生活水平还是消费观念上与富裕家庭的大学生都有较大的落差。经济因素制约了人际交往，长期的自卑和压抑易演变为激烈的心理冲突，导致负性情绪产生，甚至导致极端行为的产生。

（三）学业压力

学业压力涉及学业本身、担心将来和家人期望三个方面。多数大学生面临着学习方法不得当，外语过关过级考试几次不能通过，普通话等级证书与自己无缘，考试失败等各方面的压力，造成其精神状态紧张。

（四）人际压力

人际压力则由家人关系、朋友关系和恋人关系三个方面构成。大学生渴望友谊，希望丰富的人际交往，也正因为如此，由交往所产生的苦恼和困惑就显得格外突出。有些大学生的人际关系不良是由于个性过于情绪化，缺乏必要的情绪管理能力。自己高兴就喜欢和别人交往，不高兴就远离别人。对人忽冷忽热，缺乏坚持性。这类学生很难获得稳固的同学关系，更没法交到知心朋友。因此他们往往是快乐可以和人分享，但苦恼却没人分担，于是内心会感到孤独，甚至会陷入对别人、对社会不信任的怪圈，情绪会受到消极影响，变得越来越消极。

（五）感情问题

大学生谈恋爱是一种普遍现象，大学生在恋爱中存在某些情感困惑。大学生恋爱无论是出于青春期的生理冲动，还是出于从众心理，一旦恋爱双方中的一方提出分手，大学生特别是女大学生自尊、自负、虚荣、情感脆弱的特点会使她们心理上受到极大的伤害，造成心理失调，甚至精神崩溃。

在学业和人际压力方面，可通过提高学习或交往兴趣、培养适宜的学习策略或交往技巧，来减少压力和消极情绪；在经济压力方面，可寻求外界帮助，如助学贷款、勤工助学等。此外，学习一些情绪宣泄策略，积极应用那些有助于问题解决和个人情绪释放的应对策略，对负性情绪的缓解有一定的帮助。

心理探索三：调控情绪

大学生处于青年成长的高峰期，特别是考虑到大学生情绪的特征，不良情绪随时都可发生，学习上如何消除焦虑、紧张等负面情绪；恋爱、情感问题的处理；贫困生受困于压抑、自卑等一系列需要调适的情绪问题，以及毕业生即将进入社会，在未来的事业发展中能否取得成功，都在很大程度上取决于对情绪问题的深刻理解和驾驭能力。懂得管理自己的情绪，保持积极、健康的情绪，对于大学生的顺利成才具有十分重要的意义。

情绪管理就是通过有效的方法，合理地控制自己的情绪，使自己总是处于一种积极的状态。良好的情绪管理者需要具有对自己情绪的自我认识、自我控制、自我区分等能力和对他人情绪的认识与适度的反应能力。因此，对于大学生来讲，管理情绪、调节情绪、驾驭情绪、做情绪的主人，能够正确对待各种压力，克服不良情绪，消除负性情绪，才能确保身心健康。

一、健康情绪的标准

（一）一定的诱因引起相应的情绪

情绪的发生和发展必须是有一定的诱因引起的，比如：可喜的事件引起欢乐的情绪；不幸的事件引起悲哀的情绪；挫折事件引起愤怒情绪等。情绪不可能凭空产生，无缘无故的情绪反应、不明缘由的情绪表现都不是正常的情绪。

情绪反应的强度应与引发情绪的诱因强度相符合。在不同的时间和场合有恰如其分的情绪表达，情绪反应与环境相适应。一般情绪反应有三类表现：情绪反应不足；情绪反应适当；情绪反应过激。两极性的情绪反应对健康有很大危害，极度压抑情绪和过度放纵情绪都对健康无益。

（二）情绪的作用时间随客观情况的变化而转变

情绪的作用时间随客观情况变化为转移，在一般情况下，引起情绪的诱因消失之后，其情绪反应也应逐渐消失。例如，孩子偶尔不慎摔碎了一个碗，母亲可能当时不高兴，事情过后，也就不生气了。如果几天都生气，甚至长期生气，这就是情绪不健全的表现。

（三）情绪稳定

健康的情绪应保持相对的稳定性。情绪稳定是指情绪状态比较平稳，情绪反应不强烈。情绪稳定的人，一般不因外界刺激而产生强烈的情绪反应或者引起的情绪反应比较缓慢。那些变化莫测、波动大、起伏剧烈的情绪反应，是情绪不健康的表现。

（四）心情愉快

这是情绪健康的另一个重要标志。愉快表示一个人的身心处于积极的健康状态。一个人经常情绪低落，总是愁眉苦脸，心情苦闷，则可能是心理不健康的表现。但一个人在生活的道路上难免发生挫折或不幸。例如，由于亲友的病故而产生的悲哀情绪，这是正常的情绪反应。

（五）能合理调控情绪

善于控制与调节自己的情绪，既能克制又能合理宣泄自己的情绪。那些只懂得掩盖而过分压抑不表现的情绪反应，不但不能有效地适应环境，还会不利于身心健康。懂得如何调控情绪，并能从别人调控情绪的方法中借鉴到一些适合自己的情绪调控方法，是一个情绪健康者最应学会的保持身心健康的一项技能。

二、情绪调适方法

克服不良情绪，关键就在于情绪的自我调控。情绪控制的方法很多，如运用错觉和幻觉影响情绪；利用语言和动作进行暗示；发挥积极的想象产生激情；依靠坚强的意志对情绪进行控制等。根据控制的方向，还可以利用心理宣泄、倾诉，使情绪发生转移，用相反的情绪代替形成转化控制；采取措施使强烈的情绪冷静下来的冷化控制；以及自我激励，使自己情绪保持一定的兴奋状态的自激控制。总之，通过控制、调节起到管理情绪的职能。

下面提出几点自我情绪调控的具体实施办法：

（一）合理宣泄

心理学认为，每个人都会经常遭受不同的挫折，可能因忧郁、焦虑、苦闷烦恼、不安、不满乃至愤怒等处于心理不平衡状态。消极地压抑不良情绪，就会在心理上累积侵犯性能量，这种累积往往处于“潜意识层”，成为隐藏于内心深处的暗流，而不会自然消失。它可以通过对内（对自己）侵犯，破坏人体机能平衡协调运行，也可以通过对外（对他人）侵犯，产生攻击行为，以减少一定的能量。过分压抑只会使情绪困扰加重，而适度宣泄则可以把不良情绪释放出来，从而使紧张情绪得以缓解、放松。因此，遇有不良情绪时，最简单的办法就是“宣泄”，以排解消极情绪，恢复正常的情绪状态。

小破孩教你情绪管理

有着丰富的、复杂的、强烈的情绪体验的大学生也应得到情绪宣泄的机会，使不良的情绪得到排解。宣泄的方法有找人倾诉、畅快地哭一场，在旷野中大声喊叫、拳击沙袋、到运动场上猛跑一阵等。但是，在采取宣泄法来调节自己的不良情绪时，必须增强自制力，不要随便发泄不满或者不愉快的情绪。要采取正确的方式、选择适当的场合和对象，以免引起意想不到的不良后果。

比如宿舍熄灯后的“卧谈会”，大学生可以随便探讨一些大庭广众之中、光天化日之下不便言明的问题，也可以发发牢骚，互相开开玩笑，在公认的游戏规则允许范围内的嬉闹中使不良情绪得以宣泄。大学生们的打闹、斗嘴等攻击性游戏，甚至痛心疾首的大哭等，其适度运用都有利于不良情绪的排解。合理发泄不等于放纵、任性、胡闹。如果不分时间、场合、地点随意发泄，不仅不能调控好不良情绪，还会造成不良后果。

（二）调整认知

美国心理学家艾利斯认为，人的情绪困扰并不是诱发事件本身引起的，而是由对诱发事件的非理性的解释与评价引起的。正是由于我们常有的一些不合理的认知才使我们产生情绪困扰。如果这些不合理的认知久而久之，还会引起情绪障碍。

艾利斯经过归纳研究，总结出了不合理信念的几个特征：

1．绝对化要求

绝对化要求是指人们以自己的意愿为出发点，对某一事物怀有认为其必定会发生或不会发生的信念。它通常与“必须”“应该”这类字眼连在一起。比如：“我必须获得成功”“别人必须很好地对待我”“生活应该是很容易的”等。

2．过分概括化

这是一种以偏概全、以一概十的不合理思维方式的表现。过分概括化的内容是人们对其自身的不合理的评价。如当面对损失或是极坏的结果时，往往会认为自己“一无是处”、

“一钱不值”、是“废物”等。以自己做的某一件事或某几件事的结果来评价自己整个人、评价自己作为人的价值，其结果常常会导致自责自罪、自卑自弃的心理及焦虑和抑郁情绪的产生。

3．糟糕至极

这是一种认为如果一件不好的事发生了，将是非常可怕、非常糟糕，甚至是一场灾难的想法。这将导致个体陷入极端不良的情绪体验，如耻辱、自责自罪、焦虑、悲观、抑郁的恶性循环之中而难以自拔。

如果改变了非理性观念、调整了对诱发事件的认知，消极情绪就会改变，就会达到“退一步海阔天空”的效果。对事物的不同认识可以导致情绪的极大不同。通过改变对事物的认知，可以达到调节情绪的目的。应该明白任何事物都有正反两面，既没有绝对的好事，也没有绝对的坏事。所以，任何事情都有好的一面，也有坏的一面，即使是人人都痛恨的、不愿意接受的失败和挫折，也会有好的一面。

能引起我们什么样的情绪，最关键的不是我们遇到了什么样的事物，而是我们会用怎样的方式去看待这一事物。当你闷闷不乐或忧心忡忡的时候，你所要做的第一步是找出原因，分析哪些是导致自己情绪消极的问题，优先或集中解决这些问题，找出问题的症结所在，调整好自己的认知方式，改变错误观念，树立正确的观点。

（三）正确地评价自我

正确地评价自我，是大学生心理健康的重要条件。大学生正值青春年华，青年人在一起又易出现争强好胜、相互攀比的现象。在这种充满了竞争的氛围中，就需要正确地评价自我，增强自己的适应性，提高自信心。现实中，很多大学生的自我评价往往缺乏客观性，出现高估自我或低估自我的倾向，其结果都易导致严重的心理压力，受消极情绪的困扰。因此，应学会正确评价自我，对自己进行客观、公正、全面的分析，对自己所拥有的长处不要产生骄傲自大的情绪，对自己存在的不足也不要产生轻视自己的看法，可以通过与别人的比较、与自己过去的比较来认清自己，以人之长补己之短，不断地修正、调整和提高自己。

（四）积极暗示法

运用内部语言或书面语言对自身进行暗示，例如，默想或用笔在纸上写出下列词语：“冷静”、“三思而后行”、“制怒”、“镇定”等。可用简短、有力、肯定的语句反复默念：“我的能力很强”、“我一定会考好”、“我一定会胜利”。只要选择以上任何一句反复默念几遍，以自我暗示的方法来稳定情绪，也可排除紧张。以“胜败乃兵家常事”、“塞翁失马，焉知非福”、“坏事变好事”等来自我安慰，能摆脱烦恼，缓解矛盾冲突，消除焦虑、抑郁和失望，达到自我激励，总结经验、吸取教训的目的，有助于保持情绪的安宁和稳定。实践证明，这种暗示对人的不良情绪和行为有奇妙的影响和调控作用，既可放松过分紧张的情绪，又可用来激励自己。

（五）自我放松法

自我放松法又称松弛反应训练或自我调整疗法。它是一种通过自主调节身体的主动放松来增强自我调控能力的有效方法。只要有一个相对安静的环境，按要求完成一系列动作，通过反复练习，对缓解紧张焦虑情绪有很好的效果。

自我放松训练中较常用的是渐进性放松法，其原理是通过让你有节奏地控制你的肌肉收缩、放松，并反复交替，使你体验到从紧张到松弛的过程，了解到自己的紧张状态，从而最后能达到全身心放松的目的。其操作方法如下：

首先是让身心处于一种舒适的状态，从头到脚一点一点通过放松暗示来舒缓身心，呼吸放松，即双眼只看一个固定目标，有意识地放慢呼吸，专注呼吸，做深而且均匀的呼吸，到慢慢忘记呼吸进入一种无我状态，从而使自己平静下来。

另外，我们也可以通过学习和掌握呼吸调节、放松全身肌肉的方法来消除杂念。先把注意力集中于躯体的一部分（例如左手），尽量使这部分肌肉放松，直至产生温暖感。然后转移注意力到躯体另一部分（例如右手）。如此反复训练，可使心情平静，心跳规则，呼吸均匀。

我们还可以通过想象达到放松的目的，如静卧后，自我意念想象：脑海里出现了一幅图画，湖面平静，清澈安宁，一只美丽的白天鹅浮过湖面；或天上洁白的雪花轻地飘落着；或金光灿灿的太阳跳出地平线，海洋上浪花激荡；孩子们在草地上嬉戏；清澈的蓝天，团团白云飘浮。在这些诗情画意中，自然会感到心旷神怡，心情格外的轻松、舒适和愉快，内心平静极了。

放松需要五个组成部分：① 安静的环境；② 专注；③ 顺其自然的态度，不在意自己在做什么；④ 身体舒适舒展，肌肉张力减到最小；⑤ 逐渐放慢的、深度的呼吸。

对于自我放松法，最好在平时就多加运用，而不是临时抱佛脚。如果平时能熟练掌握，经常使用，到考试时或其他紧张焦虑的场合也能运用自如。反之，如果平时知而不用，到临场想救急不一定会有好效果。

（六）注意力转移法

当人的情绪激动时，为了使它不至于爆发和难以控制，可以有意识的地转移注意力，把注意力从引起不良情绪反应的刺激情境转移到其他事物或使自己感兴趣的事物上去。如外出散步，看看电影、电视，读书，打球，下盘棋，找朋友聊天，更换环境等，在活动中寻找到新的快乐，不良情绪常常可以得到减轻或排解。

（七）音乐调节法

音乐具有明显的调节情绪的功能。情绪主要表现在人的精神方面，精神世界的波动起伏，显示了不同情绪的情感色彩。因为音乐的节奏、旋律、音色、速度、力度，可以影响人的情绪变化，所以可用不同情绪的乐曲去诱发全神贯注的听者相应情绪的产生。节奏明快、铿锵有力的音乐能振奋人的情绪；旋律优美、悠扬婉转的乐曲能使人情绪安定、轻松和愉快。

实践证明，让神经衰弱、失眠的人听舒缓的民乐、轻音乐等，可以使其情绪平稳、放松、安静。所以，音乐有不同程度的镇静、镇痛、降压作用，能使人心平气和，消除不安和烦躁而安静入眠。对于有焦虑、忧郁症状的人，听柔和、优美、抒情的音乐，能帮助排除忧郁和焦虑，可以看到其舒展的双眉，跟乐曲哼唱，可忘记忧愁，沉浸在欢乐之中，这无疑有助于改善人的精神状态。

（八）向心理老师咨询

在上述方法都失效的情况下，仍不要灰心，在有条件的情况下，去找心理老师进行专业咨询、倾诉，在心理师的指导和帮助下克服不良情绪。

情绪调控方法多种多样，可视每个人的情况灵活选用适合自己的方法。重要的是要坚信不良情绪是可以克服的，情绪是可以调控的。为了身心的健康要适时地、不断地对情绪进行自我调控。

自我调节的关键是重获一种自我控制，在自控的感觉下才会有自由选择的能力，在烦恼的时候，仍需知道我们内心还有快乐与轻松。真正的自我情绪调节是一种情绪的平衡，人不能总是快乐，也不能总是不快乐。让情绪处在一种流动的状态，关注、体验它的起伏，并乐在其中。

心理训练

心理训练一：你的情绪稳定吗？

对下列题目做出“是”或“否”的回答，答案为“是”的越多，说明你的情绪越稳定。

1．尽管发生了不快，仍能毫不在乎地思考别的事情。

2．不计小隙，经常保持坦率和诚恳的态度。

3．习惯于把担心的事情写在纸上并进行整理。

4．在做事情时，往往具体规定有可能实现的目的。

5．失败时仔细思考，反省其原因，但不会愁眉不展，整天闷闷不乐。

6．具有悠闲自娱的爱好。

7．常常倾听众人的意见。

8．做事有计划地积极进行，遇挫折也不气馁。

9．无路可走时，能够改变生活方式和节奏，以适应生活。

10．在学业上，尽管别人比自己强，也从不怨恨、嫉妒。

11．对自己的进步，哪怕只是一点点，都会有高兴的表示。

12．乐于一点一滴地积累有益的东西。

心理训练二：放松训练

放松训练法简单易学，既可以调节情绪又能消除心理紧张和心理压力，减轻烦恼。坚持使用这种方法一段时间以后，你就会感觉到它能有效保证心理松弛和舒畅。但关键是要做到持之以恒，使其更加熟练。当你熟练地掌握了这种方法之后，就可以随时随地练习，可以坐着练、步行练，甚至在课间也能抽出片刻时间做一做，这样就能够缓解不良情绪，摆脱消极情绪的不良干扰。

1．放松训练的一般注意事项

（1）做好放松训练前的准备工作。最好能寻找一处安静的场所（以单人房间为宜），配置一把舒适的椅子（以单人沙发为宜）。若这些物质条件不具备，利用自己的卧室和床铺也可以。放松前要松开紧身衣服和妨碍练习的饰物等，减少外界刺激。

（2）使身体形成一种舒适的姿势。其基本要求是减少肌肉的支撑力。轻松地坐在一张单人沙发里，双臂和手平放在沙发扶手之上，双腿自然前伸，头与上身轻轻靠在沙发后背上。

（3）整个放松过程中切忌吸烟、吃零食等多余动作。

（4）合理安排时间。开始时，最好每天 2 次，每次 15～30 分钟，最合适的是早、晚各 1 次。

（5）务必做到持之以恒，坚持训练。

2．身体肌肉放松

遵循由下至上的原则，从脚趾肌肉放松开始到颈部肌肉放松结束。

（1）脚趾肌肉放松：将双脚脚趾缓慢向上用力弯曲，同时两踝与腿部不要移动。持续 10 秒钟后逐渐放松。放松时注意体验与肌肉紧张时不同的感觉，就是微微发热、麻木松软的感觉，像“无生命似的”。20 秒后，做相反的动作。将双脚脚趾缓慢向下用力弯，保持 10 秒钟。

（2）小腿肌肉放松：将双脚向后上方朝膝盖方向用力弯曲，以使小腿肌肉紧张。10 秒后放松，20 秒后做相反的动作。

（3）大腿肌肉放松：绷紧双腿，使双脚后跟离开地面，持续 10 秒。放松 20 秒后，双腿伸直并紧双膝，保持 10 秒后放松。注意体会微微发热的感觉。

（4）臀部肌肉放松：双腿伸直平放于地。用力向下压下腿和脚后跟，使臀部肌肉紧张，10 秒钟后放松。20 秒后，将两半臀部用力夹紧，尽量提高到骨盆位置，10 秒后放松。体会该部肌肉开始发热，有沉重的感觉。

（5）腹部肌肉放松；高抬双腿以紧张腹部肌肉，同时胸部压低，10 秒后放松。体会由紧张到放松的过程中腹部的变化感觉。20 秒后做下一个动作。

（6）胸部肌肉放松：双肩向前并拢，使胸部四周肌肉紧张，体验紧张的感觉，10 秒后放松。体会胸部舒适，轻松的感觉。

（7）背部肌肉放松：用力向后弯曲背部，努力使胸部和腹部突出，形成拱状，10 秒后放松。20 秒后，往背后扩双肩，使双肩尽量合拢以紧张其上背肌肉群，保持 10 秒后放松。

（8）肩部肌肉放松：双臂外伸悬浮于沙发两侧扶手上方，尽力使两肩向耳朵方向上提，10 秒后放松。注意体验发热和沉重的放松感觉。20 秒后做下一个动作。

（9）臂部肌肉放松：双手平放于沙发扶手上，掌心向上，紧握拳头，使双手和双前臂肌肉紧张。10 秒钟后放松。接下来将双前臂处弯曲，使双臂的二头肌紧张，10 秒后放松。然后双臂向外伸直，用力收紧，以紧张上臂三头肌，持续 10 秒后放松。

（10）颈部肌肉放松：将头用力下弯，以使下巴抵住胸部，保持 10 秒后放松。注意体验放松时的感觉。

3．头部肌肉放松

（1）紧皱额头，像生气时的动作似的，保持姿势 10 秒后放松。

（2）闭上双眼，做眼球转动动作。先使两只眼球向左边转，尽量向左，10 秒后还原放松。然后使两只眼球尽量向右边转动，10 秒后还原放松。随后，使眼球按顺时针方向转动 1 周，然后放松。接着，再使眼球接逆时针方向转动 1 周后放松。

（3）皱起鼻子和脸颊部肌肉，保持 10 秒后放松。

（4）紧闭双唇，使唇部肌肉紧张，保持姿势 10 秒后放松。

（5）收紧下颌部肌肉，保持姿势 10 秒后放松。

（6）用舌头顶住上颚，使舌头前部紧张，保持 10 秒后放松。

（7）做吞咽动作以紧张舌头背部和喉部，但是要注意不要完全完成吞咽动作，持续 10 秒后放松。

头部肌肉放松后，整个放松训练便宣告结束。

应该注意的是，放松前的紧张动作是为了体验放松的感觉，这种感觉越强记忆就越牢固。当感觉清晰地铭刻于记忆中后，便可去掉紧张部分而只做放松部分。

放松训练对增强机体的能量水准，消除消极情绪，促成积极的心理状态有重要作用。考试焦虑患者可以从中得到明显的收益。

项目七 人际沟通 从心开始

——大学生的人际交往

【故事悦读】

生日聚会

大学生林小冬是2002级电子商务班学生，12月30日是她的生日，小冬邀请了6名同班同学到她的家里参加她的生日Party。

下午五点钟刚到，小冬家的门铃响了起来，几个同学面带微笑地出现在小冬的面前。

“靠，你家可真难找，怎么住在这个狗不拉屎的地方。”不请自来的何强强无所顾忌地大声发着牢骚。小冬知道何强强向来说话随便，也不在意。而在厨房里忙着的小冬奶奶想必也听到了何强强的感叹，她走出来，一边招呼大家坐，一边客气地说：“我们家小了点，人一多就挤了些。”

“是呀！你家也太小了，落脚的地方都没有，住着多闷呀。”何强强接着说：“房子太破旧了，也应该退休了。我们的小区那里房子就不错，价值也不贵，一平方米才3000多元。你们家留着钱做什么用呢？”

强强的一席话让林小冬奶奶的脸一阵白一阵红，热情的微笑也慢慢地消失了。原来前年小冬妈生了癌症，在病床上躺了一年多，半年前去世了，家里的积蓄全部花光，哪有钱换房子呀！倒是同来的月月听不下去，提醒强强：“你说话不要那么豪爽了好吗？咱们是来做客的。”强强咽下唾沫，表示接受。不一会儿小冬的奶奶陆续把饭菜端出来。强强又说话了：“我想鸡肉、猪肉都有了，就缺海鲜了，菜不在多而在精嘛！”

话一出口，小冬和奶奶的脸色有点难看，但小冬奶奶还是笑着说：“哟，我们今天可真没有准备海鲜，要不，打电话给小冬她爸，叫他带海鲜回家好不好？”

“不了，不了！我这才知道你们家的小冬怎么长得那么小个子，原来你们家不注意营养搭配，你们看人家月月快超过相扑运动员了……”

“说什么呀，你！”小冬和月月把筷子拍在桌子上，涨红了脸，直喘粗气……

好端端的生日 Party，就这样被强强这个说话不注意分寸的家伙给搅黄了。聪明的你已经看出来了，强强坏就坏在他的说话无礼上。

热身活动

活动一：熊来了

活动目的：

（1）活跃气氛。

（2）增强团体凝聚力。

活动时间：25 分钟。

活动流程：

（1）把全体学生分为两组，排成两列。

（2）各组第一个人喊“熊来了”，然后第 2 个人问：“是吗？”，第 1 个人再对第 2 个人说：“熊来了”，此时 2 号再告诉 3 号“熊来了”，3 号再反问 2 号“是吗？”，而 2 号也反问 1 号“是吗？”，3 号再叫“熊来了”，4 号问“是吗？”，3 号问 2 号“是吗？”，2 号问 1 号“是吗？”，就这样传下去。

（3）每组最后的人听到第 2 次的“熊来了”时，全组队员齐声说“不得了了！快逃”，然后全组人一起欢呼，最后欢呼的那一组便得胜。

活动二：宴会

活动目的：

（1）体验尊贵与卑微之感受。

（2）学习在人际关系中看重自己，尊重他人。

活动时间：20 分钟。

活动道具：录音机、扑克牌。

活动流程：

尊重他人

（1）“宴会”开始时，播放轻音乐，给每一个人发放一张扑克牌，作为入场的凭证，成员拿到扑克牌后，放置于胸前显眼处，扑克牌的大小（K、Q、J……）代表自己职位的高低与身份的尊卑，请根据自己的地位与身份，以语言、非语言的方式向周围的客人表示问候。

（2）音乐停止的时候，请成员依照地位高低排成一行，全体再把扑克牌放在胸前，报出数字大小。

（3）处于尊贵或卑微的地位时，身心有何感受，联系生活中的人际交往，你会想起什么？

活动三：取绰号

活动目的：体验同理心。

活动时间：30 分钟。

活动流程：

（1）成员围成一个圆圈，每个人帮自己右边的同学取一个绰号，越毒辣越好，取好之后必须说“我帮××同学取绰号××”，待全部进行完毕之后，则需要将加诸于别人身上的绰号全部收回自己用。

（2）共同讨论：① 帮别人取绰号时的心情。

② 绰号收回，放在自己身上时的感觉。

认识同理心

头脑风暴

案例分析一

情境一

同桌的林上亿又把我的钢笔拿去用了，也不说一声，每次都这样！

同学 A：林上亿，你很过分呀！每次用别人东西都不先说一声，一点都不尊重别人，你真是讨厌！

同学 B：林上亿，看到你每次都不说一声就把我的钢笔拿去用，我觉得有点不受尊重，希望你下次要用的时候能先跟我说一声。

情境二

最近张友友老是喜欢开我玩笑，说我唱歌很难听，虽然他是我的好朋友，但是我并不喜欢常常被笑，真不知道该如何跟他说。

同学 A：张友友，你不觉得你开这种玩笑很无聊吗？要笑不会笑你自己啊！你自己也没好到哪里去！

同学 B：张友友，当我听到你一直拿我唱歌的事来开玩笑时，我心里觉得很不舒服，在大家面前也很尴尬，希望你尽量不要再拿这件事来开玩笑了！

请同学们体验一下上述两个情境中，谁的话更容易被人接受，为什么？

案例分析二

朋友向你倾诉："期末考试成绩出来了，我考得很差。我不敢告诉父母，为了供我上学他们拼命地赚钱，已经很辛苦了。我不想让他们知道。每天早晨起来，我都鼓励自己要努力地学习，但是感觉压力很大，要找一份好工作真的很难呀！"你会怎样安慰他？

A. 你要想开一点，面包会有的，只要努力肯定会有收获的。

B. 你不用太悲观，大家都是一样的。

C. 你应该告诉你的父母实情，他们也许能帮你，和你一起想办法。

D. 你不敢把这件事情告诉父母，怕他们担心你，可是你的压力也非常大，不知道自己一个人是否扛得过去。

案例分析三

朋友向你倾诉："我最近倒霉透了，谈了两年多的女朋友居然把我给甩了。哎，我真想一死了之！"你会如何回答？

A. 你怎么这么想，一次失恋就这个样子，也太没出息了。

B. 哎，是挺倒霉的。你再想想有没有什么跟她和好的办法？

C. 不用这么难过，俗话说得好，天涯何处无芳草，改天我帮你介绍个更好的。

D. 我比你更倒霉呢，我都被人家甩过两次啦。

E. 谈了两年的女朋友居然和你分手了，你一下子接受不了这个事实，所以觉得活着没意思。

心理探索

心理探索一：人际交往的心理学理论

一、人际关系的定义

人的一生就是从"生物人"，"自然人"，逐渐转化为"社会人"的过程，即社会化的过程，也是一个人不断地与他人相互沟通、相互作用与相互影响的过程，最终与他人之间形成稳定的心理联系即人际关系。也就是说，人际关系是人们在各种现实的环境中，通过人与人之间的交往互动建立起来的稳定的心理的联系。大学生的人际关系是指大学生在其所处的特定学习生活与社会实践环境中建立起来的心理联系。

（一）什么不是人际关系

人际关系不是交际应酬、逢迎巴结或虚应故事。这些行为也许可以帮助你建立良好的公共关系，却不一定能帮助你建立美好的人际关系。

人际关系也不是人脉，良好的人际关系可以帮助你建立广大的人脉；但是，人脉广大却不一定就表示你有良好的人际关系；有可能是因为你位高权重（别人不得不买你的账），也有可能你握有某些关键因素（关键性资源），才得以建立广泛的人脉，但其实你的人际关系可能还是很糟糕。

（二）什么才是人际关系

任何社会组织、任何人的群体中，大到整个社会，小到一个小企业、小单位里，都有两种基本的人与人之间的关系存在，一是权力关系，一是人际关系。

权力关系（power relationship）是指因为你在这个群体中的身份地位，而与他人建立的关系。比如说你是市长，他是局长，你们之间有从属关系，你们之间因为从属关系所产生的任何人际互动，都是权力关系。

人际关系（interpersonal relationship）则是指非因利害、从属、血缘等任何因素，人与人之间所建立起的关系。这样的关系必须建立在人与人的互相尊重与接纳的基础上。

人际关系图解

这两种最基本关系的连接源头多半都与利害、从属或血源相关，所以人与人之间所建立的最早的人际关系，通常都是来自于亲人之间的。换句话说，我们多半都与人先有权力关系，然后才有人际关系。所以人际关系不一定与权力关系相冲突，比如说，一个企业的总经理与他所领导的副总经理，一开始可能纯粹是权力关系，但久而久之，双方可能建立真正的交情，退休后两人甚至两个家庭还保持长期来往，这就表示他们已建立真正的人际关系了。

同样的道理，如果你是业务人员，你与顾客一开始可能是基于利害因素而建立关系，因为他想买东西买得便宜些，所以要与你套交情；而你想卖东西卖得多，所以也要与他套交情，所以你们一开始是基于利害而发生的业务关系、公共关系，但是后来你们也可能发展出真正的人际关系。

社会组织的结构越复杂，人与人之间的权力关系越明显，人际关系则越淡化；反之亦然。所以在大企业、大单位里，比较层级分明，公私分明，相对的人情味就很淡薄；反之，在小企业、小单位里，人情味则很重，像个家，比较不像是企业组织。

权力关系的运作比较讲究，很可能要有制度、法律等来加以规范；人际关系的运作越自然越好，不需要（最好也不要）经过刻意的安排，乃是（随兴之所至）可以直接的互动。也因此，如果你要查验你与别人之间是否有人际关系，或者人际关系好不好，就看你能否随兴之所至与他互动即可。说得再简单些，就是你能否很自然地与他人互动。

二、舒茨人际关系三维理论

社会心理学家舒茨认为，每一个人都需要他人，因而都有获得人际关系的需求，不管出于何种需求，其目标都是想拥有和谐的人际关系。他根据个体的 3 种人际需求即包容需求、支配需求、情感需求和两种满足方式即主动表现和被动表现，把人际关系趋向分为 6 种形式。

（一）主动包容式

其主要特征是交往一方主动与他人交往，并积极参与社会活动。这是交往主动方出于某种明确的目的，以极大的热情主动与他人交往的强烈需求而产生的人际关系。比如，刘备为了请诸葛亮出山而三顾茅庐，当他第三次光顾诸葛茅庐时，诸葛亮正在睡觉，出于诚意，刘备一行三人静静地守候在门外，直至诸葛亮醒来。

（二）被动包容式

其主要特征是交往一方期待他人接纳自己、而自己往往表现为退缩。这种人际关系取向常陷入矛盾的怪圈中，交往方一方面希望别人接纳自己，另一方面由于害怕不被别人接纳，而在人际交往活动中表现出退缩、不合群等特点。比如自卑感很强的人一方面非常希望周围的人们接纳他，但另一方面由于害怕受到打击或遭遇挫折，又回避与人交往，把自己孤立起来。

（三）主动支配式

其主要特征是交往一方常常运用权力控制他人。这种人际关系取向中的一方处于支配地位，另一方处于被支配地位。比如教师指导学生和家长训斥子女时所建立的人际关系。

（四）被动支配式

其主要特征是交往一方期待他人引导，愿意追随他人。有着这种人际关系取向的人大多表现出追随他人与受人支配的倾向，甚至表现出抗拒权威与忽视纪律的倾向。比如非正式群体中的部分青少年学生就倾向于追随他们的“头儿”而失去主见。

（五）主动情感式

其主要特征是交往一方表现出对他人的喜爱、友善、同情、亲密。如恋人之间、母子之间在表达相互爱恋、彼此关心与理解、尊重与被尊重的过程中所形成的人际关系就属于主动情感式。

（六）被动情感式

其主要特征是一方对另一方显得冷淡，负面情绪较重。这时一方表现出疏远对方甚至厌恶与憎恨对方的情感，但内心期待另一方对自己亲密。如父母管教子女太严时，子女也常常会产生这样的情感。一方面，由于严厉的管教，子女极力回避与父母进行沟通。另一方面，子女渴望得到父母的肯定和理解。

总而言之，每个人的人际关系都极具多样性。对于同一个人，幼小时候在父母面前可能会表现出被动支配式；成年后对于下属会表现出主动支配式；对于自己所仰慕的对象如恋人、偶像等会表现出主动包容式；在工作中遇到困难时，又很容易表现出被动包容式；对于母亲、父亲、爱人等表现出主动情感式；对于苛刻的领导、不公正的老师，则会表现出被动情感式。基于不同的交往对象、交往情境等因素建立的人际关系有着各自的特征，形成不同的类型。个体在社会交往舞台上扮演的社会角色不同，显现出的交往行为也各有差异。因此在交往中应尽量使言谈举止与扮演的角色身份相符，这样才能取得良好的人际交往效果。

三、其他人际关系理论

（一）人际需求理论

人际需求理论主张一种关系是否开始、建立或维持，依赖双方所符合的人际需求程度。人际需求包括爱（affection）、归属（inclusion）和控制（control）。爱的需求反映出一个人表达和接受爱的欲望；归属的需求是希望存在别人团体中的欲望；控制的需求是希望成功地影响周遭的人与事的欲望。人际关系的增进和恶化部分是由于人际需求的兼容或相悖。

Schutz 的人际需求理论虽然解释了很多人际行为，但并未说明人们如何在关系中彼此互相适应，下一个理论将帮助我们对此有所了解。

（二）交换理论

John W. Thibautc 和 Harold H. Kelley 首创交换理论。他们认为，人际关系实际上是报酬（reward）和代价（cost）的互换。报酬是接收讯息者所重视的结果，常见的报酬有好的感觉、声誉、经济收益和感情需求的满足。代价是接收讯息者不想蒙受的损失，包括时间、精力和焦虑。根据 Thibautc 和 Kelley 的说法，人们期待高报酬低代价的互动。他们也认为最令人满意的代价与报酬率因人而异，同一个人也因时而异。假如人们有许多高报酬率的关系时，他们将设定较高的满意度水平，因此可能对低报酬的关系不满意。投资报酬率决定了关系或互动的吸引力，但它并未指出关系或互动会维持多久。虽然人们在代价高于报酬时会终止关系或互动，但是环境有时候会令人继续处于非常不满意的关系中。

Thibautc 和 Kelley 说明此情况时提到他们所谓的"替代性选择之水平（comparison level of alternatives）"。他们认为继续维持关系与否取决于一个人觉得是否有其他的选择。假如有一个替代性的选择可保证让人达到高水平的满意度的话，对关系感到不满意的人将会结束其关系或互动。但是假如没有可以替代的选择，那个人可能保持现状，虽然不满意，但这个关系是目前最好的。

心理探索二：大学生人际交往中的心理障碍及调适

大学生人际关系中常见的有同学关系、师生关系，其中同学关系最常见，同时也是最容易让他们产生困扰的因素。一方面，由于年龄、兴趣、奋斗目标等方面的接近性，同学之间也最容易产生亲密关系；另一方面，由于个体成长环境、价值观念、地域文化等方面差异，加上频繁的交互往来，同学之间也最容易产生矛盾。

一、恐惧心理及其调适

（一）对恐惧心理的认识

有一位大学生在咨询时说道："自从进入学校以来，中学时想象中的那种兴奋感并没有真正体验到，反而被一些恐惧心理取代了，以至于不能自己一个人去打饭、逛商场、去银行存款，无法像其他同学一样享有快乐的大学生活"。原来，一次她独自一个人去一家商场买衣服，由于走得匆忙，身上穿了件不合身的旧衣服，那家商场的老板以貌取人误认为她买不起，在旁边奚落她，她感到非常尴尬，因为当时周围有很多人都在看着她，她面红耳赤地走出了商场。自那以后她买衣服或做别的事情都要家长陪同她。

社交恐惧症，你中枪了吗？

上述案例中的大学生由于不会正确处理生活中人与人之间的关系，尤其是不会很好地应对生活中所遇到的一些尖酸刻薄人的冷言冷语，加之自身性格内向，不能承受这样的打击而导致社交恐惧。要有效消除社交恐惧心理，首先得对大学生社交恐惧的产生、形成及其预防等方面的情况有一个较为全面的认识。

社交恐惧就是大学生在人际交往中受到挫折之后，试图避免再次遭受交往挫折而产生的一种防护性心理，是大学生在交往中常见的一种社交障碍。其主要表现为：在社交场合中感到害羞、局促不安、尴尬、笨拙、迟钝，怕进教室、会议室，怕在人前抛头露面而退缩回避。这主要是由于交往受挫、心理不成熟而陷入到焦虑、痛苦、自卑之中却没有得到及时排解所致。

社交恐惧产生于经验，这种经验分为两种情况：一是直接经验，二是间接经验。直接经验是指大学生在人际交往中，所遭遇的人际交往方面的挫折，对其内心形成一种打击并产生一种不愉快的体验而形成紧张、恐惧、敏感的情绪体验。俗话说"一朝被蛇咬，十年怕井绳"。有些大学生一旦受到人际交往方面的打击，就会对以后的人际交往非常失望，表现出明显的紧张与恐惧，严重者会伴随着颤抖、话语不清等现象。

间接经验是指在看到或听到别人失败的社交经历后，内心留有负面的印象，同时联想到自身的社交，内心产生痛苦、紧张、不愉快的情绪体验。比如，某同学听说在本校有位同学出于好心帮助一名被人偷了钱包的外地人，反被这个外地人骗走了学费之后，这位同学对骗子心生厌恶，同时也害怕这种事情在自己身上出现，以后每当遇到陌生人求助，他就会紧张而迅速地回避。

（二）对恐惧心理的调适

社交恐惧是由于不正确的认知和不良情绪体验对个体的负面强化而逐渐形成的。只要对症施治，完全可以得到改善与排解。

1．寻找恐惧产生的真正原因

只要找到恐惧产生的真正原因，就可以大大减轻恐惧症状。有位学生在咨询中说道：“最近一个多月以来，我感觉很紧张、恐惧，因为近阶段我认为原本和我关系还不错的一名女同学在和我讲话时老是斜瞄着我，让我很难受。”这种情况主要是由于不正确的认知引起的。在她的心目中，那位女同学斜瞄着她说话就是看不起她、不尊重她。要排解这种紧张恐惧的心理首先要从改变错误的认知做起，而错误认知的改变有赖于对那位女同学讲话时的情境及其表现进行跟踪观察。

2．改变个性中的不良气质因素

每一种气质类型都有各自的优势，这里所说的改善不良气质因素，是指改善气质中消极的、不利于良好的人际交往的一面。比如，抑郁气质类型的人在交往中常给人紧张呆板的感觉，这会让他人不愉快，进而使自己更加紧张不安，造成恶性循环，最终陷入到恐惧的心理及情绪困扰之中。在开始交往时，不妨尽量将消极的语言转化为积极的语言，从而对他人产生积极的吸引力。这样，在交往中就会处于主动地位，形成自我体验的良性循环。气质虽受先天因素影响较大，但并非完全不可改变，可以通过努力达到扬长避短之功效。

3．克服完美主义倾向

有社交恐惧的人对自己常常有不切实际的过高期望，存在完美主义倾向。追求完美是人的一大误区，克服完美主义倾向有利于改善社交恐惧心理。其实，每个人都有缺点和错误，如果总想给别人留下一个完美的印象，而现实又常常不能遂如其愿，也就不免会产生紧张恐惧的心理。俗话说“金无足赤，人无完人”，应顺其自然，不管是对他人还是对自己都不要求全责备。

4．对自己进行系统脱敏

社交恐惧者在人际交往中有退缩表现，其退缩的心理和行为会削弱人际交往的动机和能力。采用系统脱敏疗法可以帮助自己逐渐消除社交中产生的恐惧心理及其不良症状。具体做法是：将自己经常置身于社交场景中，迫使自己参加交往活动，在活动训练中不断脱敏。这样做开始可能很难堪，但时间长了就会自如地与人交往。系统脱敏疗法的原理就是在充分放松的状态下安排当事人逐渐接近他所惧怕的事物，或逐渐提高患者所恐惧的有关刺激的强度，旨在使其对所恐惧的事物的敏感性降低。采用这种方法，第一要学会放松；第二要不断地给自己勇气。因为改变是痛苦的，意味着要打破旧习惯、建立新习惯，因此，要不断地给自己补充新的勇气和新的动力。

二、自卑心理及其调适

（一）对自卑心理的认识

自卑就是对自己评价过低。它来源于对自己的不正确认识和估计，过分地注意自己的短处而对自己的长处缺乏足够的认知，进而产生自惭形秽之感。存在自卑心理的大学生常常表现为：缺乏自信、做事畏首畏尾、羞怯、胆小、怕被人嘲笑或拒绝。

自卑心理产生的一个重要原因就是个体心理上的消极对比。我们每一个人都不可避免有着不同程度的主客观方面的缺陷。就客观方面来讲，有的可能会遭受经济拮据、父母离异等家庭不幸，有的也可能遭受口吃、肥胖、个子矮小等方面的生理缺陷或不足。就主观方面来讲，有的可能是能力不强，或性格不是很好，或气质不是很佳等。面对这些主客观缺陷，不同个体的态度不同，有的泰然处之，反而化缺陷为力量取得了一个又一个胜利；有的自惭形秽、自卑退缩，不仅影响学习与工作的效率，而且内心还笼罩着一层自卑的心理阴影。

（二）对自卑心理的调适

1．学会客观认识自己

自卑者有一个共同的特点：让他说说自己的长处，往往说不出来，但是如果要让其说说自己的短处，他就会说出很多；同时对于别人给他提出的长处，也不能很好地接受。因此，自卑者要走出自卑的心理阴影，必须转变看待自己的视角，善于发现自己的长处、肯定自己的成绩，全面而客观地认识自己的长处和短处。既要看到尚待完善的方面和努力的方向，又要看到已经取得的成绩和拥有的优势。只有这样，才可能消除自卑、增强自信。

2．制订合适的理想目标

现实与理想间的差距往往让人自卑失落、自我否定。摆脱自卑心理的一种重要方法，就是制订合适的理想目标，在对自身现实条件和发展潜力进行认真细致分析与预测的基础上，本着通过努力能够实现的原则科学地确立未来的理想与目标。一个人不能没有理想，但理想的建立一定要从自身的实际出发。只有这样，才能在实践中不断取得成功，增强自信心。如果确立的理想过高而难以实现，会让人因受挫而失去信心；如果确立的理想过低，又会因为目标太容易实现而不愿去努力。因此，只有制订合适的理想目标才有助于形成良好心态，在实现一个又一个目标的过程中不断增强自信。

3．改变不合理观念

一个小女孩从小喜欢看童话故事，心目中建立了一个比较理想的自我形象：像公主一样高贵而美丽的女孩。但是当她有一天照镜子时忽然发现镜子中的女孩是干枯的头发、小小的眼睛、难看的龅牙，在将镜中的现实自我形象与理想中的自我形象进行对比的过程中不免产生了自卑心理。

上述案例中，小女孩总把自己与心目中高贵而美丽的公主相比，就是一种不合理的比较。这种不合理的比较让她陷入到极度的自卑中，要改变这种不合理比较而产生的消极情绪，她可以变更比较的对象或比较的内容。尽管小女孩的容貌不能和公主的美貌相比，但是她的智慧和博学可能是公主所不能比拟的，某方面不如别人，可以找到比别人强的另一方面。这是一种走出自卑、增强自信的好方法。

4．进行积极的自我暗示

要多分析自己的有利条件，总结成功的经验，体验成功的快乐，增强信心，不断提醒和激励自己，使自己在心理上确信能够获得成功。那种自认不够美丽的人，为了能够克服自卑心理而有足够信心投入人际交往活动中，可采取以下方法：每天早上都对着镜子大声地说“我很漂亮”。开始时她们会觉得很尴尬，但是一旦形成了习惯，她们就会发现自己好像真的变漂亮了。通过这种积极的心理暗示，个体改变了看待自己的心态，也会在一定程度上改变了自己的外貌。

5．观察和向自信的人学习

因自卑而妨碍交往的大学生，还应当在交往中多观察、学习自信的人的行为方式及表现。经常观察自信的人的言语表情和非言语表情之后，可以选择一位作为自己的模仿对象，当自己自卑的时候，就回想或者想象自信的人应该是怎样的表现。同时，加强自信心训练，比如，锻炼自己能径直向对方走去；讲话时敢于盯住对方的眼睛且声音洪亮、不吞吞吐吐等。

三、自负心理及其调适

（一）对自负心理的认识

自负在人际交往中表现出过度地以自我为中心，傲气轻狂，轻视和看不起周围的人。主要表现为：很少关心别人，与他人关系疏远，固执己见，唯我独尊，有明显的嫉妒心，拿放大镜看自己的优点，过分强调自我感受而忽视他人的存在，干什么事都是从我出发，居高临下，盛气凌人，不允许别人批评自己。自负心理对一个人的危害是非常大的，它产生的主要原因有以下几种：

1．错误的自我认知

如果说自卑者是将自己的缺点无限地放大，那么自负者就是将自己的优点尽量夸大。自负者通常对自己没有一个全面的认识，也就是我们常说的缺乏自知之明。

扫一扫

夜郎自大

2．强烈的自尊心理

自负者一般都有强烈的自尊心，为了保护自尊心，在交往挫折面前，常常会产生两种既相反又相通的自我保护心理。一种是自卑心理，通过自我隔绝，避免自尊心的进一步受损；另一种就是自负心理，通过自我放大，获得心理补偿。

（二）对自负心理的调适

1. 正确地认识自己，进行批评和自我批评

要调适自负心理，既要认识到自身的长处与优势，也要清醒地意识到自己有哪些缺点和不足，这些缺点和不足给自己的发展将会带来哪些阻力。另外，也要诚恳地接受别人的批评，俗话说“不识庐山真面目，只缘身在此山中”。一个人对于自身的认识总是有不全面的地方，从别人的批评中，可以认识到更多的不足，以便更好地改进。与此同时，加强自我批评、勤于自我反思，也是调整自负心理必不可少的环节。

2. 尊重他人，换位思考

自负者大多有强烈的自尊心，但要获得别人的尊重，首先应该尊重他人。同时自负者以自我为中心，凡事都喜欢从自己的角度思考，在自负者的词典里“我以为”“我认为”这类词汇是比较多的。因此，自负者在交往活动中要多进行换位思考，善于从别人的角度考虑每个问题。

四、嫉妒心理及其调适

（一）对嫉妒心理的认识

嫉妒是针对别人的成功而产生的一种心怀憎恨的羡慕之情。嫉妒一般发生在社会地位相同或相近，生活或工作关系密切的人际圈子里。当生活在这个人际圈子的人彼此相差不大时，大家相安无事，但一旦圈子里某人境遇有了改善或地位有了升迁时，平静的生活圈子里就会泛起嫉妒的涟漪。由于大学生有相同的地位，相仿的学历和经历，大学生中普遍存在嫉妒心理。比如，有的人嫉妒别人长得漂亮、有一个帅气的男朋友等。嫉妒心理在所有人身上都有不同程度的表现，但如果嫉妒心理严重化或发展到极端，甚至做出损人利己的行为就是心理不健康的表现。

（二）对嫉妒心理的调适

1. 化嫉妒心为竞争力

嫉妒心理源于别人在某个方面强于自己而产生的内心不平衡。要打破这种内心的不平衡，一种理性的做法就是化嫉妒心为进取心和前进的动力。别人比你强，你感到心理不平衡时，内心深处是不想别人比你强，那就将其化作动力，依靠自己的聪明才智，通过“堂堂正正做人，扎扎实实做事”来超过对方。这既无损于他人又有益于自己，是一种奋发努力、缩小差距、力求改善现状、开创未来新局面的奋斗精神。

2. 以积极心态看待自己和他人

首先，应看到嫉妒是一种变相的恭维，是以曲折的方式认可自己的成功，所以当被人嫉妒时，不必对嫉妒者愤愤不平。其次，主动与他人交流，尽量帮助他人。受到他人嫉妒时，被嫉妒者往往轻蔑、厌烦、回避对方，其实，不妨主动找对方谈谈心，诚恳地指出对方的优势和自己的不足，用真诚和友善缓解其嫉妒感。同时，乐于助人，诚恳地向对方介

绍自己的成功经验、提供有益的信息乃至一些具体的帮助，这样对方对你会多一份了解并且会对你产生一种感激之情。

3．尊重别人，加强自身修养

之所以受到别人嫉妒，往往是由于你给别人造成了威胁。当然这也一定程度上证明了你的实力和贡献。但是，你若一味无视别人的嫉妒，也会给自己带来一系列麻烦，所以你不必咄咄逼人、凡事都要争个高低，越是有所成就，越要谦虚谨慎。另外，嫉妒心强的人往往都存在一些个性缺陷：目光短浅，气量狭小，以自我为中心，情绪不定，易受到外界影响。所以，产生嫉妒心理的人有必要加强自我修养，重塑自我个性，要把眼界放开一些，正确对待别人做出的成绩，这样，就会为别人的成绩感到欣慰。

4．充实自己的生活

哲学家培根曾说："嫉妒是一种四处游荡的情欲，能享有它的只能是闲人，每一个埋头于自己事业的人，是没有功夫去嫉妒别人的。"如果能够看到自己的长处和优势，增强自信，便不会嫉妒他人。比如，同桌口才好，非常惹人喜爱，在这方面你的确自愧不如，但是你不妨多想想自己的诚实守信，常常赢得同学持久的喜爱和欢迎，这样心理就会平衡。其次，经常发挥自身的优势，提升境界、壮大事业、实现理想。只有结合自身的优势和兴趣，才能不断充实完善自我，成就事业，享有美好人生。

五、猜疑心理及其调适

（一）对猜疑心理的认识

猜疑是由于错误的认知造成的，把在人际交往中出现的问题归咎于他人，常常从负面消极的视角认知人际交往，以猜测为基础，对人际交往多抱有怀疑的态度。猜疑的人往往有自己的一套行事风格，外界的一丝风吹草动，都会引起他的猜测。当他看见迎面而过的同学没有打招呼，就会冥思苦想，这个同学是不是对我有什么意见；当某位异性同学多看他几眼，就会自作多情，她（他）是不是对我有意思啦？

导致猜疑产生的原因主要表现在：① 作茧自缚的封闭思路。猜疑总是从某一假想目标开始，最后又回到假想目标，就像一个圆圈一样越画越粗，越画越大。② 对环境、对他人、对自己缺乏信任。古人说："长相知，不相疑"。反之，"不相知，必定长相疑"。不过，他信的缺乏，往往又与自信的不足相联系。疑神疑鬼的人，看似怀疑别人，实际上也是怀疑自己，至少是信心不足。有的人在某些方面自认为不如别人，就总以为别人在议论自己，看不起自己，算计自己。一个人自信越足，越容易信任别人；反之，就越容易产生猜疑心理。③ 对交往挫折的自我防卫。有些人以前由于轻信别人，在交往中受过骗上过当，蒙受了精神损失和感情挫折，结果万念俱灰，走向另一极端：不再信任任何人，老是猜疑他人的行为与动机。

（二）猜疑心理的调适

猜疑会导致人际交往无法正常进行，因为猜疑者会在人际交往中一味地以自己的方式对待别人，会伤害他人感情，无事生非，同时也会使自己处于不良的心态之中。

1．改变认知思维方式

遇事不要主观臆断，先入为主，而应告诫自己先观察，收集正反两方面信息后再分析、判断，得出结论。另一方面，要善于用事实检验论断，对照事实反思已发生的认知思维过程，并给以矫正。

2．调控不良情绪

猜疑者往往感情用事，一旦怀疑别人时，冲动的情绪就会使他只能看到单方面的信息，强化错误推测。所以，在情绪激动时，不妨转移一下注意力，做一些其他事情，待冷静下来后再进行分析与决断。

3．培养自信心

自信心是对自己实力的认可，也是必胜的信念和立世之本。自信心有助于看到自己的希望并转移对别人的胡乱猜疑。

4．学会识别人

有猜疑心的人常常不信任别人，这种不信任一方面是客观上不了解别人，另一方面是主观上不愿意了解认识别人。所以，主观上要多与周围的同学、教师乃至亲朋好友接触，在交往中学会观察、了解、识别他人，结合间接了解得到的信息，可以得到对他人较为全面客观的评价。长期坚持就会发现我们身边有许多人都是正直、善良的人，并以善的眼光去发现别人善的方面，而不是处处怀疑人家。

六、闭锁心理及其调适

（一）对闭锁心理的认识

闭锁心理是指青少年进入青春期后自觉或不自觉地封闭自己的心理活动，不轻易外露自己的内心世界和情感，甚至把自己与别人隔绝起来的心理现象。性格孤僻的人不愿意向他人敞开心扉，没有与他人交往的内在愿望，也不相信有人能了解自己，难与周围的人沟通往来，从而出现人际交往障碍。

大学生产生闭锁心理的原因是多方面的，既有性格方面的原因，也有挫折经历、环境的影响以及家庭与学校教育方式等方面的原因。生长在和谐融洽的家庭，经常得到父母的关心，接受民主型教育方式的大学生，其闭锁心理少；相反，那种与父母关系紧张，或父母只关心学业而忽略其他方面的发展，或家长管束太严，或放任溺爱的家庭中成长起来的大学生，闭锁心理表现明显。在残缺家庭中长大的学生心理闭锁现象尤其普遍。

大学生中与老师尤其是辅导员老师关系融洽友好，与同学亲密无间，好朋友较多的学生很少表现出闭锁心理；相反，与老师关系紧张、情绪对立，缺少朋友的，其闭锁心理表现显著。学习成绩不理想的学生，其闭锁心理表现也较突出。性格外向、活泼好动的人和兴趣广泛、生活圈子大的人，其闭锁心理表现不明显；相反，性格内向、生活圈狭窄、生活单调的人，其闭锁心理表现普遍较高。

（二）对闭锁心理的调适

闭锁心理作为大学生心理发展过程中存在的一种心理现象，对大学生顺利实现社会化有着消极的影响。因此，克服闭锁心理，对于大学生适应社会有着重要的意义。

1. 优化自身性格

孤僻者往往有性格上的弱点，一般表现为内向、固执、我行我素、喜欢独处等。这些弱点可以通过前面的自信心的训练与培养方式来改变，但最实用的办法是投身到交往实践活动中去体验交往的乐趣，锻炼交往的能力，时间长了自然会有所改善。

2. 摆正自己的位置

只有正确地认识自己，在与人交往时才会感到坦然。健康的交往是建立在双方平等基础之上的，尊重别人同时保持自尊，就可能走出自卑或清高的误区摆脱孤僻和闭锁心理。

3. 综合矫治，因人而异

培养对生活和人生的热爱是改变冷漠孤僻性格的主要方法。要有意识地挖掘生活中美好的事物，发现那些感人的真爱，要求自己尽量以热情的方式待人，逐步放开自己的心灵。正确认识自我是矫正孤僻心理的突破口。孤僻者大多对于自我有不正确的认识，有些人自命不凡，将自己的孤僻视为个性，因而通过自我反省来正确认识自己尤其重要。同时还要多参加一些集体活动，在良好的交往活动中，感受人际温暖，体验人际情谊，产生与他人成为朋友的愿望，这样逐步建立起健康和谐的人际关系。

心理探索三：寝室人际关系

透视大学生宿舍人际关系

寝室人际关系是大学生人际关系中最普遍、最直接、最重要的一种人际关系。有研究表明，大学生一天 24 小时当中，寝室环节占据 5.8 小时（不包括睡眠），寝室成为大学生交往最为频繁，联系最为紧密的重要场合。近几年来，寝室室友间发生争执互殴、动用刀枪甚至下毒或引发精神疾患的案例层出不穷。震惊全国的马加爵案，就是由不良的寝室人际关系而导致的。2005 年，成都某高校在校园网上对近千名大学生进行了一次寝室人际关系的问卷调查，结果显示，60%的大学生认为寝室里有自己最不喜欢的人，33%的大学生认为寝室室友无法相互关心，相处不融洽。

1. 大学寝室人际关系的主要矛盾

寝室里的矛盾主要表现在以下几个方面：

寝室矛盾之一：谁动了我的“奶酪”。有的同学随意吃、拿其他室友的东西。

寝室矛盾之二：都是电话惹的祸。半夜十二点了，还有同学在被窝里甜甜蜜蜜地煲电话粥，而寝室的其他同学却辗转无法入眠。

寝室矛盾之三：凭啥让我多干活。寝室的公共卫生，有的同学从来都不做。

寝室矛盾之四：我就这样。有的同学没有良好的卫生习惯，不洗脚、不洗衣服，寝室里气味难闻，而且往往因此影响了整个寝室的卫生成绩，让其他同学非常气愤。

2．建立良好寝室关系的对策

由于彼此之间生活习惯的不同和相互误解，致使生活在同一寝室中的同学感到很别扭。有的同学被室友孤立感到很苦恼："也不知怎么的，可能是我太不注意的说话方式。我感到大家开始用讥讽的口吻跟我说话；我若无意间说了哪位同学，大家就一起帮着她。我感到很苦闷，觉得回寝室也没什么意思，怕说错话引起更大的麻烦。所以每天很早就起床，背着书包到教室看书，晚上很晚才回去。有时即使看不进去，也不愿意回寝室，就顺着操场逛，一圈一圈又一圈，估计快熄灯了才回去。"而那些生活在对立面的同学也感到难过："我们寝室的一位同学很过分。不过她现在已经被孤立了，但我现在也感到很压抑，因为寝室气氛不好，形成对立的局面。其实，我觉得那位同学也不是一无是处，也很想和她说说话，但大家都不理睬她，我若主动与她好，势必也会造成她那样的结果，不被大家所理睬。"

还有一部分同学，即使没有这种情况，也觉得在寝室不是很开心："我们寝室关系还可以，没有争吵，但大家都很客气，没有什么话好说，觉得挺闷的。"这可能是一些大学生都可能遇到的问题。怎样处理好这类问题，理顺同寝室同学间的关系呢？如果你能掌握以下八点，定能收到良好的效果。

1．与室友统一作息

一个寝室有三四个、五六个，甚至更多的人在一起生活，宜有统一的作息时间。只有大家协调一致、共同遵守，才能减少争执，消除摩擦，维持正常的生活秩序。如果你是"夜猫子"，晚上睡得很迟，待寝室成员都睡了，才洗漱睡觉，这样就容易惊醒其他人，影响了别人休息。久而久之，你就会引起室友们的厌恶。

因此，寝室的全体成员应当尽量统一起居时间，减小作息差距。倘若实在有事，早起或者晚睡的成员也应尽量减少声响和灯光对室友们的影响。

2．不搞"小团体"

在寝室，应当以平等的态度对待每一个人，不要厚此薄彼，和一部分人打得火热，而对另一部分人疏远不理。有些人喜欢与寝室之中的某一个人十分亲近，在平时，老是与同一个人说悄悄话，无论干什么事、进进出出都和某一个人在一起。这样就容易引起寝室其他成员的不悦，认为你是不屑与之交往。结果，你俩的关系也许搞好了，但却疏远了其他人。这就不利于建立和谐的寝室关系，也是得不偿失的。我们不反对建立有深度的友谊，但决不能以牺牲友谊的宽度和广度为代价。所以在寝室里，我们对每个人要尽量保持平衡，尽量和室友们处在不即不离的状态，不搞“小团体”。

3．不触犯室友的隐私

每个人都有自己的秘密，也有足够的好奇心。对于室友的隐私，我们不要想方设法去探求。对方把一个领域化为隐私，对这个领域就有了特殊的敏感，任何试图闯入这个领域的话题都是不受欢迎的。尤为注意的是，未经得室友同意，切不可擅自乱翻其衣物。我们要格外注意这个问题，千万不要随随便便，以为是熟人就忽略了细节。另外，同住一个寝室，有时难免知道室友的某些隐私，我们也要守口如瓶，告诉他人不仅是对室友的不尊重，也是不道德的。以上这几个方面，我们要切实做到，否则触怒室友，发生“干戈之争”也就在所难免。

4．积极参加集体活动

寝室的活动不单纯是一个活动，更是室友之间联络感情的重要形式，应该积极参与配合。千万不要幼稚地把集体活动当作是纯粹的费财费力的无聊之举，表现出一副不屑为伍的样子。其实，那都是感情投资，不可或缺。室友们决定一起去干什么，我们要尊重他们的选择。确实不能参加，可以把自己的想法和意见提出来，不要勉强参与反倒让室友觉得你在应付了事，更不要一口回绝而伤了室友们的兴致。

可以说，集体活动的有无和多少，也从一个侧面反映了这个寝室的团结程度。倘若这样的活动你老是不参加，多多少少显得你不合群了。

5．别人有难要帮，自己有事也要求助

良好的人际关系是以互相帮助为前提的。当室友遇到困难，我们应当主动伸出援助之手，这自不必说。那么，当我们有事时，是否宜向室友求助呢？答案是肯定的。因为有时求助反而能表明你对别人的信任，能够融洽关系，加深感情。比如你有事需请人帮忙，倘你舍室友而远求他人，室友得知后反觉得你不信任他。你不愿求别人，别人以后有事又怎么好意思求你帮忙？其实，求助室友，只要讲究分寸，不使人家为难，都是可以的。

6．不拒绝零食和宴请

室友买点水果，瓜子之类的零食到寝室，分给你时，你就不要推，不要以为吃别人的难为情而拒绝。有时，室友因过生日或其他事请你吃饭，你也应欣然前往。即使没有钱“回请”他，也无关紧要，因为互酬不仅仅体现在物质上，不同于商品经济中的“等价交换”原则，它更体现在心理上。你接受别人的邀请，从某种意义上说，也是给别人面子。倘若不论零食或宴请，你都一概拒绝，时日一久，别人难免会认为你清高傲慢，就对你“敬而远之”了。

7．不逞一时口快

“卧谈会”是寝室的一个重要活动项目。室友们互说见闻，发表意见，本来是件很愉快的事，但也往往因小事而发生争执，“卧谈会”变成了“口舌大战”。

有些人喜欢说别人笑话，讨别人便宜，哪怕玩笑，也不肯以自己的吃亏而告终；有些人喜欢争辩，试图通过说服对方显示自己的能耐，让室友“尊重”自己；有些人害怕被人看不起，就故意在“卧谈会”中唱反调，甚至揭人之短，对他人进行人身攻击。

这种喜欢逞一时口快，在嘴巴上占便宜的人实际上非常愚蠢，给人感觉太好胜，难以合作。你不尊重别人，别人也不会尊重你。你夸夸其谈，想处处表现得比别人聪明，最后也只会引起别人反感，没人说你好。

8．完成该做的杂务

寝室每位成员该做的杂务，不仅仅指做好自己一个人的事，也包括搞好集体的事。有些人在家懒惰成性，所有的事都指望家人打理，住集体寝室难免恶习毕露：开水从来不打，每天喝别人的；衣物不注重整理，乱扔一气；寝室的公共卫生更是不闻不问，扫地、擦门窗等事都指望室友来完成。没有哪一个集体会欢迎一个自私、懒惰和邋遢的人。

因此，你必须尽力搞好属于自己的那份杂务，不要指望别人来“帮助”你，凡事要养成亲力亲为的好习惯。集体的事，要靠集体来完成，你不做，或马虎了事，别人就有理由说你的不是了。以上八点，虽都为日常生活中的小事，倘若我们能够注意，对我们处理好寝室关系能够起到事半功倍的作用。反之，小小“蚁穴”也能够将我们良好寝室关系的“千里之堤”给毁了。

心理训练

心理训练一：测测你的人际关系现状

下面是一组有关人际关系方面的测试题，自我测查后统计得分，根据得分可以了解自己的人际关系现状。

1．在人际关系中，你的信条是（　　）

A．大多数人是友善的，可与之为友。

B．人群中有一半是奸诈的，一半是善良的，你选择与善良者为友。

C．大多数人是奸诈虚伪的，不可与之为友。

2．最近你新交了一些朋友，这是（　　）

A．因为你需要他们。

B．因为他们喜欢你。

C．因为你发现他们很有意思，令人感兴趣。

3．外出旅游时，你总是（　　）

A．很容易交上新朋友。

B．喜欢一个人独处。

C．想交朋友，但又感到很困难。

4. 你已经约定要去看望一位朋友，但因为太累而失约了。在这种情况下，你感到（　）

A．这是无所谓的，对方肯定会谅解你。

B．有些不安，但又总是在自我安慰。

C．你很想了解对方是否对自己有不满的情绪。

5．你结交朋友的时间是（　　）

A．数年之久。

B．不一定，合得来的朋友能长久相处。

C．时间不长，经常更换。

6．一位朋友告诉你一件很有趣的个人私事（　　）

A．尽量为其保密。

B．根本没有考虑过要继续扩大宣传此事。

C．当朋友刚一离去，随即与他人议论此事。

7．当你遇到困难时，你是（　）

A．通常是靠朋友解决的。

B．找自己可信赖的朋友商量此事。

C．不到万不得已决不求人。

8．当朋友遇到困难时，你觉得（　　）

A．他们大多喜欢来找你帮忙。

B．只有那些与你关系密切的朋友才来找你商量

C．一般都不愿意来麻烦你。

9. 你交朋友的一般途径是（　）

A．经朋友介绍。

B．在各种社交场合。

C．必须经过相当长的时间，并且还相当困难。

10．你认为选择朋友的最重要的品质是（　）

A．具有能吸引我的才华。

B．可以信赖。

C．对方对你感兴趣。

11．你给人们的印象是（　　）

A．经常会引人发笑。

B．经常在引发人们去思考。

C．和你相处时别人会感到舒服。

12．在晚会上，如果有人提议让你表演或唱歌时（ ）

A．婉言拒绝。

B．欣然接受。

C．直截了当地拒绝。

13．对于朋友的优点，你喜欢（ ）

A．诚心诚意地当面赞扬他的优点。

B．会诚实地对他提出批评意见。

C．既不奉承，也不批评。

14．你所结交的朋友是（ ）

A．只能是那些与我的利益密切相关的人。

B．通常能和别人相处。

C．有时愿与同趣味相投的人和睦相处。

15．如果朋友们和你开玩笑或恶作剧，你总是（ ）

A．和大家一起笑。

B．很生气并有所表示。

C．有时高兴，有时生气，依自己当时的情绪和情况而定。

16．当别人依赖你的时候，你是这样想的（ ）

A．你不在乎，但却喜欢独立于朋友之中。

B．这很好，你喜欢别人依赖你。

C．要小心点，你愿意保持冷静，清醒的态度。

计分与评价方法：

题目	A	B	C	题目	A	B	C
1	3	2	1	9	2	3	1
2	1	2	3	10	3	2	1
3	3	2	1	11	2	1	3
4	1	3	2	12	2	3	1
5	3	2	1	13	3	1	2
6	2	3	1	14	1	3	2
7	1	3	3	15	3	1	2
8	3	2	1	16	2	3	1

38～48 分：人际关系很融洽。受人欢迎和爱戴。

28～37 分：人际关系很不稳定。交往范围不广，如想受人欢迎还需要积极努力。

16～27 分：人际关系很不融洽，交往范围太小，应改变以往的交往方式，如想扩大范围需做很大努力。

要求：统计所得分数；定性说明人际关系现状；并提出进一步建立和谐人际关系氛围、拓展人际关系空间的具体措施。

心理训练二：同理心的表达

1. 角色表演

情境一：

李群的笔记本被林立拿去，也没有说一声，李群非常生气。

苏田说：一本笔记本没有什么关系，有什么好生气的呀！

吴江说：你觉得生气，因为他拿了你的笔记，而他也没有跟你说一句，太过分了。

情境二：

刘江水要从永康搬到杭州去了，非常伤心，因为他要离开所有的朋友。

郭子波说：江水呀，人又没有死掉，走就走吧，有什么好哭呀？

诸葛瑗说：你很伤心，因为你要搬家了，从此后我们很难见面了。

2. 同理心的表达方法

意义：传达自己对对方的感受与体会的了解。也就是说，以自己的词汇与方式使对方知道自己已经了解他所表示出来的感受与体验。

公式：因为……后面要接着指出构成对方感觉的经验与行为。

3. 实战演练

请同学们用同理心的知识练习生活中的理解他人的话语，每个同学准备三句，然后请同学与大家分享，同学们评议。

（1）____。

（2）____。

（3）____。

项目八 学会学习 激发潜能

——大学生学习状态的提升

【故事悦读】

鱼王的儿子

有个渔人有着一流的捕鱼技术，被人们尊称为“渔王”。然而“渔王”年老的时候非常苦恼，因为他的三个儿子的渔技都很平庸。

于是他经常向人诉说心中的苦恼：“我真不明白，我捕鱼的技术这么好，我的儿子们为什么这么差？我从他们懂事起就传授捕鱼技术给他们，从最基本的东西教起，告诉他们怎样织网最容易捕捉到鱼，怎样划船最不会惊动鱼，怎样下网最容易请鱼入瓮。他们长大了，我又教他们怎样识潮汐，辨鱼汛……凡是我长年辛辛苦苦总结出来的经验，我都毫无保留地传授给了他们，可他们的捕鱼技术竟然赶不上技术比我差的渔民的儿子！”

一位路人听了他的诉说后，问：“你一直手把手地教他们吗？”

“是的，为了让他们得到一流的捕鱼技术，我教得很仔细很耐心。”

“他们一直跟随着你吗？”

“是的，为了让他们少走弯路，我一直让他们跟着我学。”

路人说：“这样说来，你的错误就很明显了。你只传授给了他们技术，却没传授给他们教训，对于才能来说，没有教训与没有经验一样，都不能使人成大器！”

河边的苹果

有一位老和尚，他身边聚拢着一帮虔诚的弟子。这一天，他嘱咐弟子每人去南山打一担柴回来。弟子们匆匆行至离山不远的河边，人人目瞪口呆。只见洪水从山上奔泻而下，无论如何也休想渡河打柴了。无功而返，弟子们都有些垂头丧气。唯独一个小和尚与师傅坦然相对。师傅问其故，小和尚从怀中掏出一个苹果，递给师傅说，“过不了河，打不了柴，见河边有棵苹果树，我就顺手把树上唯一的一个苹果摘来了。”后来，这位小和尚成了师傅的衣钵传人。

世上有走不完的路，也有过不了的河。过不了的河掉头而回，也是一种智慧。但真正的智慧还要在河边做一件事情：放飞思想的风筝，摘下一个“苹果”。历览古今，抱定这样一种生活信念的人，最终都实现了人生的突围和超越。

热身运动

活动背景：播放一段背景音乐（音乐时间 13 分钟）

活动流程：每位同学都要参与，从扮演螳螂（最低等级的动物）开始，并做相应的动作；在队伍中找到扮演同等级动物的同学，进行石头、剪子、布。胜利者进化到上一级，失败者倒退一级（螳螂为最低级，进化到人类就退出活动）。进化顺序：螳螂—小鸟—猴子—人。音乐结束，活动结束。

头脑风暴

（1）从高中进入大学之后，学习方式和学习目标都发生了很大的变化，请分析高中和大学的学习方式和学习目标的差异有哪些？针对这些差异，作为大学生应当怎样有效地开展学习活动？

（2）刚进大学的学生，很容易没有目标，容易产生颓废消极的心态，例如：对专业不感兴趣，厌学思想浓厚；脱离了高中相对严格的管束，人变的受拘束少，自我控制能力差，迷恋网络游戏，逃避现实，一进大学就不理智地谈情说爱；心不在焉地想混日子。对于出现这些情况的同学，你有什么建议？

心理探索

什么是学习？学习是如何进行的？这些关于学习的理论，也许大家知道的并不是很多。理解学习的概念和相关理论，有助于大家对其本质、特点、规律有一个全面而系统的把握，从而指导大家科学地进行学习。

心理探索一：学习的含义

学习一词，我国古代文献中早就有之，孔子说："学而时习之，不亦说乎？"又说"学而不思则罔，思而不学则殆。"古代儒家的学习观点，在一定程度上揭示了学习与练习、学习与情感、学习与思维的关系。

长期以来，许多心理学家、教育学家和哲学家从不同的观点角度提出了学习的定义：桑代克说："人类的学习就是人类本性和行为的改变，本性的改变只有在行为的变化上表现出来。"(1931)；加涅说："学习是人类倾向或才能的一种变化，这种变化要持续一段时间，而且不能把这种变化简单地归之为成长过程"(1977)；希尔加德说："学习是指一个主体在某个现实情境中的重复经验引起的，对那个情景的行为或行为潜能变化。不过，这种行为的变化不能根据主体的先天反应倾向、成熟或暂时的状态（如疲劳、醉酒、内趋力）来解释的”(1987)。联合国教科文组织在 1987 年所作的《学习，财富蕴藏其中》报告中指出：学习是指个体终身发展终身教育的理念。”

对于学习的定义，仁者见仁智者见智。一般认为，学习的含义有广义和狭义之分。广义的学习是指：人或者动物在一定的情境中为获得经验而产生的行为或行为潜能的比较持久的变化过程。狭义的学习，是特指人类的学习。人的学习是指在社会生活的实践中，自觉地、能动地以个体经验的形式掌握社会经验的过程。所以人类的学习过程，就是掌握社会经验的过程。人类的学习是掌握社会经验的活动。简单来说，学习是由掌握社会经验所引起的主体行为和行为潜能的持久改变。

心理探索二：有关学习的理论

关于学习的心理学理论有许多，影响较大的有联结理论、认知理论和人本主义理论。这些理论都对学习做了较深入的探讨，在教育界有一定的影响，但限于篇幅，这里只能对它们做一下非常简要概括的介绍。

学习的联结理论是本世纪初由桑代克首先提出来的，后经行为主义心理学家华生（J. B. Watson)、赫尔（C. L. Hull)、斯金纲等人的进一步发展，从而成为一个较为完整且影响较大的学习理论。这一理论是用刺激与反映的联结即条件反射来解释学习过程的。它解释了学习发生的原因以及影响学习的主要因素。

学习的认知理论以格式塔的顿悟学说、托尔曼（E. C. Tolman）的认知论、布鲁纳（J. S. Bruner）的学习理论等为代表。

格式塔强调在整体环境中研究学习，同时还强调知觉经验组织的作用。他认为，学习是知觉的重新组织，这种知觉经验变化的过程不是渐进的尝试与错误的过程，而是突然领悟的。

托尔曼关于学习的理论受格式塔理论的影响。他认为外在强化并不是学习产生的必要因素，不强化也会出现学习。另外，他还强调内在强化的作用。在学习过程中存在着尝试与错误的过程，在多次尝试中，有的预期被证实，有的则未被证实，预期的证实是一种强化，这就是内在强化，即由学习活动本身所带来的强化。

布鲁纳是美国当代著名认知学家。他认为，学习是认知结构的组织与重新组织。他强调学生的发现学习，认为学习是积极主动的过程。他也非常重视内在动机与内在强化的作用。

人本主义心理学兴起于 20 世纪五六十年代之交的美国，主要代表人物是马斯洛与罗杰斯（C. R. Rogers)。前面我们已提到过马斯洛的需求层次理论，人本主义学习观的代表人物则是罗杰斯。罗杰斯的学习理论可以概括为以下几点：① 学习是有意义的心理过程，是不机械的刺激和反应联结的总和。② 学习是学习者内在潜能的发挥。人类的学习是一种自发的、有目的、有选择的学习过程。教学任务就是创设一种有利于学生学习潜能发挥的情境，使学生的潜能得以充分地发挥。③ 从学习的内容上讲，罗杰斯认为应该学习对学习者有用的、有价值的经验。④ 最有用的学习是学会如何进行学习，罗杰斯特别强调对学习方法的学习和掌握，强调在学习过程中获得知识和经验。

心理探索三：大学学习的特点

大学生作为一个特殊的群体，大学生的学习就是一种特殊形式的学习。它包括：知识和技能的获得与形成；智力和能力的发展与培养；思想认识、道德品质和行为习惯的培养与提高。大学生的学习是在特定的条件下进行的有组织、有计划、有目的的活动。与一般人的学习相比，大学生的学习有其自身的特点。

扫一扫

我的大学学习生活

一、既定的学习内容

大学生的学习有着一般人学习的共性，也是为了掌握人类历史积累下来的社会经验，但一般人的学习内容往往是根据个人的需要、兴趣和特长自行选定，带有任意性。大学生的学习却是根据社会的需要、学生的成长规律和各科知识的体系，由国家统一制订教学计划，按计划组织实施。学习内容的规定反映了国家、社会对人才的基本要求和学生学习的目的性。

二、集中的学习时间

大学生学习主要是在校学习，时间相对比较集中，有教师指导，以系统掌握知识和经验为主。这样就保证了学生学习有计划、有科学的组织、有严密的程序。

三、可控的学习过程

与一般人的学习不同，大学生的学习过程受着既定学习目标的控制，受着教师指导的制约，并在很大程度上由教师教授的程序所决定。当然，大学生学习过程本身的这种受控性并不是无限度的。因为要科学地控制学习过程，必然要遵循学生学习的规律，考虑到学生的身心发展特点，否则，便不会收到好的效果。

四、战略性的学习目标

学生的学习是具有战略意义的。他不仅要满足当前社会生活时间的直接需要，走向社会，服务社会；还要为未来参与社会生活实践作准备。当前大学培养的是新兴的人才，要适应社会发展和世界竞争的要求。

五、能动的学习主体

大学生作为能动的学习者，不仅具有受动性、受控性，而且还具有主动性与自控性。一个有理想、有民族自尊心、有社会责任感的学生，他的需要，特别是他的优势需要是高尚的。高尚的需要又会在学习的过程中引发高境界的学习动机，在高境界的学习动机驱使下，学生就会下苦功主动积极地学习，充分发挥主观能动性，并能在学习的反馈系统中自我调节，调整自己的学习目标，以达到学习的最佳效果。

心理探索四：学习动机

扫一扫

学习动机

对大学生而言，学习不再成为外界加附的任务，而是自我发展的凭借，学习动机在学习中发挥着重要作用。每个人学习行为的产生都受着各种各样的动机驱使，学习动机是推动个体学习的动因。学习动机就是个体学习观的具体表现，每个个体的表现都不尽相同，也许是为了满足好奇心或兴趣而学习，也许是为了满足求知欲而学习，也许是为了将来的职业和生活，当然也有可能是为了当下取得高分好成绩、评优秀、得荣誉而学习，还有些是为了获父母的称赞、老师的表扬而学习……

学习动机对学习的影响主要表现在以下三个方面：

第一，学习动机决定着学习方向，学习动机是以学习目标为出发点的，它是推动学生为达到一定的学习目标而努力学习的动力。没有明确的学习目标的学生自然不会产生动机力量，因此，学生动机首先要求学生懂得为什么学，朝着什么方向努力。

第二，学习动机决定着学习过程，学生是否能持之以恒，差异在学习动机。美国心理学家阿特金森于 1980 年进行了有关动机的研究，得出了“完成某项学习任务所需要的时间与对这项任务的动机水平为正相关”的结论。

第三，学习动机影响着学习效果。沃尔伯特研究了动机水平与学习成就的关系后，得出了“学习动机越强烈的被试，其学习成绩越好，其正相关达 98%”的结论。

一、学习动机的分类

根据行为动力的来源，个体的学习动机可以分为内部动机和外部动机。内部动机是指主要由内部心理需要转化而来的动机。如信仰、好奇心、求知欲、兴趣、自尊心、好胜心、责任感等，也称为内在驱动力。外部动机指主要由外部条件激发而来的动机。如学习竞赛、老师的表扬、父母的奖罚等，也称为外在诱因。

（一）内部动机

内部动机是指个体在自身主体意识的支配下，为获取知识、增长才能而进行学习活动的能动力量。它主要包括求知欲、焦虑、自我效能感等。

求知欲是个体追求知识的需要，是学习动机的基础。求知欲来源于对知识的好奇心，来源于个体在认知过程中发生的认知冲突，也来源于在学习过程中感受到的知识魅力和愉快的情绪体验。当然，教师高水平的教学，学生独立钻研精神的培养也是发展求知欲的必要条件。

焦虑主要通过对刺激的情绪反应而对学习起强化或弱化的作用。当某一刺激对自尊产生威胁，而个体自感没能力应付时，焦虑就产生了。焦虑水平高的人与焦虑水平低的人相比，前者具有更高的内驱力水平。

自我效能感是个体对自己的学习能力和学习行为影响学业成绩所持有的有效或无效的主观体验。它由个人能力效能感和学习行为效能感组成。个体也许自信有足够能力完成学习任务，或常常怀疑自己是否具有达到一定学习目标的能力。这就是个人能力效能感的体现。另外，个体采取的学习行为，有的可能有效地促成学习目标的完成，有的可能无助于学习目标的实现，所以你会在学习成败结果尚未出现之前，对相关行为因素对学习成绩的影响产生期待。例如：自己的努力与学业成绩有多大的关系，教师对自己的学习成绩起什么作用，家庭对自己的学业成绩有什么影响等，这就是学习行为效能感的体现。

（二）外部动机

外部动机是指来源于你的外部，对你的学习起到刺激、强化作用的因素，包括奖惩、竞争、期望等。

奖惩包括奖励和惩罚。前者是指用愉快的事件（或刺激）鼓励和激发个体正当行为的发生；后者是与前者相对的概念，是指用不愉快的事件和刺激抑制或消除个体不恰当行为的发生。行为主义心理学家斯金纳就主张通过奖惩对学生行为进行强化。但在实际操作过程中，奖惩制度也要运用得当，否则，反而会削弱学生的学习动机。

竞争是指个体（或群体）为了自己的正当利益、需求和需要，同他人（或其他群体）争胜的行为特征和心理倾向。竞争包括同伴之间的竞争和同龄人、整个社会的竞争。同伴之间的竞争给学生带来了心理压力，对学生的自尊、荣誉构成威胁，因此是强化学习动机的一种有效手段，但也不能滥用。同龄人、社会竞争，主要是指社会因素（如升学、就业、知识人才的待遇等）对学生学习动机带来的影响。

期望是教师和家长对学生取得好成绩的一种预期的希望。心理学和教育学都非常重视期望对学生学习所产生的影响，教师和家长若能恰如其分地表达自己对孩子或学生的期望，就有可能给他们的学习带来动力，对学生的学习起推动和促进作用。但期望值不能太高或太低，心理学家认为，恰当的期望值应与学生的抱负水平相当。

二、影响学习动机的因素

个体的学习动机是受到多方面因素的影响的，主要可分为外部因素和内部因素。

（一）外部因素

影响个体的学习动机的外部因素主要有社会因素、家庭因素和学校因素。

1．社会因素

社会因素对大学生学习动机的影响具有两重性。积极的方面，就是新技术革命对未来人才的挑战，以及市场经济、毕业生就业制度改革对个人素质的挑战。因此这就要求大学生要抛弃“60 分万岁”的观念，在注重基础知识的学习、扩大知识面的同时，还要努力通过各种方式培养和锻炼各种能力，以适应未来社会对人才素质的要求。消极的方面，如社会上的利己主义、拜金主义的沉渣泛起也有可能使大学生在价值取向上产生失落和彷徨，荒废学业，随波逐流。

2．家庭因素

家庭因素对学习动机的影响也有正负大小之分。据调查，有的家长对孩子期望值较高，为子女的成长费尽心血，使不少学生觉得不努力学习就对不起养育自己的父母，但学生如果只把学习动力局限于报答父母的养育之恩或光宗耀祖上，那么这种动力是很有限的。有的家庭经济条件比较好，对子女的物质需求百依百顺，使一些学生心安理得地接受父母所提供的条件，不思进取，胸无大志。

还有的父母由于手中握有一定的权力，在生活中再不能以正确的言行感染或教育学生的话，就很有可能对学生产生不良影响。比如“学好数理化，不如有个好爸爸”，因此使得学生玩世不恭、碌碌无为。所以，当代大学生一定要以正确的态度对待家庭的影响，从中吸取有利于自己的积极因素，努力排除消极因素，保持旺盛的学习动力。

3．学校因素

随着高等教育体制改革的深入，上学缴费制度全面实施以后，有些大学生对为什么上大学认识不清。实施缴费制度前，大学生对“上大学是国家和人民对自己的培养”有比较深刻的感受，因此比较容易激发社会责任感。如今，缴费上学很容易助长学生看重个人利益的思想，认为学习好坏是个人的事情，对社会的需求则考虑得较少。

另外，学校教学也是影响学生学习动机的一个非常重要的因素，不少学生在分析自己学习动力不足的原因时，认为教学内容陈旧、教学水平不高、教学方式呆板，影响了自己学习的积极性。对此，一方面，学校应加快教学改革的步伐，努力提高教学水平和教学质量；另一方面，作为大学生也应积极参与教学改革，变被动学习为主动学习，实现由依赖老师向自主学习的转变。

影响学生学习动机的还有教师的素质，如果一个学校教师思想进步、品德高尚、学识渊博，有为事业献身的精神，就会对学生的学习产生潜移默化的影响；反之，如果教师教风不正、治学不严、学识浅薄，缺乏敬业精神，就会对学生的学习产生不可低估的负面影响。除了上述因素之外，学校管理方式、人际关系的和谐与否等，也是影响学生学习动机的外在因素。

（二）内部因素

学生是学习活动的主体，因此影响学生学习动机的内在因素主要还在于自身，尤其是学生需要及其层次。

需要是人的一种缺失状态。如果主体产生缺失，必然会产生获得某种客体的冲动，从而使这种缺失获得满足。在一种需要满足之后，主体就可能产生更高层次的需要，因此，由需要引发的动机也有了不同的层次，越是与主体当前的缺失程度相适应的需要，所引起的动机越是强烈。

需要激发动机，动机导向目标，引发行为，从而实现目标。而人的需要是多层次的，有高层次的需要也有低层次的需要，其中，对当前行为具有更大支配力量的是优势需要。如果一个学生渴望成才，愿意为社会贡献力量，必然会产生高尚的学习动机。反之，如果一个学生把个人的生活和物质条件看得很重，强调个人利益而忽视社会需要，则必然会产生狭隘的学习动机。

三、学习动机的激励

心理学研究证明：人的动机可以被引导和改变，甚至可以人为地帮助形成，因此研究学习动机的激励机制，探索培养和激励学习动机的有效途径和方法，具有十分重要的意义。

（一）确立学习目标以激发学习动机

动机是在需要的基础上产生的，但并不是任何需要都能成为动机。只有需要指向一个目标，而且展现出实现目标的可能性时，才能唤起个体的需要，形成动机，才能对个体行为有推动力。从我国的教育现状来看，高中生进入大学以后，有一部分学生进一步学习的目的不明确、不具体，因而在客观上影响了学习的动机和效果；甚至有少数学生因学习不能到达学校的要求而被迫退学；还有一部分学生受到一些不良社会风气的影响，比较注重个人的眼前利益，在学习上急功近利，忽视学习的社会价值和对个人的长远价值。

因此，为了激发和培养学习动机，学生必须明确学习目的，树立近期和远期的学习目标，要经常问问自己“为什么上大学”、“怎样度过大学生涯”等问题，要激发和培养自己学习的社会责任感，要认识到学习不仅是个人的事情，而且还关系到家庭、社会，要把学习从社会外部需要转变成个体内部需要，形成强大、持久的学习动力系统。

（二）培养学习兴趣以增强学习动机

孔子早在两千多年前就有“知之者不如好之者”的说法；陶行知先生也曾说过：“学生有了兴味，就肯用全部精神去做事，学与乐不可分”。学习兴趣是大学生学习动力中最活跃、最现实的成分，培养学习兴趣是激发学习动机的一条重要途径。

大学生的学习兴趣是以自己的专业兴趣为中心的。对于大学生来说，专业方向已经确定，为搞好未来的专业打好基础是每个人的愿望。因此，充分认识大学学习与今后工作的密切联系，认识本学科在国家建设中的地位和作用，培养对自己所学专业的兴趣，对增强学习动机很重要。

（三）配合学校管理以强化学习动机

“没有规矩，不能成方圆”，学校管理是一种教育，而不是学生头上的紧箍咒。有效的管理，通过正确的管理思想、切合实际的管理内容、卓有成效的管理方法，对学生的学习动机的形成将起导向作用，对学生学习动机的程度和稳定具有强化作用。

近年来，在我国高校的学生管理工作中，通过引入竞争机制，激励学生不断提高自身素质以适应竞争的需要，这对激励和强化大学生的学习动机起到十分明显的作用。例如，在大学生毕业、就业制度方面，全面实行了双向选择；实行外语、计算机水平的国家统一考试；加大了奖学金评定、升本和自考的工作力度，鼓励学生展开公平竞争。这些管理措施消除了部分学生中存在的“进入大学就进了保险箱”的心理，使学生自觉提高自身能力和素质的愿望及学习动机有了明显的增强。

另外，运用学习成果评价的反馈作用，应用奖励和惩罚的管理手段开展养成教育，对大学生的学习活动提出一些具体的要求和建议，使学生养成良好的学习习惯，也是强化大学生学习动机的有效方法。因此，大学生应当认识到学校管理对自己成长的意义，自觉接受和配合学校管理，把外在的要求内化为自己自觉的行为，才能更好地成才。

心理探索五：学习方法

一、广泛阅读书籍

（一）专业书籍

进入大学，有的学生就读的是自己喜欢或者擅长的专业，有的学生则是出于工作或经济上的因素而选择了自己不太擅长的或不太喜欢的专业。对于任何大学生来说，既然选择了这门专业，掌握精深的专业知识是首要的任务。

扫一扫

图书馆

每一个大学生都应该充分利用课余时间阅读专业书籍，结合老师课堂所讲授的知识，通过思考、思辨，从而达到深化和升华的效果。而就调查情况来看，经常利用课余时间阅读专业书籍的学生只有35%，偶尔阅读的学生占 46%，基本不去或根本没有阅读过的学生占了将近 20%的比例。很难想象仅凭课堂上老师所教授的知识，学生如何能在毕业以后迅速地适应社会的需要，成为一个真正的专业人才。

曾经有一位公司的总经理颇有感慨地说："招聘大学毕业生，与其招专业对口的，不如招一个综合素质好的大学生，不管其专业是否对口。"这位老总解释说，根据他的用人经验，刚从大学毕业的学生们专业知识非常浅薄，专业经验相当缺乏。有的大学生学了专业，居然连本专业的一些器具都没有见过。招进公司后，什么都要从头教起。与其这样，还不如找一个素质好的学生，反正都是要教。这位老总的话虽说有颇多戏谑的成分，却也形象地反映了目前大学生专业知识、专业水平、专业能力差强人意的地方。因此，专业书籍的阅读、专业知识的深化不容忽视，这是大学生今后走上工作岗位的基石。

（二）人文书籍

21 世纪的教育是素质教育，21 世纪的人才是素质人才，既又博又专的人才。大学生不仅要拥有精深的专业知识，还应利用闲暇时间广泛阅读人文类书籍，如政治、哲学、法律、地理、历史等方面的知识。"历史能使人明志，哲学能使人高深，地理能使人豁达……"。书是人类进步的阶梯，畅游于其中，必能陶冶情操。

二、培养科学的记忆方法

记忆是学习的基础，是掌握知识的先决条件。作为以学习前人的间接知识为主的大学生，更应了解有关记忆的知识，学习使用科学的记忆方法，以达到牢固掌握所学知识的目的，为进一步应用这些知识打下良好的基础。

记忆是通过识记、保持、再现（再认、回忆）等方式，在人们的头脑中积累和保存个体经验的心理过程。记忆使人们感知过的事物、体验过的情绪或从事过的活动保存在人们的头脑中，并在一定条件下被回忆起来。记忆与学习密不可分。人们学习的过程实际上就是获得经验和积累经验的过程，而在这个过程中，记忆作为保存这些经验的重要手段之一，对学习起着十分重要的作用。可以说，记忆过程中的识记、保持与再现，实际上就是学习的不同阶段或不同方面。在学习的过程中可以利用下面一些方法增强自己的记忆。

1．兴趣记忆和情感记忆

兴趣记忆是建立在无意识记忆这一规律上的。兴趣记忆是实现没有规定的目标或目的，没有经过特殊努力的识记。它有很大的选择性，与个体的需要、兴趣、爱好、价值观有很大的关系，凡是能激起个体兴趣的事物往往识记效果更好。因为兴趣、爱好、需要是人的一切心理活动赖以发生的基础。兴趣记忆能在学习中不断激发个人的求知欲和学习需要，增加记忆效果。这种求知欲能促进对学习活动和学习资料的直接兴趣，是推动有效学习的内在动力。孔子曰："知之者不如好之者"，就是这个道理。同样，情感记忆也是如此。有的人可能会对自己的初恋记得非常清楚，一幕一幕历历在目，仿佛就是昨天才发生的事情，这就是因为投入了大量的情感于其中。而对于一个人怀有深厚的感情时，也往往不容易忘记其人的音容笑貌。

2．理解记忆

理解记忆是指学习中，通过对事物的理解，根据其内在的、本质的联系和规律进行识记。在教学中，许多教师往往充分利用插图、实物、电视、多媒体、幻灯、案例和社会实践活动等直观教学的方式和生动的语言描述来提高学生的记忆效果，或是教学生运用对比联系、类比联想、接近联想等方法强化理解记忆的效果。事实证明，经过积极思考达到深刻理解的事物比较容易记住并效果持久。

3．回忆记忆

回忆记忆是指根据一定的条件把以前所记忆的事物重现出来。回忆记忆可分为直接回忆和间接回忆两种。直接回忆是当前事物引起过去经验的再现，如学生对十分熟悉的英语单词可直接回忆起来。间接回忆是通过中介联想才能达到的旧经验的再现，是一种有步骤地解决问题的思维活动，这种回忆也叫追忆。总之，个体可以经常将所识记内容按某一顺序重述，或有选择地复述。当然，这种复述不是机械地重复，容许用自己的话来表达记忆的信息。同时，在不改变自有记忆的前提下，回忆可以适当精炼和概括。

4．遗忘记忆

记忆的保持与遗忘是一对矛盾关系，两者既对立又统一，有效地利用遗忘的特点，可以保证记忆培养。

遗忘不仅受时间因素影响，还受许多其他因素的影响。识记材料的性质与数量、学习的程度、识记材料的系列位置以及识记者的态度等都影响遗忘的进程，其中，以识记材料的系列位置对遗忘的影响最大。实验研究表明，对于回忆的正确率来说，最后呈现的材料遗忘最少，其次是最先呈现的材料，遗忘最多的是中间部分，这种现象被称为系列位置效应。

这一效应受前摄抑制和倒摄抑制的影响。前摄抑制是指先学习的材料对识记和回忆后学习的材料的干扰作用，它随先前学习材料数量的增加而增加，也随保持时间的增加而增加。倒摄抑制则是后学习的材料对保持和回忆先学习的材料的干扰作用，它受前后两种学习材料的类似程度、难度、时间安排以及识记的巩固程度等条件的影响。

根据遗忘的规律，可以采用以下对策来提高记忆的效果。① 学习之后立即进行复习、记忆，并且以后还要再复习几次，但复习的时间间隔可以逐渐增加。② 进行适当的过度学习，以加强对所遗忘材料的记忆。③ 根据学习材料的性质安排适量的学习时间，同时要使前后两段时间中学习的材料尽量不一样，以避免它们之间的相互干扰。④ 对学习始终保持浓厚的兴趣，这也可以提高记忆的效果，避免过多的遗忘。另外，还可以利用外部记忆手段，如记笔记、编提纲等保持记忆的内容。同时还要注意用脑卫生，这对增强记忆力也是有益的。

作为学生的学习，在许多情况下是以所能回忆起来的学习材料的数量作为衡量学习效果的标准，特别是在考试中，回忆效果的好坏直接影响考试成绩的高低。影响回忆的因素与条件主要包括联想、定势与兴趣、双重提取以及干扰。我们可以采取与上述因素相应的方法与策略来提高回忆的效果。

（1）利用联想帮助回忆。时间、空间接近的事物、事物间相反或相似的特征以及因果关系都能引起联想。同时，个人的定势与兴趣也影响联想，从而影响回忆的方向与效果。

（2）采用双重提取帮助回忆，即借助表象和词语的双重线索，提高回忆的完整性与准确性。

（3）学会排除干扰。当我们感觉话在嘴边却说不出来，就是回忆过程中发生了提取困难。在考场上常会出现这种情况，让人非常焦急，却又束手无策。克服这种现象的简便方法是当时停止回忆，过一段时间再进行回忆。

心理探索六：几种有效的学习方法

为了帮助大家更好地学习，这里介绍几种行之有效的方法，这些方法都是根据心理学原理得出并在实践中被证明确实有一定作用的。但有一点要特别指出的是，由于人与人之间存在着个体差异，一种方法可能适合一个人，而不适用于另一个人。同学们可以根据自己的特点选定一种或几种学习方法，或者根据自己的特点对学习方法做一些修改，以便使之更适合自己。

一、整体学习法与部分学习法

整体学习法是指将学习材料作为一个整体来学习。学习过程中，将材料从头至尾反复学习，以获得对材料的总体印象和了解，并进而了解一些较为具体的内容。

部分学习法是指将学习材料分成几个部分或几个具体的概念，每次集中学习其中一部分或一个具体概念。对每个具体的部分或概念要根据其难易程度的不同，具体安排学习时间或次数。

这两种方法使用起来各有利弊。整体学习法使人较易把握学习材料的全貌，但对具体的材料内容就可能掌握不好；而部分学习法则能使学习者较好地掌握每一个具体部分，但却难以对材料形成一个总体印象，从而使具体学习的各部分内容不能很好地融会贯通起来。要使这两种方法最好地发挥作用，可以将二者结合起来使用，采取整体——部分——整体的方法。具体做法是，首先，采用整体学习法，对所学材料有一个大概的了解，在头脑中形成一个较为清晰的轮廓。其次，采用部分学习法，对学习材料实行“各个击破”，并重点学习那些较难或较重要的问题。最后，再采用整体法，将已仔细学习过的材料作为一个整体重新复习一遍，让各部分的具体内容前后联系起来，在头脑中形成一个更为清晰全面的印象。

实践证明，二者相互结合的方法比分别采用某一种方法更有效。

二、集中学习法与分散学习法

集中学习法是指较长时间地进行学习活动，而学习的次数相对少一些。一次学习时间的长短则取决于所学习的材料的性质等。一般来讲，比较复杂难懂的材料，用集中法较为合适，这样可以保证学习者在一定时间内集中注意力，有利于理解并掌握那些抽象难懂的材料。但集中学习的时间不宜过长，否则容易引起学习者的疲劳，使学习效率下降。至于多长时间为宜，要视个人的体力与脑力情况而定。

分散学习法与集中法不同，它是指将学习时间分成几个阶段，每学习一段时间就稍事休息。实验证明，假如分散学习的时间不是太短，这种方法是较为有效的。至于每次分散学习的时间多久为宜，也要视学习材料的性质以及个人的具体情况而定。

三、过度学习

所谓过度学习是指对知识达到勉强可以回忆的地步后，继续进行学习。也就是说，在对知识技能全部学会以后再继续学习一段时间，以达到巩固学习成果的目的。

美国心理学家克鲁格（W. C. F. Krueger，1929）曾做过一项实验，他让被试者记一组序列词汇。第一组学习到全部能回答时就停止学习，第二组则继续进行50%的过度学习，第三组则进行100%的过度学习。

实验表明，第二组的记忆保持率最高，而第三组的记忆效果则有下降的趋势。也就是说，适宜的过度学习对学习效果有很大的帮助，但其不宜过量，否则也将影响学习的效果。

四、迁移学习

迁移是指一种知识技能对学习另一种知识技能的影响。相应地，迁移学习就是指先前的学习或训练内容对后来的类似学习或训练内容的影响。

在迁移学习中，也有正迁移与负迁移之分。在应用迁移学习的方法时，要尽可能地促进正迁移，而避开负迁移。

为了获得迁移学习的成功，在平时的学习中就要注意掌握最基础的知识，这样就可以形成基础知识对一些具体知识与应用的正迁移。另外，还要注意将新的学习材料与原有知识按由“近”至“远”的顺序安排，也就是说，使新的学习材料先尽可能接近原有的知识，然后逐渐扩展到新知识的范围，这样有助于形成正迁移。

心理探索七：学习技能

大学阶段的学习不同于中学时期的学习。在大学里，老师的指导与督促明显少于中学时期，在许多时间里以自学为主。因而，如何学习便成为大学生首先要学习的一课。大学学习的情况会直接影响到学生走上社会后的成就，是个人成长和发展的最重要的基础。

据美国《未来》杂志推测，当今的科技水平不过是2050年的1%。科学的研究表明，在现代社会里，一个人的知识只有10%是靠正规学校教育给予的，90%是在以后工作实践和学习中获得的；也就是说，一个大学生毕业后还有很多知识靠自己去学习、去掌握。如果没有学习能力，显然无法适应时代的发展。

一、培养观察能力

一个学生去应聘一家外企，几位主考官手中各拿一份报纸，报纸的名字各不相同。学生走进去很有礼貌地说了声："How are you？"但是几位主考官都没有理他，而是继续看报纸。学生不知道该说什么好，只好坐在那里低头不语。5分钟之后，几位主考官终于抬起了头，将报纸折好放进抽屉里，开始面试，岂料第一个问题就是："你能说出我们几位刚才看的报纸的名字吗？"这下这位学生傻了，因为他只顾着想自己的事情，根本没有注意主考官手中的报纸。这场面试以失败告终。

扫一扫

测一测你的观察力

（一）培养客观的观察行为

任何事物都有其多面性，事物的存在也不是单一的，而是与其他事物紧密相联的；事物也不是静止的，而是发展变化的。了解事物的特性，在观察事物时就应该本着客观公正的原则观察事物。正所谓"横看成岭侧成峰，远近高低各不同。不识庐山真面目，只缘身在此山中"。从不同的角度看事物所得出的结论往往是不一样的。观察要努力做到客观、全面，不应该有成见或偏见。如果本着先入为主的心理定势观察事物，就容易扭曲事实或弄出"瞎子摸象"的笑话，贻笑大方。

（二）培养细心、耐心的观察态度

英国一位化学教师在给学生授课时，用手指蘸着糖尿病患者的尿的样品来品尝，然后要求每个学生都照他的样子做。学生们都勉强地做了，然后老师问："尿是什么味道？"同学回答道："的确有甜味。"老师笑了说："你们看看我伸进尿里的是中指，舔的却是食指，你们没有观察仔细，所以都自尝后果，尝到了尿的味道"。观察效果要达到全面的、精确的、细微的程度，应该具备实事求是、严肃认真的态度和一丝不苟的精神。

二、培养想象力

想象是指在头脑中改造记忆的表象而创造新形象的过程。人与动物的区别在于人类有思维、有想象力，依赖这种想象勾画出美好的未来世界，并征服世界乃至宇宙。马克思说："在蜂房的建筑上，蜜蜂的本事曾使许多建筑师惭愧。但是最拙劣的建筑师也比最巧妙的蜜蜂更优越，这是因为建筑师在建筑房子以前已经在他的脑海中把它构成了。劳动过程终末时取得的结果，已经在劳动过程开始时存在于劳动者的观念中，已经客观地存在着了。”

大学生处于青春花季时期，对未来、对事业、对爱情充满了想象，但是据推断，一般人大约只用了想象力的 15%，另外 85%的想象地域仍是待开垦的处女地。因此，如何挖掘大学生的想象力，是一个非常重要的课题。

扫一扫

井盖=丑陋？

（一）培养广泛的兴趣爱好与丰富的情感

积极的想象总是与兴趣、爱好紧密相连。陈景润由于从小对数学有着浓厚的兴趣，后来又对深奥的数论有着执着的爱好，从而产生了摘取“哥德巴赫猜想”这颗数学皇冠上的明珠的强烈愿望。想象产生于需要、兴趣和爱好，又反过来促进兴趣和爱好的发展，科学的想象不仅使陈景润对枯燥的方程式有兴趣，也使他对相关的数学知识及英、日、俄、德、法等外语产生了浓厚的兴趣。

丰富的情感有利于产生积极的想象。因为人的思维活动受到情绪与情感的调节。如诗人、作家、音乐家、画家、演员等，就是在饱满而热烈的激情下使想象力高度发挥，创造出一个个动人心魄的艺术形象来。相反，如果情绪低落，心情沮丧，其想象力也贫乏；即使有所想象，内容也是暗淡、悲观的。

（二）培养好奇心

从某种意义上说，任何一项有价值的科技成果，起初都是源于好奇心和探究心。在好奇心和探究心的驱使下，根据已有的事实材料，通过创造想象，在头脑中再造出一个新的设想或理论的框架，然后运用种种实验手段去证实它，使它成为一个有普遍意义的科技成果。

（三）培养想象素材，丰富表象储备

想象是在原有感性材料的基础上形成的，任何想象都离不开知识基础，否则就会变成空想或者胡思乱想。经验越丰富，知识越渊博，表象储备越充实，想象力的翅膀就越矫健。因此，大学生应该拓宽知识面，广泛涉及文学、历史、音乐、美术、社会学、心理学、计算机等学科领域，以构建一个一专多能、文理兼备的优化知识结构。

另外，大学生学习的想象可采用多种方法。如形象法，即学习材料形象化，它又可分为形象比喻、形象描述、形象摹写；又如联想法，即两个表象的连接，它可分为接近联想、类似联想、对比联想、关系联想等。

心理探索八：大学生的学习心理障碍

在学习的过程中，不少的大学生都会体验到不同程度的困扰。在心理学上称之为学习心理障碍，一般表现为认知失调、情绪失调、学习定势等，这些表现具体如下：

一、认知失调

认知失调是指一个人的态度和行为等认知成分相互矛盾，从一个认知推断出另一个认知而产生的不舒适感、不愉快感。常见的认知失调有：不正确的归因、片面地做出错误的推论、不能正确地区分现实与理想的差别、过低或过高的自我评价等。

严重的认知失调会引起抑郁症。抑郁症患者往往把失败人为地夸大，将失败认定是自己的能力和身心方面的缺陷，从而对自我产生否定态度，认为自己毫无价值。这种态度又会影响到自己对未来的看法，致使对自己的生活和前途失去信心，失去行为的动力。

认知失调的原因大致有以下几个方面：

1．自我认同危机

几乎所有的年轻人都存在自我同一性的矛盾，主要表现在理想自我和现实自我两方面。面对多种价值观念的冲击和多种动机的内在冲突以及市场经济条件下社会的飞速发展，个体在人生观的确立、人生道路的选择上变得更加困难，更摇摆不定。这种动荡和模糊又会影响个体对学习活动的评价，使得个体在遇到困难和挫折时不能正确对待，从而产生认知失调。自我认同危机是产生认知失调的根本原因。

2．特殊的生活阅历

随着年龄的增长，与现实生活不断接近，个体要面对很多现实的问题。如少年时的幻想归于破灭，面临调整自己努力的方向等问题。

3．思维方式的片面性

个体在认识自我时往往容易将自己的某一方面与周围人中最突出的相应一面做比较，对自己缺乏全面客观的认识。

二、情绪失调

情绪失调是指由于片面的或错误的认知而引起的自我否定、焦虑、恐惧、抑郁等不良情绪。主要有以下 3 种表现：

1．学习冷漠症

这是指对学习毫无兴趣，缺乏学习动机，学习时感到厌烦，注意力不集中，记忆不能持久，思维不能很好展开的一种情绪状态。患有学习冷漠症的学生往往处于一种消极的心境当中，一般自己能在思想上意识到这种情绪是不健康的，但却无法自拔。国外的心理学家认为，学习冷漠症是大学生或者说是高等学历青年中特有的一种现象。学习成为单一目标是冷漠症的主要根源。高中阶段，考上大学是学生们的主要人生目标，因此许多爱好、兴趣被压抑，同时由于升学竞争的压力，有些学生长期超负荷学习，身心均感到疲惫，一旦进入大学，目标已经实现，对大学的追求和向往被现实所取代，学习动机削弱，学习冷漠症便悄然而至。另外，有一部分学生，对所学专业不满意或不感兴趣也同样会造成消极的情绪反应。

2．学习无助感

这主要是指个体在被动地接受某种刺激后，感到无力去应付或不能学会去应付的一种情绪状态。学习无助感主要反映在那些缺乏学习能力、学习基础差或学习方法不正确而导致多次学习失败的学生身上。这些学生往往感到力不从心，无法驾驭学习，认为自己低人一等。这种失败感又导致消极认识的扩散，认为自己不能对外部事物发生任何影响，起不了任何作用，产生自卑的沮丧心理，表现出压抑、消沉的情绪及嗜睡等生理特点，在认识上主要表现为消极的判断和评价，如无兴趣、无望、无助；在自我矛盾方面表现为程度不同的自责、自罪和孤立感。轻度的学习无助感较为常见，并不构成疾病，但长期存在或程度加深，则会对个体生活起消极作用，构成畏缩、退避、易激怒、易攻击的极端行为反应方式。

3．学习焦虑症

这主要是指以学习成绩的好坏作为自身价值评判唯一标准而导致自信心不足的一种症状。虽然有些具有学习焦虑症的人学习并不差，甚至良好，但却特别害怕失败，总感到莫名其妙的焦虑。患有学习焦虑症的人主要的心理特点是：学习动力主要来自外部目标，而不是个体自身对学习的兴趣，他们把学习成绩作为学习的唯一目标，由于害怕失败，而为自己能否始终保持优异的成绩而忧心忡忡；他们缺乏创新要求与完成任务的魄力，又害怕甚至嫉妒其他人超过自己；即使是偶然的学习失败也会有强烈的情绪反应，并怀疑自己的能力，造成紧张、不安的情绪症状。由于焦虑是一种唤醒的情绪反应，因此心理应激与生理应激相互影响，致使患有学习焦虑症的人表现出睡眠不稳、注意力不集中等现象。

情绪失调还是认知失调的一个诱因，它对人的学习构成严重威胁。情绪失调的原因大致有以下几方面：

一是强烈的自尊心和情绪的不稳定性。特别是对大学生来说，这种原因更明显，他们大多是中学的优等生，在学业上多次获得成功，老师、同学、家长给予很多鼓励，自尊心尤为突出。对自尊的体验强烈，则情绪波动很大，表现为对挫折往往以点代面，内心极敏感又脆弱，容易受到伤害，是发生心理障碍的高峰期。

二是竞争压力过大。社会对人才的素质要求越来越高，学习环境竞争激烈，紧迫感和心理压力增加。

三是心理素质脆弱。认为只能成功不能失败，经不起失败的打击。

四是心理发展中的矛盾冲突。一方面受文化结构、逻辑思维能力和思维成熟程度影响，容易对问题产生偏激和片面的理解。另外，外界刺激与内心认知的冲突，也容易产生各种矛盾，如自立与依赖、知与行、理智与情绪等方面的冲突，如果这些冲突过大，时间长了，就会产生情绪失调。

三、学习定势

学习定势也称学习定向，是指一个人进行学习活动时的心理准备状态。已有的愿望、态度、思维方式、知识经验等都构成一个人学习的心理准备状态，它使后续的学习活动有了一定的倾向性，朝一定的方向进行。学习定势的消极作用在大学生身上表现为学习动机缺乏、学习方法不当、学习效率不高、考前紧张、注意力难以集中等。

产生学习定势的原因主要包括：第一，缺乏较强的动机，学习目的不明确。第二，缺乏科学指导，不知道学什么、怎么学，视野狭隘、思路不开阔。第三，自我控制能力差。同样的学习环境中，有的人能主动适应，积极缩短适应过程，而有的人适应能力差，适应困难，易于产生心理障碍。

四、学习（练习）中的高原现象

所谓高原现象是指练习成绩的进步并非总是直线上升，有时会出现暂时停顿的现象。最早用实验方法证明高原现象存在的是布瑞安与赫特（Bryan & Herter，1897）。高原现象出现的原因有许多，例如学习热情下降，身体过分疲劳，旧的技能结构的限制等。

高原现象较多地出现在掌握动作技能的过程中，但学习知识的过程中有时也会出现这一现象，此时学习者会感到自己的学习总是停滞不前，十分焦急。其实，出现这种现象是很正常的，只要明白了产生这种情况的原因，有的放矢地改变某些学习习惯或其他状况，就会较快地走过这一段时期。例如可以多休息，少看些书，以消除身体的疲劳感；若对学习的兴趣下降了，可以暂时学习另一门功课，或者在感到厌烦的功课中竭力寻找自己未发现的新的兴趣点，以重新激起学习的兴趣与热情。

心理探索九：大学生学习心理障碍的调适

学习心理困扰不仅会造成心理环境混乱，而且也会对身体造成伤害。因此，按照科学的方法预防和克服心理困扰，保持良好的学习心理，就显得十分重要和必要。

1. 坦然对待得失，克服“唯分数”等功利倾向

作为当代大学生，学生应该从整个人生的角度来看待问题，一次考试、一次奖学金甚至一学期的成绩都只是一件小事。要从长远计议，努力学习，但并不是每分必争。

2. 培养对知识的真正兴趣

快乐学习是学习的最好的方法，如果对知识形成真正的兴趣，学习就会成为一种享受，对于大学生来说，要特别注意矫正学习是为了考试、考试是为了及格、及格是为了毕业的消极思想。因为，这种思想把学习看作是单纯完成任务的活动，它不可能唤起人的学习热情。

3．锻炼学习能力

患焦虑症的人，往往杂念多且不能摆脱，结果阻碍了对有关知识的回忆与再认识、判断与推理的正常进行。从生理机制来看，这是由于大脑皮层上的神经活动产生了负诱导，引起了抑制，因而阻碍了思维的正常进行。因此，要保持健康的学习心理，就要注意培养自己的毅力，提高自控能力。要有意识地通过自我放松训练，学会把注意力集中在学习目标本身而不是自己的内部情绪上，敢于并善于想焦虑挑战。

4．回味成功经验，维持自信心

从心理学上讲，人的自我感觉在很大程度上取决于对过去经验的认识，自卑的人往往注意过去的失败，而自信的人往往注意自己过去成功的方面。因此，回味自己的成功经验，是一种积极的心理暗示，有利于自信心的提高。个体要学会对自己干得出色的每件事，以及周围环境中的肯定性评价予以充分重视，从中获得成功的内心体验。

5．主动与老师、同学进行交流

从心理学角度看，与老师的语言、思想交流有利于增进感情交流，而感情交流又有利于知识交流。因此，每个人都要积极参加各种活动，争取机会与老师同学进行交流，形成泰然的心态，努力营造融洽友好的人际关系，为自己的学习创造良好的人际氛围。

心理训练

心理训练一：学习调试站

1．考试焦虑症的调试

考试是学习过程的组成部分，它既是对学习效果的一种检验，同时也是对学生心理能力的一种考验。有些同学一想到考试往往出现心跳加速、呼吸急促、出虚汗、坐立不安等现象，因为焦虑的过度而不能充分发挥水平，造成屡试屡败，对考试失去信心。

究其焦虑的原因：一是心理负担过重，由于学习动机过强，总期望自己处于领先的地位，害怕失败和落后，结果造成焦虑；另一种是考试准备不足，平时不认真学习，考试靠突击，没有真正掌握知识，遇到问题就易产生焦虑。

那么如何克服焦虑症状呢？

（1）学会放松。具体方法是：树立要求放松的意愿，选择一个安静的场所，使自己感觉舒适，想象一些轻松愉快的情景，缓慢体会松弛感，每日坚持，就会掌握放松的技能。

（2）运用系统脱敏方法克服考试前的心理紧张。系统脱敏的方法是由交互抑制发展而来的一种行为疗法，特别适合用于解除由于害怕某种客体式情境所产生的恐怖和焦虑。

它能使人以轻松愉快的情绪想象自己接近或逐步接近引起焦虑的情境，直到真正面临此情境以后不再害怕。其操作步骤如下：

首先设计一套考试焦虑程度想象情境的分级序列卡片，想一下过去经历考试的情境，开始感到紧张是什么时候，地点在哪里，按照不同时间、地点、触发考试焦虑情绪的不同程度，分别用小卡片把当时的情境描述记录下来，一种情境记在一张卡片上，并按紧张程度的深浅，依次排列序号，放在手边，然后，使自己进入放松状态，当全身处于舒服的松弛状态时，就开始读第一张卡片（紧张程度最低的情境描述）。当已身临其境地进入了卡片所描述的情境之中，而又能达到完全放松状态时，就往下读第二张卡片，如此依次进行，直到读到那种使人产生最高紧张程度的情境时，仍能保持完全的松弛状态为止。脱敏法能有效减轻对考试的紧张反应，当然这是建立在充分复习准备的基础之上的。

（3）消除考试中的紧张焦虑情绪。考场中的焦虑常使学生发挥失常，因此必须在考场中学会快速放松，在答卷过程中，做几次短暂的休息，闭上眼睛，放松身体和思想，伸展四肢，并变换身体的位置，做几次缓慢的深呼吸并在呼气时给自己“放松”的心理暗示。

2．在自励中成长

以下是一些用于自我激励的话，大家可以经常翻看，激励自己学习的斗志。

（1）永远瞄准目标：我要成为某专业领域的世界级精英，成为一个具有最积极的心态，最正确的思维，最良好的习惯，最健康快乐的人。

（2）我是我自己的对手。战胜了自己的缺点，就战胜了强大的敌人。

（3）我就是最大的奇迹。世界上只有一个我，我能成为一座高山，绝不做一颗沙砾。

（4）学会控制情绪。控制情绪，就能掌握自己的命运。允许情绪控制行动的人是弱者；能让行动控制情绪的人是强者。

（5）克服烦恼。我要快乐，我要成功，我没有时间和精力去烦恼，如果有了烦恼，我要做的是用心思考，找到办法解决它。

（6）把每天当着最后一天。今天是我最后的机会，我必须珍惜今天的每一分钟。因此，不为昨天的失败、不幸而悲伤。今天的太阳刚刚升起，计划好一天的行程，并努力坚持直到成功。

（7）毅力是成功的保证。坚忍不拔是我意志的体现，我不为失败而来，我要为成功而去，当别人停止奋斗时，我还在奋斗，我的收获就比别人多。

（8）行动是成功的捷径。只有目标、计划而不行动，那目标和计划就是一张废纸。成功不会等待，稍一停留再回头，已经来不及了，因此，就在这个时候，就在这个地点，就是我这个人，开始行动吧！

（9）创造性思维是精髓。别人做不到的，我做到了；别人想不到的，我想到了；别人悟不到的，我悟到了，当别人失败时，我就成功。

（10）专心致志。用心去看，用心去记，任何杂事也干扰、阻止不了我前进的步伐。

（11）绝不轻易放弃。放弃，会导致人格的失败，只要有一线希望，我就要奋斗到底。

（12）总结经验教训。聪明的人，既能学习别人成功的经验，更能吸取别人失败的教训。让自己的失败来教训自己实为下策。

（13）养成快乐的习惯。我有远大的目标，我有足够的信心，我能脚踏实地在努力拼搏。快乐，已深入我的骨髓中，融化在我的血液里。

心理训练二：学习动机自我测试

这里为大家提供的测验，主要是了解学生在学习动机、学习兴趣、学习目标制定上是否存在行为困扰。该问卷共 20 个题目，测验时请在与自己情况相符的题填“Y”，不相符的题填“N”。

1. 如果别人不督促你，你极少主动地学习。
2. 当你读书时，需要很长的时间才能提起精神。
3. 你一读书就觉得疲劳与厌烦，直想睡觉。
4. 除了老师指定的作业外，你不想再多看书。
5. 如有不懂的，你根本不想设法弄懂它。
6. 你常想，自己不用花太多的时间，成绩也会超过别人。
7. 你迫切希望自己不用花太多的时间，成绩也会超过别人。
8. 你常为短时间内成绩没能提高而烦恼不已。
9. 为了及时完成某项作业，你宁愿废寝忘食、通宵达旦。
10. 为了把功课学好，你放弃了许多你感兴趣的活动，如体育锻炼、看电影与郊游等。
11. 你觉得读书没意思，想去找个工作做。
12. 你常认为课本上的基础知识没啥好学的，只有看高深的理论、读大部头作品才带劲。
13. 只在你喜欢的科目上狠下工夫，而对不喜欢的科目放任自流。
14. 你花在课外读物上的时间比在教科书上的时间要多得多。
15. 你把自己的时间平均分配在各科上。
16. 你给自己定下的学习目标，多数因做不到而不得不放弃。
17. 你几乎毫不费力就可以实现你的学习目标。
18. 你总是同时为实现几个学习目标忙得焦头烂额。
19. 为了对付每天的学习任务，已经感到力不从心。
20. 为了实现一个大目标，你不再给自己制定循序渐进的小目标。

上述 20 个题目可分成 4 组，它们分别测查学生在学习欲望上 4 个方面的困扰程度：

1～5 题测查学习动机是不是太弱。

6~10 题测查学习动机是不是太强。

11～15 题测查学习兴趣是否存在困扰。

16～20 题测查学习目标上是否存在困扰。

假如被试者对某组（每组 5 题）中的大多数题目持认同的态度，则说明他们在相应的学习欲望上存在一些不够正确的认识，或存在一定程度的困扰。

项目九　走进社团　完善自我

——大学生的社团活动

【故事悦读】

社团负责人的苦恼

小君，大二学生，性格好静，喜欢看书，有时也比较开朗。目前他在社团里面担任一些工作，大三就要当社团负责人了，但在大二的工作过程中发现自身存在的很多不足。

首先，他认为自己是个做事比较雷厉风行的人，相对喜欢做管理类的工作。但在一年的实践中，他发现自己做起事来并没有那么利索，反而经常丢三落四，事情做得有头无尾、不仔细，到最后给老师验收时，是抱着“您看看有什么问题”的心态让老师去找错误，而不是他理想中的“都好了，没有问题”，直接可以让人放心的状态；第二，在管理人方面，他认为自己偏于执拗沉默，有事会在心里自己想，不擅沟通，在现实中造成了不小的问题。虽然老师很亲切，没有架子，但他就是没办法放开自己，把自己想说的说出来。他不知道自己在怕什么，久而久之自己的话也不被当成一回事了；第三，在社团中和其他人相处得不是很好，遇到点矛盾，不擅与人沟通，而是上纲上线，直接否定别人。他很迷茫，自己是真的做不好吗？他不清楚到底想要什么，该怎么定位？地位越高，责任越大，而且他和别人在一起时并不十分健谈，总是有点压力，偏向走规矩路线，没什么开拓精神。

热身运动

活动一：风中劲草

活动目的：

（1）让学生感受信任对团队的重要性。

（2）体会信任是如何在团队中建立的。

活动时间：20 分钟。

活动场地：操场。

扫一扫

疾风劲草

活动流程：

（1）团队成员围成一个向心圆，其中一个成员作为“草”站在圆中央。“草”要双手抱在胸前，并拢双脚，闭上眼睛，身体绷直地倒下去。倒的整个过程中不能移动脚或双脚分开，就像一个“不倒翁”的样子。倒下之前，“草”要问：“我要倒下去了，你们准备好了没有？”当团队成员回答：“准备好了。”时，“草”可以选择任何方向倒下去。“草”倒向哪个方向，站在那个方向的团队成员就要在“草”即将要倒在自己身上时，伸出双手把“草”轻轻推向另一个任意方向，注意用力不要太猛。每一位团队成员都要做一次“草”，轮流进行游戏。

（2）共同讨论：① 在这个游戏中你感受到了什么？

② 在游戏中最难的地方是哪里？

③ 你是第几个做“草”的。为什么是/不是第一个？

活动二：同舟共济

活动目的：

（1）让学生体会团队合作的重要性。

（2）让学生学会与他人合作。

活动时间：20 分钟。

活动道具：报纸若干。

活动场地：室内。

活动流程：

（1）全班同学每 8 人一组，分成若干小组。

（2）每个小组拿一张报纸，将报纸铺在地上，代表汪洋大海中的一条船。8 名成员必须同时站在船上，同生死、共命运。

（3）成功完成后，可以将报纸面积减半，继续试验，完成后可将面积再减半，直到 8 名成员无法一起站在报纸上，游戏结束。

（4）请各组成员派代表分享体验。

头脑风暴

请回答以下问题：

（1）你有参加社团活动的计划和行动吗？请具体谈一谈。

（2）假设你参加一个社团活动，想象一下在活动中的个人定位和发展策略。

（3）当社团活动和学业发生冲突时，你会如何处理？

心理探索

心理探索一：大学生社团

一、大学生社团的定义

大学生社团是指大学生在校园文化生活的整体氛围中，因为各自兴趣、爱好、特长的趋近并结合学校的专业培养目标、方向而自发组成的一种非正式的学生组织。

大学生社团可打破年级、系科以及学校的界限，团结兴趣爱好相近的同学，发挥他们在某方面的特长，开展有益于学生身心健康的活动，是大学校园文化建设的重要载体和高校第二课堂的重要组成部分。如今的大学生不仅需要学习和创造的空间，还需要心理的支撑和创造的动力。大学生社团不仅能提高大学生学习的效率和创造的热情，更能为他们提供一个心理成长的空间。

扫一扫

社团

二、大学生社团的特点

1．认识自我的契机

大学生正处于自我发展的特殊阶段，在这一阶段，随着大学生自我意识的迅速发展，难免会出现各种各样的矛盾和困惑。只有疏通和解决了大学生发展中的问题，他们才能健康顺利地发展。课堂对大学生的成长成才是不可或缺的，但是这种单一的正式渠道是远远不够的。大学生社团正好填补了这一空白。正是在社团这种宽松自由的环境中，大学生畅所欲言，彼此交流思想和观点，找出了解决问题的多种途径，这样，他们全面了认识自己，增强了信心，不会因为某方面的不如意而自暴自弃。

2．发展自我的空间

大学生社团帮助大学生挖掘自身潜力，提高各方面能力。在大学生社团中，学生具有多种角色，他们不仅是参与者，也是组织者、发起者、管理者。这些角色的转换，大大增强了大学生自我调节、自我管理的能力；在社团的人际互动中，大学生们能改变一些不良的行为和处事方式，逐渐养成更健康的行为习惯和生活态度；大学生们学习从另一个角度去看待问题，感受别人的情绪，学会理解和善待他人，培养良好的品格。大学生社团还有助于大学生投身社会实践、陶冶情操、适应社会、提高综合能力。

3．张扬个性的平台

大学生社团为大学生提供了展示风采、张扬个性的舞台。随着高等院校的迅速发展，大学生社团的类型、活动方式也越来越多样化。娱乐性社团、学术性型社团、实践型社团等不仅仅扩充了学生的知识，丰富了课余生活，更帮助他们找到了自己的兴趣爱好，陶冶他们的情操，促进其个性发展。

三、大学生社团的类型

大学生社团可以根据学校的不同情况，利用学生的课余时间开展各种形式的活动，以交流思想、切磋技艺、互相启迪、增进友谊。学生社团的活动以保证完成学生的学习任务和不影响学校正常教学秩序为前提；以有益于学生的健康成长和有利于学校各项工作的开展为原则。学生社团组织和活动的目的是活跃学校的学习气氛，提高学生自己管理自己的能力，丰富学生的课余生活。学生社团的基本类型有：

（1）理论研究型社团。它是以理论学习、宣传、研究为主要内容和目的的社团。如思想政治研究会、大学生德育研究会等。

（2）专业技能型社团。它是以专业学习、交流、实践为主要内容的社团。如心理协会、韩语社、数学社等。

（3）文艺活动型社团。它是依据学生的文艺特长和共同兴趣爱好而组建的社团，以注重追求艺术享受、提高艺术素养为主要特征。如大学生艺术团、街舞社、吉他社等。

扫一扫

多彩社团

（4）体育运动型社团。它是根据学生的体育特长和共同兴趣爱好而组建的社团，以体育运动、技能比赛为主要特征。如羽毛球社、轮滑社、跆拳道社等。

（5）公益服务型社团。它是以服务社会、锻炼自我为宗旨的团体。如青年志愿者协会、红丝带协会、大学生安全自治协会等。

（6）科技创新型社团。它主要以自然科学技术知识为背景，结合各自不同专业建立的一些社团。如电子爱好者协会、无线电协会、汽车俱乐部等。

心理探索二：大学生社团的心理学理论

一、社会心理学场论

社会心理学家库尔特·勒温的场论：人的行为是个人与环境相互作用的结果。

库尔特·勒温（Kurt Lewin，1890—1947），德裔美国心理学家，传播学的奠基人之一，社会心理学的先驱，也是首先将格式塔心理学原理用于研究动机、人格及团体社会历程的心理学家。勒温把行为看成是人及其环境的一个函数或“场”，因而他的思想被称为“场论”。这里的“场”是借用物理学中“磁场”的概念。他与他的同事们应用“生活空间”“自由运动的空间”和“力场”（即群体对个人发出的压力）等术语进行了一系列有关对变化的抵制和领导对群体的影响方面的研究。

勒温的“场论”强调内在需要和周围环境的相互作用对人的心理、行为的影响。人的内在需求未得到满足，便使内部的“场”产生影响，也使内部的“场”产生张力，周围的环境可起到加速或延缓的作用；其中内部“场”的张力是决定性的因素。由“场论”可推出了著名的行为公式：

$$B=f(P\times E)$$

公式中，B 代表行为，P 代表个人，E 代表环境，f 为函数。人的行为是个人与环境相互作用的结果。

二、大学生社团影响大学生心理的其他理论依据

作为校园文化重要内容的学生社团，是大学生自我组织、自我管理的形式，是由具有共同爱好的学生组成的学生组织，是自我学习的一种形式。同时，它还是大学生课余生活的重要组成部分，会对大学生的心理产生一定的影响。

（一）人际交互作用分析理论

由美国精神分析学家柏恩于 1959 年创立的心理治疗理论和方法，其目的是协助人们了解与别人互助的本质，教育当事人改变生活态度，对人际交往获得深刻的领悟力，建立成熟的人际关系。在团体中，成员可以通过他人的示范，逐渐了解自己的人格结构，并学会如何与他人沟通，团体成员的互动还可以使成员增加对自我与他人的觉察力，帮助成员把焦点放在生活中要改变的事情上，并能重新做出决定。

（二）社会学习理论

社会学习理论的代表人物是美国社会心理学家班杜拉，他的基本观点是个体的行为不是由动机、本能、特质等个人内在机能决定的，而是由个人与环境的交互作用决定的，即行为、环境与个人的内在因素三者相互影响，构成一种三角互动关系。他还认为，人的大部分社会行为是通过观察他人、模仿他人而学会的。在观察学习中，起决定作用的是环境，如果环境发生变化，人的行为也会发生变化；对榜样的观察是学习新行为的条件。

（三）当事人中心治疗理论

该理论认为，人有理解自己、不断趋向成熟、产生积极的建设性变化的巨大潜力。在团体中，成员之间基于相互尊重、信任而建立起来的良好关系可以使成员降低社会屏障，毫不受防御机制阻碍地揭示自己的情感，即真实的自我。在团体的发展中每个成员能体会到他人对自己的尊重和关心，从而增强其对他人的尊重和关心，加强责任感，改变自己不适应的行为，学会建立和谐的人际关系，使生活更丰富、更有意义。

（四）平衡理论

心理学家海德提出的平衡理论认为，个体本身与外界环境是处在三角关系中的，即自己、他人、其他事物或人三个元素，它们或构成肯定关系，或构成否定关系。如果三者为

肯定关系，则呈现平衡状态；如果三者为否定关系，则呈现不平衡状态。当处于不平衡状态时，会引起心理的紧张和压力。这时，人们往往会通过改变对事物或他人的态度来恢复平衡状态，以减轻心理的紧张和压力。

（五）群体动力学

该理论研究群体的形成与发展、群体内部人际关系及对其他群体的反应、群体与个体的关系、群体的内在动力、群体间的冲突、领导作用、群体行为等。研究表明，民主式的群体气氛能提高工作效率，使成员之间充满信任，从而能够激发成员的创造力；群体的内聚力对群体的活动有重要影响，高度的内聚力会提高群体成员的士气，明确活动动机，使其自觉努力地完成群体工作。

心理探索三：大学生社团与大学生的成才发展

一、社团活动对大学生成才的价值和意义

大学生社团不仅是表面上所见的休闲娱乐的组织活动，而是大学教育体系中“引领学生思潮、弘扬大学精神、丰富大学文化、陶冶学生情操、增长工作才干”的重要教育平台和特别的成长设计程序。它对于丰富大学校园生活和大学的生锻炼成长具有“立足现实、影响未来”的双重影响。

在教育部和共青团中央颁布的政策性、导向性文件中，都明确指出了大学生社团的发展方向：充分发挥大学生社团在校园文化建设中的重要作用，大力扶持理论学习型社团，热情鼓励学术科技型社团，正确引导兴趣爱好型社团，积极倡导社会公益型社团。充分发挥大学生社区、大学生公寓、网络虚拟群体等新型大学生组织在校园文化建设中的作用，加强有效引导，确保大学校园文化的正确发展方向。几乎所有的中外政界领袖、工商界精英和学术界领军人物，在求学时期都是大学生社团杰出的领袖。显然，大学生的社团经历对于大学生的成才具有重要而深远的影响，这至少体现在以下几个方面。

1. 社团活动使青年学生更有集体意识与责任意识

大学生的社团活动集知识性、趣味性于一身，适合青年学生思维活跃、接受信息快、可塑性强的特点，容易被学生所接受，有利于形成向心力、凝聚力，在社团内形成团结互助、平等友爱、共同进步的人际关系，潜移默化地使大学生的集体主义观念得以增强。社团的荣辱与每位成员休戚相关，人人希望社团发展壮大，人人都关心社团的各项事物，逐步培育了每个成员的责任意识。

2. 社团活动使学生智能得到全面发展

现代智能理论认为，人的智力是多元的，而且人的智能发展是不均衡的。美国心理学家加德纳在《多元智力理论》中指出了每个人都存在七种相互独立的智力，它们是语言智

力——学习和运用语言的能力；音乐智力——交流、理解和创造声音所产生的意义的能力；逻辑数学能力——运用和评价脱离具体事物关系的能力；空间智力——准确感受视觉空间世界的能力；身体运动能力——用身体的全部及部分去解决问题或制作产品的能力；内省智力——辨识自己的情感、意识和动机的能力；人际智力——对其他人的情感、信念和意向进行识别和区分的能力。不可否认，传统的教学活动是发展和提高学生智能的基本途径，但由于长期应试教育的影响，我们不得不承认，课堂教学在发展学生智能上出现了严重的片面化倾向。我们的教学大多不考虑学生的智力特点和水平，只片面进行所谓的智力训练，只用单一的标准评价学生，分数高则一切都好，分数低，则一切都坏。这严重摧残了学生的个性，更不利于学生和谐发展，学校社团活动在某种程度上弥补了这些不足。

3．社团活动使青年学生创造潜能得以更大发挥

大学生中蕴含着巨大的创新潜能，特别是理工科院校的大学生，他们根据自己所学专业及自身的兴趣爱好，成立了许多科研类社团组织，将具有发明创造潜质的人相聚在一起，共同进行研究创造。社团组织真正成为大学生开发潜质，展示自我的舞台。大学校园里学生们的发明创造方兴未艾，如雨后春笋般涌现。

4．社团活动使青年学生提高了素质，陶冶了情操

大学校园里，思想理论类、文学艺术类、体育健身类社团大量涌现，使更多青年学生的理论水平、思想觉悟、文学艺术修养、身体素质等得到了较大提高。通过参加社团活动，不仅使参加者学到了知识，锻炼了才能，掌握了本领，还在不知不觉、潜移默化中，使大学生的素质得到了提高，提升了大学生自身的修养，陶冶了情操，提高了觉悟。

5．社团活动提高了大学生适应社会的能力

大学生在假期、周末、课余时间，放下课本，参加社团活动，广泛接触社会，与各种人交往，学到许多在课堂上难以学到的东西，使自己更了解社会、融入社会，克服“书生气”、看问题天真幼稚的倾向，使自己的思想意识接近社会现实。社会实践类社团、志愿者类社团，使学生走出校门，走向社会，深入农村，深入企业，关心社会“弱势群体”，广泛深入地了解社会，与社会方方面面开展交往，积极进行实习、实践活动，培育了大学生适应社会的能力与素质。

6．社团活动提高了大学生人际交往的能力

大学生的人际交往中，除同宿舍、同班级外，人际交往比较密切的就是社团里的同伴们，而同宿舍都是同性别，同班同学也未必如社团同学这般了解，这般熟悉，这般无拘无束。他们在共同的爱好，共同的特长，共同的策划、研究与拼搏中，共同享受着成功的乐趣、失败的痛楚。同伴间有着共同的喜怒哀乐痛，共同的酸甜苦辣咸，因此，所结下的友谊也最为真挚。社团活动中有时要与社会各种各样的人打交道，使青年学生的交际能力大为提高。

7. 社团活动使青年学生的个性得以发展

个性是心理学的概念，指个人稳定的心理品质，包括个性倾向性和个性心理特征两个方面。个性倾向性包括人的需要、动机、兴趣、信念等，决定着人对现实的态度、趋向和选择；个性心理特征包括人的能力、气质和性格，决定着人的行为方式上的个人特征。每位大学生的需要、动机和兴趣、信念是不同的，所以大学生的个性发展是不同的，应因材施教。因种种条件的限制，大学的课堂教育仅仅解决了大学生的共性培养问题，要做到完全针对个性进行培养尚存较大差距。社团活动无疑在解决个性培养的问题上发挥着重要作用。

二、参加大学生社团的理念和原则

一个值得你选择和参加的大学生社团，一定要有吸引你、与你的内心需要相吻合的明确的办社理念。所谓办社理念，就是把社团办成一个什么样的机构。有了办社理念，才会有与之相适应的办社思想、思路、方法等。目前，高校现有的学生社团大都有自己明确的办社理念，特别是一些成立较早的社团，经过长期的积累也形成了一些稳定的传统。大学生要从社团活动中获得成长，要特别注意坚持和恪守如下理念和原则。

1. 选择社团，宁缺毋滥

选择一个自己最喜欢的社团，真心投入才能有所收获。对一些仅有空泛的架子，没有具体活动规划、方案的社团，一望便知，注定是“学生官僚”“泡沫社团”那一类，根本不要选择。

扫一扫

社团招新

2. 参加社团，持之以恒

很多社团成员只是在一起出游、吃饭、聊天，混一混一年或两年就过去了，认识了一帮朋友，却并不明白自己在社团中的作用是什么，也就失去了存在的意义。要有耐心深入其中，从小处做起，参加的时间要长一点，不要浅尝辄止。

3. 持平常心，注重成长

追随社团中思想好、人品正、有组织能力、肯奉献的大学生社团干部，学习他们的人生态度、价值观和行为方式。自己不要过早、过分追求成为社团领袖，学会如何被领导与领导别人同样重要。从社团中收获友情、锻炼能力，在专业之外去拓宽知识视野、提升工作水平、积累组织活动经验，为日后的就业增加砝码。

4. 双线作战，兼顾两边

有助于自己的专业学习，锻炼能力，在社团中获得工作经验，发展自己在学习以外的空间，这是参加社团的初衷和本意。因为参加大学生社团而妨碍和危害学业发展的话，还是及早退出为好。因为，参加社团的真正动机已经不是锻炼成长，而是逃避学业压力。社团活动必须定位于课外活动，一定要先搞好专业功课。有些同学为了参加社团活动，自己的学业反而荒废了，这就本末倒置了。

三、大学生社团对心理健康教育的作用和不足

（一）大学生社团促进心理健康教育目标的实现

社团中形成的轻松、愉悦、和谐的氛围，给大学生提供了敞开心扉、表达自我的机会，有利于大学生良好个性的养成、人格的完善。大学生社团对心理健康教育功能的促进主要表现在以下几点。

1．大学生社团具有资源和观点多样化的功能

在大学生社团中，成员可能来自不同的年级、不同的民族、不同的学科，各自拥有不同的人生经历。因此不论是在交流信息、解决问题，还是探索个人价值方面，同一社团的人都可能提供更多的观点和更多的资源。一方面，对于那些不善于表达自己的学生来说，可以体会到被人倾听和接纳的感觉，增强自信心；另一方面，成员能改变固执己见，了解和分享别人的经验和教训，逐步修正自己的行为和观念，兼容并蓄，更好地处理冲突和问题。

2．大学生社团具有调整学生心理、分散不良情绪的功能

大学生社团活动因其自身的特点，能在组织管理上非常灵活、机动地利用学生的时间空档，开展各种活泼、生动的活动，不但锻炼了社团成员的能力，更为他们发泄不良情绪、减少心理压力打开了通道。比如文娱、体育型社团活动，就是一种很好的分散不良情绪的方式。文学艺术愉悦身心，体育活动强筋健骨、锻炼意志。只有及时调整不良情绪，才能唤起积极的情绪体验，而保持快乐的心情，才能达到心理健康。一位具有社交恐惧感的学生，因多次参加社团组织的体育比赛，同伴的鼓励、比赛过程中的呐喊，使他逐渐变得大胆泼辣，做事积极主动，在他人面前的紧张、焦虑情绪最终缓解以至消失。

3．大学生社团具有帮助学生认识自我、完善自我、接纳自我，形成积极健康的自我评价的功能

大学生社团形式的多样性满足了大学生不同的心理需要，在参与活动的同时能够对自我产生正确而全面的认识。许多学生挖掘出不为己知的潜力，昔日的丑小鸭变成令人羡慕的白天鹅的现象比比皆是。各类社团组织的各项活动，给学生提供了先进的理念和成长的机会，开阔了他们的视野。在社团活动的过程中，使学生感受到自身的价值，更好地认识、完善、接纳自我，从而形成积极健康的自我评价。

4．大学生社团具有满足归属需要、提供情感支持的功能

每一个社团都是一个有组织有分工的小集体，这是除同学关系、舍友、同乡以外的另一种人际交往。同学关系、舍友、同乡等人际关系更多是因时间、空间原因建立起来的，而社团人际交往的基础是相同的兴趣、爱好、理想、志愿、世界观等，因此心灵的相通、思想的共鸣、心理的互惠，在社团中更加突出。社团成员彼此间容易建立更加长期而深厚的友谊。社团成员间的相互支持、相互鼓励以及倾诉机会的增加，在一定程度上可以减轻

学生的孤独感和无助感，获得归宿感，培养社会责任感及奉献社会的精神，这也是他们参加社团活动的动力和源泉。

5．大学生社团具有塑造人格、促进学生自我实现的功能

在社团内，良好的氛围体现在对社团成员人格的尊重，体现在让每一个成员自主参与活动，体现在和谐的人际关系等方面。在社团中，每个成员都被视为一个独特的个体，被给予充分的空间展示自我、实现自我。它高度体现了对人的重视，强调以每个成员为中心，关心人、培养人、发展人。它从根本上激发了学生的热情，尊重每位学生的个性，挖掘每位学生的潜力，从而使其个性得到发展，人格素质得以提高。

6．大学生社团具有扩大人际交往范围、锻炼社交技能的功能

社团成员在共同的活动中，强调奉献、友爱、互助和进步，既要分工又要合作，共同商讨活动内容；有时社团还要走出校园，走向社会，与社区、公司、企业等建立联系，寻求他们技术或资金支持，同时使自己的活动成果社会化。在这些活动中，社团成员锻炼了人际交往能力，学会了合作协商等交往技巧。可以说，社团就是一个雏形的社会，为大学生今后顺利步入社会，搭建了锻炼的平台。

（二）大学生社团在发挥心理健康教育功能中存在的问题

大学生社团为大学生个性发展、人格完善提供了条件，但是，由于各方面的原因，还存在着不足之处：

（1）有的社团组织活动流于形式，过多地注重社团的“热闹”“不热闹”，很少涉及成员内部的沟通，没有利用成员的心理特点建立成员之间的亲密联系。成员在社团中找不到归属感，没有真实的体验，因而导致了一部分成员的流失。

（2）目前大学生社团大多以丰富大学生的课余生活为主，活动内容也多以专业研讨、舞蹈、棋类、球类等为主，缺乏与社会的联系，没有关注大学生多种社会角色的扮演，也没有对社团成员中出现的一些人际交往及冲突问题进行沟通解决。

（3）大学生社团缺乏心理健康教育方面的专业指导。大学生社团的种种优势对心理健康教育的促进作用是显而易见的。但是，它又是不够专业、不够广泛的。所以，为了使心理健康教育服务于更多的大学生，不仅要利用非心理健康社团的力量，对其进行专业指导，还要设立专门的心理健康社团。

心理探索四：如何发挥大学生社团的心理健康教育功能

大学生社团是大学生应用所学知识的一个平台，是大学生掌握技能的第二课堂，是适应社会的前奏，是人格培养的沃土。因此，加强大学生社团的管理和建设，利用大学生社团做好心理健康教育工作是非常有意义的。

一、夯实促进大学生健康成长的物质基础

大学生社团是在校园大背景下开展的，学校与各方面的支持和鼓励是至关重要的。

1．人力的补充

学校不仅要用心和感情去培养有创新精神、有工作热情的社团干部，而且要给各种类型的社团配备有相应专业、技能，有社会经验的老师。更重要的是，学校应要求为社团成员提供心理健康服务的老师去解决社团中存在的人际冲突等问题。

2．物力的支持

学校应该为社团活动提供一切便利条件。尽量审批社团活动的经费，争取提供学生活动的场地、施展的空间，让社团活动的开展没有后顾之忧。

3．提供社会资源

社团活动是学习活动的延伸，是社会活动的前奏。大学生活的目的是适应社会，服务社会。因此，学校应该为大学生社团提供充分而广阔的社会资源，为社团活动开辟实习基地，建立学生与社会链接，使其走出校园、走向社会。

二、营造促进大学生健康成长的心理氛围

大学生参与社团不仅仅是对课余闲暇的消遣、对紧张学习的放松。大学生希望在社团活动中展示自我、得到别人的尊重和认可，从而实现自我。因此，在社团中，营造一个轻松、和谐、尊重个体的心理氛围非常重要。

1．减少领导者的角色干预

在传统的社团活动中，学校、学院领导的权威角色对社团施加着非常大的影响。社团严格遵守“领导”的指示，组织活动流于形式，抑制了社团成员的自由性和创造性。为了增加社团的向心力，应该弱化领导人权威角色；以个体为中心，让个体在社团中真正体验到主人翁的感觉。社团是大学生自己组成的团体，从社团的筹建、领导人的产生，到管理制度的健全、活动内容的设计等，都要充分尊重学生的意愿，充分发挥学生的才智。坚持以学生为主体开展活动，让学生在自主性的活动中学会自我约束、自我管理、自我教育，从而提高能力、增长知识。

扫一扫

最具创造力大学生社团

2．鼓励社团成员创新

只有不断地创新，社团才有源源不断的动力和勃勃生机，社团对成员才有持久的新鲜感和吸引力。因此，社团组织者应该合理利用竞争机制，开展各项活动激发社团成员的创造力。只有这样，才能保证成员不会因为活动单调乏味，觉得参加社团只是浪费时间而退出。

三、加强对社团的心理健康专业指导

我们知道，大量的非心理教育社团可以通过规范的管理、健康有益的活动、协调的人际关系、积极向上的社团文化，帮助大学生克服各种心理障碍，促进大学生健康成长。但是仅仅这些是远远不够的。大学生社团要向成员普及心理学知识和心理调适的方法，促使学生自己关心自身的心理发展。另外，还要成立专门的心理健康社团，通过广泛宣传，使心理健康理念深入人心，在教师的指导下开展一系列活动。开展学生层面的心理互助活动，不仅能让心理教育活动更加贴近大多数学生的需求，而且能充分发挥他们的主体性的空间。当然，学校还应对社团进行原则上的指导，引导社团组织紧跟时代的步伐，制定相应的规章制度，从而实现制度化、规范化管理，这些也是建设优秀社团不可或缺的条件。总之，对社团的建设和管理，应以挖掘学生潜能为原则，促进学生健康为目标，遵循规范化和人性化管理的统一，帮助大学生遵守规则，却又不乏创新，实现心理健康教育的基本目标——人格的完美。

心理训练

一、大学生参加社团心理调查量表的构成

大学生参加社团心理调查量表由 8 个项目构成。

指导语：大学生参加社团心理调查量表一共有 8 个问题，请你根据自己的实际情况选择最符合你内心真实情况的答案；个别题目可能不存在一个特别符合自己的答案，选择最贴近你的那个。

1．你有兴趣参加（　　）类型的社团。

A．科技学术　　B．理论思辨

C．知识技能　　D．文体娱乐

2．你愿意花（　　）的时间在社团活动上。

A．每月一次　　B．每周一次

C．每天一次　　D．每学期一次

3．你参加社团的主要动机是（　　）。

A．提高能力　　B．锻炼自己

C．充实闲暇时光　　D．结识朋友

4．你觉得大学生社团应该发挥（　　）的作用。

A．创造成长机遇　　B．提供发展平台

C．引导积极参与　　D．促进全面成长

5．你认为参加社团可以让你得到的收获是（　　）。

A．自信心增强　　B．锻炼能力

C．积累经验　　D．生活充实

6．参加社团在心理健康方面给你带来最多的是（　　）。

A．主动交往　　B．结识朋友

C．心情舒畅　　D．生活减压

7．你认为参加社团活动对你生活时间分配的影响在于（　　）。

A．基本没有负面影响　　B．占用学习时间

C．占用社交活动时间　　D．其他

8．你愿意在社团活动中扮演（　　）的角色。

A．社团领袖　　B．幕后策划

C．活动主力　　D．普通一员

二、测评方法

根据实际情况选择符合内心真实的答案。

三、评价参考

该量表无标准答案，根据自身实际情况选择即可，不仅可以为大学生社团组织纳新提供信息，也可以对个人参加社团活动的心理动因做一次全面的剖析。

项目十 恋爱与性 切勿草率
——大学生恋爱和性心理健康

【故事悦读】

琴琴的困惑

周末的晚上，文斌向相恋已久的女友琴琴提出了性要求。琴琴考虑了许久，婉言拒绝了男友的要求。但是，两个相爱的恋人却因为这件事情而闹起了别扭。难道因为性的缘故，两人的爱情就停滞不前了吗？年轻多情的琴琴不知道该怎么办才好，她很困惑，“爱情究竟是什么？”

热身运动

活动一：寻找爱情地图

活动目的：探索爱情地图，找寻喜欢的人的类型。

活动材料：笔、纸。

活动流程：拿出一张纸，写下以下两个问题的答案，之后一起分享讨论。

（1）你认为什么是爱情？

（2）你喜欢什么样的人？

活动二：“戴高乐”

活动目的：通过表达训练，培养表达爱的能力。

活动材料：笔、纸。

活动流程：

（1）随机选择两名同学互相注视对方的眼睛 30 秒，很肯定的看对方，不要躲闪，真诚地告诉对方他（她）的优点。

（2）写下对方的优点（每项至少一点）交给对方。

活动三：健康大树

活动目的：使成员树立一种健康和正确的性发展观。

活动材料：短片、图片、纸做的大树。

活动流程：

（1）播放一段有关大学生性健康教育的短片，然后再展出几张大学生因不正确的性观念而产生危害的图片。

（2）观看后让同学自由畅谈，并要求同学指出错误的地方。

（3）发放卡片，同学通过讨论将意见写在上面，主持人适时地表达自己的感受，并把大家总结出来的意见写在树的每一片叶子上。

头脑风暴

一则小故事

一位身披盔甲的武士旅经乡间，听说公主被野兽围困在城堡中，他马上策马飞奔，奔向她的城堡。勇敢的武士拔剑杀死了野兽，救了公主。

城堡之门打开了，公主的家人和全镇的人民都欢迎他，为他庆祝。他受邀住在城中，人民视他为英雄。他和公主恋爱了。

一个月后，武士又出去旅行，回来时，听到他的爱人公主哭泣求救，另一只野兽正袭击城堡。武士抵达时，义拔剑要刺杀野兽。

在他跨出步伐前，公主从城堡里喊："别用剑，用绳子比较好。"她丢给他绳子，然后又好像在示范该如何使用。他犹豫不决地听从她的建议，将绳子套上了野兽的脖子，然后用力拉。野兽死了，每个人都很高兴。

庆祝晚会上，武士觉得自己并没有立下功劳，因为他用的是她的绳子，而不是自己的剑，他觉得承受不起全镇人民的信任和赞美。

一个月后，他又去旅行，随身带着剑，公主叮咛他多保重，并把绳子交给他。他回来时，又看到一只野兽攻击城堡，他马上拔剑往前冲，心里却想着，也许可以用绳子，正在犹豫时，野兽向他吐火，烧伤了他的右臂。他困扰之中望向窗口，公主站在窗前向他挥手。

她大叫："绳子没用了，用这包毒药。"她把毒药丢给他。他把毒药倒入野兽的嘴里，野兽立刻死掉。人人欣喜庆祝，但武士却引以为耻。

一个月后，他又去旅行。随身带着他的剑，公主叮咛他凡事小心，并要他带着绳套与毒药。她的建议使他困扰，但还是把绳套和毒药放在行囊里。

在旅行至某条街上时，他听说一个女人遭遇不测，他冲去解救她时，心中的沮丧已完全消除，他充满了自信与活力。但在拔剑刺杀野兽时又犹豫起来，他不知道该用剑，用绳套，还是用毒药。公主会建议他用什么？

他困惑了好一会儿，随即他回忆起尚未遇见公主前，身上只带着剑的情形。他重新建立自信，以他信任的剑来对付野兽，最后他胜利了。于是，武士再也没有回到公主身边，他留在这个城市过着快乐的日子。后来他结婚了，但在结婚之前，他确信他的伴侣不知道关于绳套和毒药的事。

思考：读完这个故事，您有什么感受？为什么武士会离开公主？你认为爱情中男女相处最重要的是什么？

一封来自“80后”的书信

老师：

您好！人们说结婚一年是纸婚，一撕就破，难道真是这样吗？我本来不相信，现在可有一点信了，为什么这样说呢？请看，我和强强婚前婚后的八大不同：

（1）婚前，我们是大学同班同学，他能每天给我写一封情书，情真意切，总能让我心花怒放；婚后，却一封情书都没有，哪怕他出差，离开家了，也不给我写。

（2）婚前，我喜欢吃啥，他就喜欢吃啥，胃口总是随我；婚后，他不这样了，我不喜欢吃辣的，他偏要吃，还非依着他不可。

（3）婚前，我要他陪我逛街，他次次高兴地陪我，且出手大方，我想买什么，他就买什么，真正的大男子气；婚后，他很少陪我上街，我拉他去，他十分勉强，且变小气了，我有时想买好一点的化妆品，他舍不得，说太贵。

（4）婚前，在学校，他还帮我洗衣服，不让他洗，他还非洗不可；婚后，他从没给我洗过一件衣服。而他的衣服，自己不洗，却要我洗，说这是做妻子的责任。

（5）婚前，我要看什么电影，他就跟着我看；婚后，我们看电影，非要依着他选的片子，否则他不陪我，真气煞人。

（6）婚前，他经常在我生日，或情人节送礼物给我；婚后，他好像把这忘了，我没收到他一件礼物。

（7）婚前，他经常陪着我，经常寸步不离；婚后，他很少陪我，却与他的狐朋狗友到外面玩；下班后回家很晚，有时干脆不回。打电话问他，他不是说加班，就是说有应酬。

（8）婚前，他经常陪我看望我父母，到我家做家务事也殷勤；婚后，这一切似乎免了，我约他回娘家，他总是推三拖四，不愿意。

为此，我真想不开。早知这样，真不该嫁给他。如今，生米已煮成熟饭，怎么办？提出离婚吗？我还爱着他。不离，又受不了，真烦。请给我指点迷津，早给我回信，谢谢。

敬祝一切顺利！

龚英

2011.3.1

思考：读完这封信，您认为恋爱和婚姻有差别吗？他们的差别是什么？如何才能让恋爱的甜蜜延伸到今后婚姻幸福？

心理探索

心理探索一：爱情是什么

爱情是人类最永恒的话题之一，是关乎人生幸福的大事，它古老而又鲜活，复杂却又简单，具有普遍性但却因人而异；爱情又是一种奇妙和难预测的情感，它可以使人极乐，感受到世界的美好和幸福空气弥漫身边的浪漫，也可以使人极悲，痛不欲生，正如一首歌词所唱的那样，"爱情像杯苦咖啡"，爱情到底是什么？

一、什么是爱情

爱情是人类社会产生以来就一直存在的社会现象。自古以来，许多哲学家纷纷追问和回答关于爱的问题。罗杰斯认为"爱是深深的理解和接受"。弗洛姆认为"爱是我们对所爱者生命与成长的主动关切，没有这种关切就没有爱"。海德认为"爱是深度的喜爱"。我们认为，爱情是一对男女在一定的社会关系和共同的生活理想的基础上，各自内心所形成对对方的最真挚的情意并渴望对方成为自己终身伴侣的最强烈的情感。

扫一扫

什么是爱情

二、爱情形成的三要素

1．激情

爱情是以性本能性欲为生理基础的。没有性本能就不可能对异性感兴趣，就谈不上会发展成爱情，所以这是一个前提。现代科学的研究表明，爱情是大脑中多种神经递质产生和传递的结果。人的性爱中心竟是大脑的中心——丘脑，在这里藏着"丘比特之箭"——多种神奇的神经递质，也称为恋爱兴奋剂，如多巴胺、苯乙胺、内啡肽、去甲肾上腺素和后叶催产素等。当神经递质随着体液流遍全身时，就会产生让人神魂飘荡的爱情。

因此，当一方发现钟情的异性之后，往往会出现一种渴望在一起的激情，进而出现相应的行为。其最主要表现在眼神上。眼睛是心灵的窗户，通常情况下，当双方目光相对时，立即会出现将目光移至别处的反应，在这之后目光会随着观察对象的变化发生自然转移。若目光移至别处后，又很快回视特定对象，或目光停留于特定对象的时间过长，很可能是钟情的标志；若对方也面带笑容地出现同样的反应，则可称之为“眉目传情”或称之为“秋波传送”，也称“来电显示”，预示着进一步发展关系的可能性。一般情况下，青年男女都会在“眉目传情”或“秋波传送”的激励下，相互接近并加强交往。

另外，恋人双方也会表现出一种给予的激情和奉献的激情。这种奉献的激情不是出于观念，不是出于伦理道德，不是出于责任，而是出于感情。正如康德所说，“我爱你和你无关”。在爱情关系中，恋人交往往往不求回报，不计得失，不考虑公平，对方的需要就是自己的义务，为了让对方快乐，不惜花费时间劳累奔波，不惜倾尽囊存。

2．亲密

当双方确定恋爱关系后，俩人希望单独接触，多些私人空间，急于想缩短彼此的空间距离，因此会千方百计地想办法见面，即使是异地恋、双城恋也会通过短信情书、煲电话粥等方式以解相思之苦。正如古人所说“一日不见，如隔三秋”。钟情于异性将会产生缠绵悱恻的体验，两人在一起的时候，感到时间飞逝；每一次分别都依依不舍、若有所失。分别后，经常回忆两人在一起的情景，回味对方的每一句话，每一个表情，并盼望下一次的接触机会。恋人在亲密交往中表现出强烈的排他性，双方十分在意对方的言行，见到对方与其他异性往来，往往会心生嫉妒。恋人之间的亲密交往还表现在交往的距离上，两人在共同的活动中距离相当接近，经常发生似乎是自然而然的身体接触，如边缘性接触（牵手等）、过程性接触（抚摸、亲吻等）和核心性接触（发生性关系）。

3．承诺

恋爱是爱的选择，婚姻是爱的确定，养育是爱的分配，终老是爱的还原，人的一生都行走在爱之间。从爱的选择到爱的确定，这其中有一种强大的信念在支撑。这种信念是一种美好的愿景，是恋人双方相信他（她）是最适合我的，是能够给我带来幸福和快乐的人，是值得托付的人。这种信念往往由承诺的方式表现。

由于钟情男女实质性交往的建立，自我暴露程度的大大提高，与对方倾心交谈成为一种美妙的享受。天南地北，人生社会，无话不谈，甚至隐私，也可以毫无保留地向对方倾吐。他们尽可能地让对方了解自己，也希望最大限度地了解对方。为此目的，双方都极力提高言语组织和表达能力，表述更加形象生动。钟情者关心对方胜过关心自己，愿意为对方负责并对此做出承诺。他们经常惦念对方的一切，安危冷暖、喜怒哀乐，无不挂在心上。他们会送衣物给对方，或在节日、纪念日赠送纪念品或礼品。有的人为对方遇到学习或生活的困难而苦恼，全力相助；有的人在经济上也混合在一起，你我不分。在激情的驱动下，他们还会山盟海誓承诺忠于对方，始终不渝，为对方终生的幸福负责。一般说来，男女双方在交往中伴有激情、亲密和承诺，说明这种交往已经是较成熟的爱情了。

三、爱情发展阶段

1．生理基础

爱情是一种异性之间强烈的吸引状态，这种状态与关怀、依赖、信任和自我暴露以及性欲等特征联系在一起。性、爱情、婚姻，这三者之间是有联系的。从人性角度来看，如果没有性的话，爱情和婚姻都谈不上；如果没有性别之分的话，爱情、婚姻当然就没有存在的理由。爱情和婚姻都是建立在性的基础上的，这是它的一个共同的生理基础。

2．审美情感

如果说爱情的第一步是生理基础的话，第二步就是审美情感。这种审美情感难能可贵，正如有句话所说"女人是男人文明的催化剂"，其实就是指男女双方在感情发展的过程中呈现的一种审美情感的变化。在爱情荷尔蒙的作用下，男女双方互相开始吸引，对"美"开始敏感了，对方的一举一动、一颦一笑都充满了无限的魅力和想象力；他们不但关注自己的外在和内在美，还会注意对方的美。而这个时候，心里会因为有一个依恋的对象而充实，有一份反观自己，看到自己的存在而幸福，世界变得太美好，感谢生命中遇到的他（她）让自己体会到生活的美丽和不一样。这种两情相悦的美感实际上正是性本能开始成熟的时候，是注意自己爱上什么人的时候，是激起求爱行动的重要时候。

3．道德情感

爱情再往下一步发展将形成道德情感。道德情感是一种广义的道德，它主要是指精神上的情感和精神上的吸引，是两情相契、心心相印的愉悦。恋人之间彼此信任，具有高度的责任感，把对方当成自己的亲人和最值得信赖的人，海誓山盟，憧憬未来，这也正是推动爱情发展的巨大力量源泉。此时的爱是最高尚无私的爱，是最深刻的爱，是最能沁人心脾的爱，因而也是最真挚的爱。

4．宗教情感

爱情再前进一步，就从道德情感发展到宗教情感。宗教情感是恋人彼此建构"在一起"的共同信念，并从这种信念中找到奋发向上的无穷力量。就好像感觉俩人是命定的姻缘，是在一丝一丝地轮回中好不容易寻找到的真命归宿。同时爱情发展到此阶段，有一种神圣性，因为婚姻是关系到人类延续的问题。以婚姻的仪式来看，西方人大多信奉基督教，结婚要去教堂，等于在上帝面前宣誓，你是不是愿意接受这个女人做你的妻子，你是不是愿意接受这个男人做你的丈夫，你要宣誓：我愿意。愿意就意味着我对她永远负责任了。在中国拜天地，要在天地面前来确认俩人之间的相爱关系。

心理探索二：大学生恋爱现状

当前，恋爱已经成为当今大学生活里的普遍现象。在校大学生的年龄平均在 20 岁左右，已经是合法的公民、成年人，受到法律的保护和约束；在心理和生理上都趋于成熟的时期，他们渴望爱情。由于大学生心理发展尚未达到完全成熟的程度，虽感情丰富，却自控力尚弱，容易在情感上出现心理问题。如何正确对待这个问题，是摆在大学生面前的重要课题。

扫一扫

大学生恋爱观

一、大学生恋爱的意义

（一）积极意义

大学的校园环境有它的独特性。对大学生来说，从个体发展的角度来看，恋爱对大学生心理的成熟健全有很大的促进作用。正如有些心理学家所说，“恋爱是青春晚期和成年早期最重要的事件，只有经过了恋爱，人才会真正成熟起来”。

恋爱对于大学生的积极意义表现在以下几个方面。第一，恋爱是大学生释放日益强烈的性冲动的重要途径。通过恋爱接触异性，使大学生不再感觉到性的压抑紧张。第二，恋爱可以更好地认识自己。恋爱是两个人人格的深层接触，特别是恋人对自己的看法是了解自我的重要途径。第三，恋爱能促使大学生个性的完善和社会情感的发展。恋爱为大学生走入社会提供了一个缓冲环境。有了这个缓冲，大学生能更从容地完成社会化，完善地发展自我，升华人的个性，开发人的潜能，促使人的新生，使人乐于承担责任。

（二）消极意义

大学生的恋爱也具有两重性，积极性和消极性并存，如果处理不当也会危害大学生的身心健康。首先，恋爱影响大学生的心理平衡。热恋与失恋是人生所遇到的重要事件，特别是失恋是人生所遇到的重要负性事件。在恋爱的过程中，一些大学生过度的兴奋或悲痛都会加剧他们的心理紧张。处在热恋中的大学生虽然双方的共处和抚慰，再加上爱情的甜蜜会降低他们的焦虑感，但他们有时会为一些微不足道的小事而高兴不已或烦恼不止。遭受恋爱挫折的大学生所承受的心理打击更大，往往会使一些大学生失魂落魄，人生意义消极，甚至走向绝路。

其次，大学生男女之间相互恋爱可能导致学习时心猿意马，注意力不集中，分析能力受到抑制，习惯行为受到破坏，约束自己行为的力量减弱等。最后，恋爱之中的大学生由于相对追求亲密，导致交往范围逐渐缩小，影响与同伴交往的质量。

二、大学生恋爱的影响因素

（一）生理满足的需要

满足性冲动的生理因素是促使大学生投入恋爱活动的重要诱因。性意识的发展有一个萌生、疏远异性、向往异性到恋爱的过程。随着性意识的发展，性欲需求会日益强烈，性意识发展过程中弥散化的性冲动集中会逐渐投射到选定的特殊对象上。出于性冲动的驱使，大学生开始脱离群体化的两性活动而单独约会，这就是恋爱发生的基础。

（二）亲密关系的需要

处于青年前期的大学生不再像儿童时那样满足于血缘带来的亲近，他们有着强烈的爱和归属的需要，他们需要一个可相互吐露心声的亲密知己。因此，对亲密关系的追求把孤独的大学生引向恋爱是极其自然的事。正如心理学家沙利文指出，亲密关系和性冲动最终结合成人类的情爱。

（三）精神追求的需要

有些大学生投入恋爱的目的是为尝试一下早已向往的被诗歌小说吟诵的甜蜜爱情，或者是体验韩剧中诠释的爱情。因此，有些文学作品和韩剧对当代大学生的恋爱价值观念产生了重大的影响，使他们原来的价值体系发生了微妙的变化，表现在对待恋爱的态度上、选择与判断、满意程度的变化以及过程和结果的追求等。有些大学生把恋爱看成是人生的全部，更喜欢追求完美，偏爱理想化的境界与浪漫的恋爱情境，重视爱情的形式大于内容，过程大于结果，爱情满意度的指标也有更高的追求。

三、大学生恋爱的特点

大学生渴求知识、追求理想，对个人和社会都有比其他人更高的要求。大学生的这一特点以及校园环境的特殊性决定了他们的恋爱与其他的恋爱相比有以下特点。

（一）恋爱普遍化

伴随着改革开放的进程和西方文化的冲击，当代大学生的恋爱人数呈明显上升趋势。据资料统计，20 世纪 90 年代以前，大学生谈恋爱的人数不足在校学生的 1%，现在已经超过半数的大学生都已经初尝爱情滋味；恋爱行为也日益公开化，一些大学生谈恋爱，一改传统的以含蓄、朦胧、深沉为美的形式，喜欢透明化、公开化，且有意显示。他们常常在公众场合下，手拉手，肩并肩，成双成对出入图书馆、教室、食堂，在校园幽静之处，常常可以看见他们拥抱、接吻的身影，有的还甚至出现过火的行为。爱情已经走进了不少大学生的情感生活中，也成为校园生活的一大内容。

（二）恋爱低龄化

大学生谈恋爱呈现出低龄化的趋势。一方面由于大学生学业压力较小，又是身处新的学习环境，恋爱已成了部分大学生入校后的要务之一。另一方面受高年级同学的影响，一些刚进入大学校门的大学生很快就开始进入恋爱阶段，大学生恋爱已成为高校“一道独特的风景线”。

（三）恋爱媒介、途径多元化

随着科学技术的发展，互联网的普及，无线通信业的发达，大学生的交流、交往方式包括恋爱途径也随之改变，大学生恋爱由以往以同学、朋友、书信为媒，发展到现在流行的以网络为媒。大学生充分利用网络的便捷性、平等性、开放性等特点开始了一段段网络情缘，享受着“网恋”带来的时尚。网络社会的存在，为大学生提供了另外一个与现实环境不同的情感空间。他们可以在虚拟社会中大胆表达自己的情感需求，但也给大学生生活带来许多可预见的不良影响。

（四）恋爱色彩浪漫化

大学生生活在校园，正值花样年华，青春萌动，情感洋溢。他们很少考虑爱情之果——婚姻家庭的琐碎，对承担实际生活困难的能力、责任等条件则重视不足；再加上他们易受文艺作品中理想爱情的影响，去勾画自己的理想伴侣，强调对方的理想、志趣、品质、性格等精神层面和气质、容貌等外在条件，因此大学生谈恋爱富有浓厚的浪漫色彩。

（五）感情发展高速化

一些大学生恋爱，由于以前未曾品尝过爱情的滋味，不知爱情是何物，对异性充满了神秘与好奇之心，因此一开始就表现出快速发展的趋势。一进入恋爱状态，爱情就像撞击心岸的海涛，一浪高过一浪，从初识、初恋到热恋，时间很短。另一方面，还表现出情感表达的热烈度大，具有不易克制、易冲动等特点。特别是有些大学生就是为了恋爱而恋爱，只追求恋爱过程，不注重恋爱结果，缺乏长远打算，“不求天长地久，只求曾经拥有”，由此导致大学生恋爱的成功率不可能很高。

四、大学生恋爱误区

（一）恋爱动机不纯

恋爱动机不纯主要表现为所谓的游戏式恋爱，即视爱情如游戏。只求个人需要的满足，对其所爱者不肯负道义责任，对恋爱对象的更换视为轻易之事。

目前，大学校园中不乏一些学生并非为了恋爱而恋爱，大学生恋爱动机多种多样。有的是为了弥补内心的空虚、孤独，有的是出于好奇心理，有的是赶潮流，有的是为了某种物质利益，还有的是为了显示所谓的个人魅力等。这些恋爱动机表现在恋爱行为中，往往是对爱情的不负责任。他们过多考虑的是本人的内心情感和自身的需要，而很少把真爱奉献给对方。这样的恋爱是不稳定的，最终只会引起不幸和冲突。

扫一扫

爱·殇

（二）交往对象多元

交往对象多元是指男女双方在恋爱过程中，双方或一方同时与恋爱以外的异性进行交往，并且对这些异性都具有超越一般友谊的心理倾向性，即潜在地把他们作为自己的恋爱对象加以考虑，只是暂时未公开化。这种恋爱多元特征在大学存在广泛性和长期性。它与事实上的多角恋爱不同，多角恋爱是指恋爱的一方同时爱着多个异性或同时被多个异性爱着，但是这些异性同时又被其他人爱着而产生的多角恋爱关系。多角恋爱违背了爱情的排他性，是畸形的、不道德的，也是危险的。其带来的后果很严重，不但会使恋爱中的一方或多方处于痛苦和无奈之中，还会产生感情纠纷，甚至激化某两方的矛盾，导致武力相争。交往对象多元，虽然从短时间看，不会造成如多角恋那样的严重后果，但从长远来看，存在相当大的隐患，而这恰恰反映了当代大学生的恋爱心理不成熟和恋爱目的不明确的状况。

（三）恋爱认识过于浪漫

恋爱是美好的，追求浪漫是大学生恋爱的最大特征，大学生多以艺术作品中的爱情作为模式，努力寻找理想中的浪漫之爱。有些大学生认为恋爱就是花前月下、游山玩水，认为恋爱的时候除了两个人之外，其他都不存在，对未来的现实生活的权利和义务想得很少或根本不想。

五、大学生恋爱的困惑

爱情不是人生的目标，而是人在社会生活中产生的一种体验。每个人扮演的角色不同，与异性的相互关系不同，各自的体验也不相同。如有的人会产生单相思；有的人会体验到失恋的痛苦；有的人会品尝到爱的甘露；也有的人会品味到爱的苦涩。

（一）单相思

单相思是指异性关系中的一方倾心于另一方，却得不到对方回应的单方面的“爱情”。单相思的特点是爱慕情感的单向投注性。它仿佛是从内部烧尽了个人的精神力量，给人造成看不见的深刻伤痕，对健康有极大的损害。陷入单相思会给人带来痛苦和自卑，甚至会使人完全丧失自信。单相思的原因很多，如门不当、户不对，年龄、相貌相差悬殊，道德文化修养、个性特点不符等。大学生涉世未深、理性判断力不强，所以容易产生单相思。

在大学生中，单相思有两种情况：一是明知对方不喜欢自己，仍然一味追求；二是误解了对方言行的含义，错把友谊当成了爱情。陷入单相思的人总是自觉不自觉地捉摸对方的言语、表情、眼神，幻想与喜爱的人在一起的种种场景。一旦从自己营造的“空中楼阁”中清醒过来，幻想被无情的现实击碎，情感得不到满足，便会陷入极度的烦恼和空虚之中。伴随着不良情绪，身体机能状态也受到影响，甚至导致疾病。受单相思困扰的人总是力图摆脱这一怪圈，但又总感到力不从心。

单相思严格说来不算是爱情挫折，因为连真正的爱情也没产生又谈何挫折呢？不过单相思给大学生带来的心理危害与失恋同样大。持续陷在单相思状态，对本人的自尊心理、自我概念和性意识的发展都会产生消极的影响。

（二）失恋

有恋爱就可能有失恋。失恋是恋爱中的一方失去另一方的爱情。它是一种痛苦的情感，容易使人处于强烈的自卑、忧郁、焦虑、悲愤甚至绝望的消极情绪状态之中，甚至失去生活的信心或勇气。因为恋爱双方都希望爱情走向成功，这是不言而喻的。然而，事情的发展往往是不以人的意志为转移的。两个人从相识、相恋、相爱到缔结良缘，要经历曲折坎坷的过程和时间的考验。当恋人因为社会现实、他人干预、情意不和等因素而感情破裂时，失恋的挫折就会严重影响大学生的心理、生活和正常的学习活动。

如何结束一桩不恰当的恋情，是需要认真对待的问题。一般来讲双方一致同意分手，处理起来容易些。但就其本质来说，仍然是一次失恋。如果只是一方决定分手，另一方苦苦追求，就会给失恋方以很大的打击，在恋爱过程中深深体会到欲爱不能、欲罢不忍的强烈内心矛盾与感情冲突。其实，世界上万事万物都处于不断地变化之中，每一位恋爱者都应做好应付失恋的思想准备。

失恋会给当事人带来极大的精神痛苦，尤其是接受分手的一方，从热恋关系中断裂出来，一下子失去了与自己最亲密的人，对大多数人来说是痛苦的。失恋者经常表现为逃避现实，缩小人际交往圈，在精神生活上既折磨自己又影响旁人的情绪，有人甚至向恋人进行行为或心理上的报复。失恋的创伤有时还会带来严重的后果，如自杀、心理变态等。

心理探索三：大学生恋爱问题调试

在青春时期能使一个大学生在人格、生活态度和人生观上发生变化的原因有很多，然而最大的因素莫过于爱情，它可以使大学生变得坚强而成熟，也可以使大学生心灵发生扭曲。大学生情感世界里有如此之多的心理问题，那么大学生应如何面对和解决这些问题，从而保持心理健康呢？具体地说，可以从以下几个方面入手进行心理调适。

扫一扫

如何做好恋爱准备

一、划清友情和爱情界限

人的交往常常由相识开始，相互产生好感、进行较密切的交往，之后根据交往的情况决定是否确定为爱情关系。但在产生好感后，密切交往前，常弄不清楚相互之间是爱还是喜欢，有可能将友谊视为爱情而产生误会。因此，划清友情和爱情的界限，找到他们的不同很有必要，下面提供日本一位心理学者提出的关于区别友情与爱情的五个指标，供大家参考。

第一，支柱不同。友情的支柱是“理解”，爱情则是“感情”。友情最重要的支柱是彼此的相互了解，不仅是对方的长处和优点，就是短处和缺点也要充分认清。只有这样，才能产生友情。爱情则不然，它是对对方的美化，视作理想后产生了恋爱，贯穿其间的是感情。

第二，地位不同。友情的地位“平等”，爱情却要“一体化”。朋友之间立场相同，地位平等，彼此之间无须多余的客气，也没有烦恼的担忧。如果遇到对朋友不利时，可以直率地提出忠告，甚至动怒，也要义正词严地规劝。朋友之间，就是这样，有人格的共鸣，亦有剧烈的冲突。爱情则不然，它具有一体感，身体虽二，心却为一，两者不是互相碰击，而是互相融合。

第三，体系不同。友情是“开放的”，爱情则是“关闭的”。两个人有坚固的友情，当人生观与志趣相同的第三者、第四者想加入的话，大家都会欢迎。爱情则不然，两人在恋爱，如果第三者从旁加入，便生嫉妒心理和排除异己的行为。

第四，基础不同。友情的基础是“信赖”，爱情则是纠缠着“不安”。一份真诚的友情，具有绝对的信赖感，犹如不会动摇的磐石。相反地，一对相爱的男女，虽不是没有信赖对方，但老是被种种不安所包围，比如“我深深地爱着她，她是否也深深地爱着我？”“他的态度稍微变了，是不是还和以前一样地爱着我？”

第五，心境不同。友情充满“满足感”，爱情则充满“欠缺感”。当两个人是亲密的好朋友时，彼此都有满足的心境；但当两个人一旦成为情人时，虽然初期会有一时的充足感，可不久之后，就产生不满足感，总希望有更强烈的爱情保证，经常有一种“莫名的欠缺”尾随着，有着某种着急的感觉。

一般来说，大学生在交往中，只要不欺骗自己，不是在演戏，能好好地反省自己内心情感动向，依据上述五个指标，仔细地观察、反省，并做综合分析，对友情与爱情是可以正确地辨别的。

爱情和友情

爱情说：你是属于我一个人的。

友情却说：除了我，你还可以有她和他。

友谊来了，你会说，请坐请坐。

爱情来了，你会拥抱着他，什么都不说。

爱情的利刃伤了你时，你的心一边流血，你的眼神却渴望着他（她）。

友谊的尖刺伤你的时候，你会转身而去，拔出刺不再理会。

友谊远行时，你会笑着说：祝你一路平安。

爱情远行时，你会哭着说：请不要忘了我。

爱情对你说：我有时是奔涌的波涛，有时是一江春水，有时又像凝结的冰。

友谊对你说：我永远是艳阳照耀下的一江春水。

当你与爱情被追杀至绝路时，你会说：让我们一起拥抱死亡吧。

当你与友谊被逼得走投无路时，你会说：让我们各自找自己的生路吧。

当爱情遗弃了你时，你可以大醉三天，大哭三天，又大笑三天。

当友谊离你而去时，你可能叹息天气，喝一天茶，又花一天时间去寻找新的友谊。

当爱情死亡时，你会跪在她的遗体边说：我其实已经同你一起死了。

当友谊死亡时，你会默默地为她献上一个花圈，把她的名字刻在你的心碑上，悄然离去……

二、培养爱的能力

爱是美丽的，它近似于火焰的美、浪涛的美；近似于鸟语花香、风和日丽的美。但是这种美却需要理性来调理，失去理性的调控，这种美将失去它的光辉。因此，爱需要能力，大学生应培养爱的能力，让爱散发出它应有的光辉。爱的能力包括表达爱的能力，接受爱的能力，拒绝爱的能力，建立亲密关系的能力和承受失恋痛苦的能力等。

（一）表达爱的能力

表达爱需要勇气，需要信心。一个人心中有了爱，理智分析后敢于、善于向被爱的人表白，这是施爱的能力。没有勇气表达爱，会陷入深深的烦恼中；虽表达了爱，却不恰当，仍然会遭受挫折。表达爱需要能力。

1．表达的途径

- 谈心。谈心是最直接的表达爱的方式。
- 书信。书信可以斟酌字句，考虑周到，避免面谈时难以启齿的困难，或是被拒绝后的难堪。
- 他人转达。如果感到把握不那么大，可以通过他人转达意思，或进行试探。

2．表达的形式

- 直抒爱意。一般来说，追求外向型的对象，宜采用直爽的方式直抒胸臆。
- 体贴关怀。对内向的人示以关怀温暖，在其心情不佳时耐心倾听，使其内心平衡与协调。
- 满足自尊。对自尊心强的人，给以自尊心上的满足，抓住时机婉转表达心意。

3．表达的技巧

- 含而不露。可借用一首诗、照片、书、礼卡，信，亲手做的礼物，温柔的表达来传递爱的信息。也可用表达感受的方式暗示对方，如“和你在一起，感觉时间过得特别快。”
- 含中有露。如：买两张电影票邀请他（她）一同观看；邀请他（她）一起散步、游公园；赠给对方一张自己的照片，背后题上表露爱情的诗词；赠送一束鲜花、几颗相思豆等。
- 巧用赞美。如：“你穿衣服很有眼光，很有品位。”“你对问题的看法很有见地。”
- 两性差异。一般来说男性表达爱要勇敢说出口，越挫越勇；女性表达爱要“润物细无声”。

4．勇敢接受表达后果

爱表达之后可能有三种结果：一是对方欣然同意；二是说要考虑考虑；三是拒绝。在第二、三种情况下，不能急躁，更不能对对方进行逼迫和威胁。爱情不可强求，果子未熟，摘下来也是酸的。要一如既往地交流，以诚相待，培养感情，增加了解。

（二）接受爱的能力

当期望的爱来到身边时能够勇敢地接受，这是爱的能力的表现。但是在确定这个对象是否接受之前，有一点需要考虑清楚，即了解自己，想想自己应该寻找什么样的人？因为家庭有三大责任，孝敬父母、养育子女，夫妻互助，所以在选择爱人的时候为父母选一个好媳妇、好女婿，为未来孩子选一个好母亲、好父亲，为自己选一个好妻子、好丈夫。

（三）拒绝爱的能力

当被别人所爱时，对爱做出判断，接受或是谢绝，这也是一种爱的能力。爱情来不得半点勉强和将就，对不希望来到的爱情，要运用一种充满关切、尊重和机智的方式来谢绝，这是对他人的爱护，也是对自己的爱护。首先，如果你认为对方的爱不值得或不愿意接受时，要果断、勇敢地说“不”。其次要掌握恰当的拒绝方式，切忌恶语相加。因为珍重每一份真挚的感情是对他人的尊重，也是一种自珍，同时是对一个人道德情操的检验。

（四）建立亲密关系的能力

爱的能力首先看内心储存了多少爱可以给予，如果一个人内心是干枯的，没有爱可以付出，也就缺乏与他（她）人建立亲密关系的基础。因此要与他人建立亲密关系，应着重做好几下几点：

第一，要学会爱自己——自爱。正如艾克哈特所说：“如果你爱自己，你就会像爱自己那样爱其他的每个人。只要你对其他人的爱不及对自己的爱，你就不会真正地爱你自己，但是如果你同样地爱所有的人，包括爱你自己，你就会爱他们像爱一个人，这个人既是上帝又是人类，这样的人就是一个爱自己，同样也爱其他所有人的伟大而正义的人。”

第二，要学会包容、理解和体谅，更需要“读懂”彼此。读懂有时是一种感悟、一种兼容，当读懂介入了爱的成分，那便升华至了一种全身心的容纳与交合，是一个无言而深沉，幸福并快乐的过程。读懂有两种境况，初见的读懂，既是一见钟情，一种天缘撮合的多少年朝思暮想幻影的现身，凡未经历过的人是绝难相信的，但又是客观存在的。还有一种是由初见的倾慕到渐入佳境的读懂。时光的流逝，不仅没有磨灭初识时的热情，却反而随着相互的阅读，完成了从喜欢到读懂到爱慕到激情的质的跃进。另外，在男女两性交往中，要注意既保持自己的独特性，又尊重对方的独特性，不以爱的名义实施非爱的行为。

第三，要了解两性差异，“男人来自金星，女人来自水星”，男女两性要提高沟通质量，需要注意男女两性不同的情绪需求。男性情绪的三大需要是：能力被肯定、才华被欣赏、努力被感激；女性情绪的三大需要是：时常被关怀、需要被肯定、想法被尊重。

男女不同的感情需求

她需要关心，他需要信任
她需要了解，他需要接受
她需要尊重，他需要感激

她需要专注，他需要赞美

她需要认同，他需要肯定

她需要安慰，他需要鼓励

（五）承受失恋痛苦的能力

失恋虽为人之常事，却是一生中最痛苦的心理挫折之一。不管是主动抛弃还是被抛弃，失恋会给双方的情感带来悲伤和心灵刺痛。

1．理性梳理

人都有“理智的我”和“情绪的我”。在失恋的情况下，“情绪的我”往往会压倒“理智的我”，但要摆脱痛苦，则必须用“理智的我”去提醒、暗示和战胜“情绪的我”，学会自我疏导。

扫一扫

可以失恋 不可犯贱

1）了解分手共同性

一般来说，分手的台词都有一定共同性，如“我们性格不合”，“为了你的幸福，你会找个更好的”等，男性的分手一般留有余地，不彻底；女性的分手一般比较彻底。因此当面对分手时，没有必要对分手原因究根究底，问个明白；对有些男性在分手后的藕断丝连、犹豫不决要有一定的心理准备。

2）确立“天涯何处无芳草”的信念

失恋者应认识到你喜欢的异性是同一类人，因此没有必要纠缠在一个人身上不放，要拿得起放得下，恋爱只是人生中的一小部分而不是全部。

3）分手后请记得“三句话”

- 人生是一个过程，可惜的是不能重来，可喜的是不需要重来。
- 失恋究竟是绊脚石还是垫脚石，都在你的一念之间。
- 分手了就做回美好的自己，一个人的世界同样精彩。

4）分手后请“情感冬眠”

分手后，不要急于恋爱，不要想立马通过爱情转移的方式找到情感替代，而是要花时间好好反思“分手的根本原因是什么？我到底了解对方多少？我有什么问题”，等等。只有这样才能在失恋中成长。

2．稳定情绪

1）倾诉

失恋中体验到的痛苦情绪会使得内心积累很多负性能量，因此需要以向亲人、好友或心理咨询师倾诉的方式或者写日记、书信等方式宣泄情绪，从而缓解积蓄的心理紧张和心理冲突，以便让自己尽快回归到正常的生活轨道上来，将烦恼随风而逝。

2）升华

将恋爱的挫折化为一种动力。当一个人为了减轻心理紧张而把热情投入到工作和学习中去时，他就会把这种紧张慢慢地释放，变成成就一番事业的动力。如歌德曾多次失恋，但每次失恋后都凭借文学来摆脱精神痛苦，终于写出了世界名著《少年维特之烦恼》。

心理探索四：大学生性心理的发展特点

一、性意识增强，渴望了解性知识

进入大学后，大学生更加积极地关注自身的变化，包括生理与心理。由于生理的发育成熟，大学生会出现性的欲望与冲动，产生有关性的联想和焦虑，情不自禁地对异性产生好感和爱慕之情。他们对这种反应感到好奇和困惑，因此，希望通过各种渠道了解更多的有关性的知识，解除心理的困惑。

二、对性的关注及表现上的文饰性

随着性意识的增强，大学生对性的关注程度也明显增强。他们十分重视自己在异性心目中的形象，十分看重来自异性的评价，并常按照异性的要求和希望来进行自我评价和塑造自我形象。从大学生谈论的私密话题中，不难看出大学生对性的关注程度，以及对性的强烈渴求。但同时他们又不希望自己内心的隐秘被他人察觉，因此，会在行为上表现得拘谨、羞涩或冷漠，具有明显的文饰性。

三、性冲突和性压抑

性冲突与性压抑也是当代大学生性心理的一个主要特征。一方面，青年期是个体一生性欲最旺盛的时期，随着生长趋势的变化，性发育年龄不断提前，大学生的性心理易受到外界的刺激而动荡不安，产生性的冲动。另一方面，由于学业、事业的需要及社会环境的要求，结婚年龄不断推后，出现漫长的“性等待期”，在繁重的学业任务与就业压力及校纪校规的约束下，大学生并不具有满足性冲动的伴侣，大学生的性不可以也不能自由地发挥，这就容易导致过分的焦虑和压抑。日益开放的社会文化、五花八门的信息，满足了大学生对性的了解与渴望的同时，又使大学生性的冲突加剧，一些学生由于性的能量得不到合理的疏导和释放而产生过分压抑的心理，甚至导致犯罪和变态心理的发生。

四、渴望性体验

由于性激素的作用，以及对性的好奇，大学生十分渴望得到恰当的性体验，如在异性交往过程中，恋人之间的亲吻和抚摸都会引起性欲望和性冲动。性梦、性幻想等思想、行为也是渴望性体验的表现。另外，还有一些大学生通过异性间的性行为使性的体验得以实现。

五、性心理的性别差异性

大学生的性心理存在着明显的性别差异性。在对于异性感情的流露上，男生显得较为直接和热烈，女生往往表现得含蓄而内敛。在内心体验上，男生更多的是新奇、神秘和喜悦，女生则是羞涩、敏感和不知所措。在表达方式上，男生比较主动，女生则更喜欢采取暗示的方式。男生的性冲动易被性视觉刺激唤起，而女生则易在听觉和触觉刺激下引起性兴奋。

心理探索五：性的困惑

由于大学生的性认知、性思维和性意志等发展不够完全，对有关性的话题通常采取回避的态度，因此使得他们不能正视一些正常的性生理和性心理的现象，进而产生一系列的心理困扰。

一、性焦虑

性焦虑指的是对自己的形体特征、性别角色及性功能的焦虑。随着第二性特征的出现，个体开始日益关注自身的性别角色和与之相关的形体特征，男生希望自己魁伟、高大，有男子汉气质；女生希望自己苗条、漂亮、引人注目。若自己不具备这些特征，就会感到自卑、苦恼、忧心忡忡或敏感多疑。有些男同学会为自己生殖器的发育状况和性功能是否正常而担忧，有些女生会对乳房大小等问题异常敏感，但却难以启齿，由此导致焦虑和不安等心理困扰。

这种性焦虑的心理，往往会使大学生逃避与异性交往，害怕遭到异性的否定。即使有对异性的倾慕和对爱情的渴望，也会因自卑心理而被压抑，不能正常地表达自己的情感，久而久之，就会变得内向、孤僻和自闭，影响正常的人际交往和心理发展。

二、性冲动

性冲动是在性激素和内外环境刺激的共同作用下产生的对性行为的渴望与冲动。它常伴有生殖器官的充血以及心理上的激动和快感，是生理和心理的综合反应。对于大学生来说，性冲动是身心发展的结果，是正常的生理和心理现象，是个体自然的、本能的行为表现。

但是，有一些大学生由于缺乏对性知识的了解，认为性冲动是不纯洁、不道德的表现，他们不能正确地看待自己的性欲和性冲动反应，并因此而感到羞愧、自责、苦恼、厌烦和恐惧。这种不可避免的生理冲动与心理上对性冲动的否定，使大学生产生了极大的心理矛盾，进而引发困惑和不安等情绪反应。

还有一些大学生，尤其是一些男同学，往往容易受外界刺激而产生性冲动，但是由于社会责任、法律准则、行为规范以及校园环境的约束和限制，他们无法自由地选择性行为，无法满足性的欲望、释放性冲动产生的能量，加之自我控制能力较弱，意志力不强，因而会感到压抑和不适，甚至引发严重的心理问题。

三、性梦

性梦是指在睡梦中发生有关性的行为。这是性成熟后出现的正常现象。异性间的爱慕、倾心或某种外界刺激会导致性的冲动，但在清醒的意识控制下，个体会主动抑制这种冲动。而进入梦境后，这种潜意识中被压抑的性冲动可以不受理智和道德的约束在梦里得到释放。心理学家认为，对于大学生而言，通过性梦的方式可以使白天被社会规范限制的性冲动得到部分的满足，从而缓解性紧张。

但是，有一些学生由于不了解性梦产生的原因及其存在的合理性，而对自己的性梦感到羞耻，在清醒后时常会责备自己的肮脏和龌龊，并感到惶惶不安、心神不宁。事实上，性梦是一种自然的宣泄，可以缓解积压的紧张情绪，有利于性器官功能的完善和成熟，性梦并非病态，因此要合理看待。

四、性幻想

性幻想，又称性的白日梦，是指在白天清醒的状态下想象与异性发生性行为的现象。性幻想表现为在某种特定的因素诱导下，自编、自导、自演与性交往内容有关的心理活动过程。它可以幻想出在日常生活中不能满足的与异性一起约会、接吻、拥抱、性交等活动。当大学生与异性交往的强烈渴求不能实现时，性的白日梦就有可能发生。

医学研究证明，在 16 岁以后到结婚以前，很多人都会有这种白日梦，这是一种普遍的心理现象，也是性冲动不可避免的结果。这种白口梦可以导致生理上的性兴奋，偶尔也会出现性高潮，这在一定程度上可以缓解人对于性的需求。但是，如果这种性幻想发展过分，使人整天沉溺于其中，甚至把幻想当作现实，就容易使一些大学生走向极端。

五、性自慰

性自慰是指用手或其他物品以不同方式刺激性器官，引起性快感，获得性满足的行为，是疏泄性冲动的一种方式。许多大学生对自慰都持消极和怀疑的态度。他们认为自慰是罪恶的、下流的、道德败坏的行为，同时他们又会担心自慰会有伤身体，造成性功能障碍，但又不敢向其他人询问，因此，会背上沉重的心理包袱。伴随着自慰快感的消失，就会产生悔恨、紧张、害怕、忧虑和自责等心理，越是如此，便越沉溺于自慰之中，借自慰来暂时释放紧张情绪，久而久之就会陷入恶性循环。大学生对自慰产生的内心紧张，还会引起身体功能的紊乱，出现一系列不良的身心反应，影响学习、工作和日常生活。

当今国内外对性自慰的看法越来越趋向于无害的观点，有医学家和心理学家研究认为，性自慰并非不正常和有害身心健康的行为，可以认为性自慰是一种没有正常性生活的一种代偿办法，其对于调节烦躁的神经系统也有一定的好处。所以，应该以正确的态度对待性自慰这种生理行为。但是，对于大学生来说，长期频繁的性自慰也会影响身心健康。科学的做法还是要培养广泛的兴趣，在丰富的校园生活中不断地充实自我，分散对性的注意力，将焦虑和压力转化为动力，寻求学业、事业方面的成功。

六、亲昵过度导致婚前性行为的发生

热恋中的情侣常常会通过身体接触来表达对彼此的爱意和亲密，然而触觉是一切感觉中最缺乏理智的，其与性行为具有密不可分的关系，是最容易使恋爱双方产生性唤起的途径。特别是当双方的身体触及到性敏感带时，性交的欲望会不可避免地被调动出来。爱抚本身就是性能量的积聚过程，一旦性能量的积聚到达了高峰，必然要寻找途径释放，发生性行为就是最好的释放途径。

当性行为的发生并非彼此的初衷时，事后所产生的懊恼、自责以及罪恶感会给双方带来很多的困扰。这种性行为并非是建立在彼此对婚姻承诺的基础之上，又受到道德规范的约束，虽然能够带给恋爱双方身体上的愉悦，但却不能使他们感受到已婚夫妇那种心理上的绝对满足，会对日后婚姻的幸福感会产生负面的影响。

心理探索六：如何看待大学生婚前性行为

一项对杭州 9 所高校的大学生婚恋观的调查结果表明，有 15.5%的大学生认为婚前性行为很正常，持支持态度；48%的同学不反对也不支持；同时调查表明有 5.7%的正在恋爱的人已经同居，15.5%的人发生过性关系。从这些调查结果中我们不难看出，当代大学生对婚前性行为持一种比较宽容的态度。这种态度一方面是受社会对于婚前性行为宽容度的影响，另一方面也和大学生处于“性饥渴期”有关。虽然目前国家已经取消大学生在校期间不允许结婚的规定，但很少有大学生会为了合法进行性生活而结婚。婚前性行为乃至同居似乎就成了解决问题的最佳途径。然而，婚前性行为虽然能给大学生的身体带来愉悦和满足，但其带来的消极影响也是不可忽视的。

扫一扫

如何看待婚前性行为

一、婚前性行为对女生的消极影响要多于男生

其一，婚前性行为极易导致意外怀孕，而女生作为生育的主要承担者，由此带来的身心上的伤害要远远超出对男生的影响；其二，有研究表明，女生愿意发生性关系是为了爱和建立更亲密的联系，而男生则更多是为了身体的愉悦和满足，可以和恋爱关系无关。因

此，一旦恋爱关系破裂，女生较男生更容易受到伤害；其三，婚前性行为可能导致原本平等的恋爱关系失衡。女性更容易在性行为发生之后丧失原本与男生同等的权利，而不平等的恋爱关系往往会导致恋爱关系的破裂。

二、婚前性行为会对日后的婚姻生活产生不良影响

有调查表明，几乎100%的发生婚外恋的人士在婚前都有过性行为。婚前有性行为的人能够认同婚姻和性不是必然联系在一起的，即性行为可以不受婚姻的约束，这会降低他们对于婚姻家庭的责任感，容易导致家庭关系的紧张甚至婚姻关系的破裂。另外，婚前有性行为的人，虽然能够在身体上得到满足，但受社会规范的影响，总不能在身体心灵上同时得到满足。因此，即便进入了婚姻关系，也难以享受到身心一致的愉悦，性作为促进夫妻亲密关系的方式之一就会失去其应有的效力。

三、同居并不一定带来更满意的关系

同居的大学生往往认为，同居可以使两人的关系更加亲密，能够增加彼此的感情。然而，国外的一项研究表明，同居双方对关系的满意度要低于已婚夫妻，存在的问题也多于已婚的夫妻。

大多数学生同居并非是为了婚姻，他们对彼此缺乏责任感，加上没有稳定的经济基础、人格不够成熟等原因，同居之后对恋爱关系的满意度反而会下降，会导致更多的冲突和不满。此外，同居中的恋爱双方绝大部分时间是共同活动的，这就势必减少了他们与同性同辈的交往，因而使自己的社会支持系统变小，一旦恋人之间发生冲突，就会使人倍感孤独无助，产生较大的情绪困扰。

大学生的任务除了知识的积累之外，更为重要的是人格的塑造，而对性冲动的理智把握是人格成熟的标志之一，也是大学生学会对自己和他人的负责任的表现。

心理探索七：大学生性困扰的调试

一、科学地掌握性知识

性科学是一门综合的学科，有着极为丰富的内容，它揭示了两性在生理结构上的区别，揭示了性发展和性成熟的规律，能够帮助人们了解自己性心理的发展，学会承担自己的性别角色，正确地调控自己的性心理。

（一）通过多种途径学习性知识

大学生面临的许多性心理困扰往往都是因为缺乏性知识而导致的。因此，大学生应通过书籍、网络等正规途径学习一些基本的性知识，了解有关性生理和性心理发展的普遍规

律，以正确的态度看待性行为的各种表现，进而消除对性的困惑和误解，减轻心理负担，用科学的方法调节性心理问题。

需要注意的是，有关性的知识绝不是那些低级、粗俗、不健康的书刊、光碟或淫秽传播品，大学生接纳知识的同时一定要有所选择和过滤，以避免不良信息对身心的侵害和冲击。

（二）寻求知心朋友，实现角色定位

大学生性心理的困扰多是由于自己对性角色、性幻想和性冲动等的认识偏差和恐惧心理造成的，他们往往会认为只有自己才会遇到关于性的困扰，出现“不良”的性行为，因而会自卑、自闭、担心和恐惧，将有关性的秘密压抑在心里，羞于和人沟通。

面对此种情况，大学生应转变观念，寻求知心朋友，在遇到困扰时主动与好友进行交流和沟通，如此有助于缓解自己的不良情绪。当大学生们了解到朋友或同龄人也会遇到与自己同样的困惑与烦恼，就会意识到这些有关性的问题是个体身心发展过程中的正常现象，也就自然会以正确的态度对待心里的疑问。

（三）进行心理咨询，消除心理困扰

在大学生遇到有关性的困惑和问题时，较为科学和恰当的方法就是通过心理咨询老师或是心理咨询机构进行相关的心理咨询。

一方面，心理咨询人员或心理医生具备专业的心理学知识，可以科学、准确、有针对性地解答大学生遇到的各种有关性的困扰，并提出有效的缓解方法和调节方式；另一方面，心理咨询具有一定的保密性，对于那些性格内向、自卑感强烈、不愿与他人交流心中隐私的大学生而言，心理咨询是一种最为适当的方式。

二、积极进行自我调适

为了不影响正常的学习、生活和身心发展，大学生应对不良的性心理困扰进行积极地自我调适，以减轻各种压力和不良情绪带来的危害。

（一）树立正确的人生观和远大的理想

对于性冲突与性压抑等一系列性问题，大学生可以通过转移注意力和情感升华来达到缓解压抑情绪、释放性能量的目的。大学生应树立正确的人生观和远大的理想，明确自己的奋斗目标和发展方向，将主要精力集中在学习、工作和未来发展等方面，并通过坚持不懈的努力去逐步实现自己的理想。在此过程中，可以转移对性心理问题的关注，缓解由于性冲动引起的不良反应。

（二）积极参加集体活动，消除心理紧张

积极参加集体活动，参与各种智力比赛和体育锻炼，可以使大学生被压抑的性能量得到合理的释放，使心理和生理得到充分的放松，使性心理问题导致的焦虑情绪得到缓解。同时，广泛地参与集体活动还可以满足与异性接触的需要，增进人际交往，拓展知识视野，培养乐观的态度，保持愉快的心情。

（三）建立正常的异性交往，促进心理发展进一步成熟

建立正常的异性交往关系，有利于情感的交流、智力的互补、个性的塑造、情绪的稳定和心理的补偿。在与异性的交往过程中，首先要树立正确的观念，正确处理友情与爱情的关系，建立纯洁的异性友谊及和谐的恋爱关系；其次交往方式要自然、大方、真诚、坦率，避免害羞、忸怩或过于亲密的行为；再次要了解异性的忌讳，言谈举止要注意分寸，做到亲近不轻浮。与异性建立正常的交往关系将会促进大学生心理的进一步成熟。

三、塑造健康的人格

个体性行为的表现，不仅决定于生物的本能，同时也体现了人们对于性的观念和态度，反映了一个人的人格定位。从某种角度来看，性是人格的一面镜子，一个人的责任、尊严及其对他人的尊重程度都会在两性关系中有所体现。人格中的意志成分具有发动和抑制某种行为的作用，对于大学生来说，个人的思想观念、意志品质都会决定其自我控制的程度。因此大学生要积极地树立健康的观念，培养坚强的意志品格，充分地尊重自我和他人，提升自我责任感，增强性道德和性法律意识，进而规范自己的行为，克服性冲动带来的心理冲突，合理地调节各种情绪和心态，不断完善自我、提升自我。

心理训练

心理训练一：爱情测试

朋友，到底什么是爱情，你是怎么看待恋爱的呢？请在表 10-1 中符合你的项目后面打“√”。

表 10-1 爱情测试

我爱他/她，他/她就应该爱我	
只要能和对方在一起，我可以抛弃一切	
我特别想找个异性安抚我	
只求曾经拥有，不求天长地久	
爱情是生活的全部	
不谈恋爱说明自己没有魅力	
人生就是追求快乐，谁给我快乐，我就和谁谈恋爱	
恋爱对象多多益善	
恋爱是你情我愿的，不需要负什么责任	

（续表）

爱一个人，就要想办法改掉他/她身上的缺点	
对有些人来说，同性恋是正常的	
摆脱失恋痛苦的最好办法，是尽快找到另一个恋爱对象	
有了男（女）朋友，也可以和别的人私密幽会	

评分与评价：每符合一个项目得 1 分，将得分相加，你的总分是______。得分越高，表示对爱和恋爱的认识越偏激。如果你的得分高于 10 分，你对爱情、恋爱的看法可能会影响你的恋爱关系，需要好好反思。

心理训练二：爱情还是友谊？

下面的测试可以了解自己与对方之间是友谊还是爱情。每个测试包含 13 个项目，在符合你的项目前打“√”。

测试 1：

（　　）1. 当我和他在一起时，我发觉好像两人都有相同的心情。

（　　）2. 我认为他非常好。

（　　）3. 我愿意推荐他去做为人尊敬的事。

（　　）4. 以我看来，他特别成熟。

（　　）5. 我对他有高度的信心。

（　　）6. 我觉得什么人和他相处，大部分都会有很好的印象。

（　　）7. 我觉得和他很相似。

（　　）8. 我愿意在班上或团体，做什么事都投他一票。

（　　）9. 我觉得他是许多人中，容易让别人尊敬的一个。

（　　）10. 我认为他是十二万分聪明的。

（　　）11. 我觉得他是所有认识人中最讨人喜欢的。

（　　）12. 他是我很想学的那种人。

（　　）13. 我觉得他非常容易赢得别人的好感。

扫一扫

何为牵手一生

测试 2：

（　　）1. 他觉得情绪很低落的时候，我觉得很重要的职责就是使他快乐起来。

（　　）2. 在所有的事件上，我都可以信赖他。

（　　）3. 我觉得要忽略他的过失是一件容易的事情。

（　　）4. 我愿意为他做所有的事。

（　　）5. 对他我有一种想占为己有的想法。

(　　) 6．若我不能和他在一起，我会觉得非常不幸。

(　　) 7．假使我孤寂，首先想到的就是要去找他。

(　　) 8．在世界上也许我关心很多事，但最重要的事就是他幸福不幸福。

(　　) 9．他不管做什么，我都愿意宽恕他。

(　　) 10．我觉得他的幸福是我的责任。

(　　) 11．当我和他在一起时，我发现自己什么事都不想做，只是用眼睛看着他。

(　　) 12．若我也能让他百分之百的信赖，我觉得十分快乐。

(　　) 13．没有他，我觉得难以生活下去。

测试1和测试2中符合你自身情况的项目分别有多少？如果测试1中符合你的项目多于测试2，那么你对对方喜欢的成分多于爱，你们之间是友谊而非爱情。反之则是爱情而非友谊。

项目十一　规划未来　成就未来

——大学生的求职择业与心理健康

【故事悦读】

一名大四毕业生的日记

快毕业了，真想在毕业之前找到工作。可是一想到要找工作，就紧张、焦虑、烦躁，觉得自己没用，内心很痛苦。毕业前五个月的一次大型人才招聘会上，递交了几十份个人简历，都是往国有企业、大公司投的。招聘单位说：过几天会通知面试。我当时心里还挺高兴的，心想总会有一两家大公司录用我。过了两天，有一家公司通知我去面试。头天晚上，我把面试应该注意的事项都考虑了一遍，面试当天，我还精心打扮了一番。面试时，心理还是挺紧张，以至于说话有点发抖。面试结束后，他们告诉我，如果通过第一次面试，会有复试。在等待复试的日子里，我的手机天天开着，就连晚上也从不关机，并总是随身带着。可是两个星期过去了，没有人通知我去复试，也没有其他公司通知我去面试。眼看马上就要毕业了，工作还是没有着落。我每天总在想：为什么找不着好工作？是不是因为我的大学不起眼，不是重点大学？这时父母的话在耳边响起：只有重点大学毕业生才能找到好工作。越想越觉得自己找不着好工作就是因为这个原因。现在想起来真后悔，后悔当初没有复读，要是考上重点大学，就不会有今天的糟糕局面。想到这些，我异常烦躁、焦虑，看书没有以前专心、经常走神，食欲也下降了，总是担心自己找不着好工作。看到身边的同学陆续找到了工作，我觉得自己很没用，觉得同学们一定都很瞧不起自己，在他们眼里自己肯定“一无是处”，觉得对不起父母和老师。我该怎么办？

我的毕业季

分析：毕业前夕，多数大学生都会出现各种各样的心理问题。担心自己通过几年的刻苦学习能否在毕业之际找到一份能发挥自己特长、专业对口的岗位；担心因面试时怯场或者表述不清楚而与工作失之交臂；担心自己的冲动选择是否正确，是不是还有更好的工作等待着自己等等。特别是一些性格内向或者有生理缺陷的学生；或成绩不佳，能力一般的学生；或临近毕业还无着落的学生，表现出来的焦虑和急躁更加严重。殊不知，这样的心理犹如沉重的枷锁一般紧紧地禁锢着大学生的思想，使得学子们时常双眉紧锁，心情沉重、烦躁不安、意志消沉、注意力难以集中，整个人失去了往日的生机与活力，进而影响自己最后一个学期的学习生活。

热身运动

活动一："我在做什么？"

请一位同学表演人们的工作情景，期间不能说话。其他同学猜该同学表演的是什么样的工作。请表演的同学公布答案。

活动二：时间感小测试

在生活中，时间会悄悄地溜走，当人们不去利用的时候，时间流逝得就更容易了。通过这个测验，可以检验你的时间观念，也增强你的时间观念。

1．时间的隐喻（比喻）

你喜欢哪一种象征时间的形象？

（1）风平浪静的海面。

（2）飞驰中的骑士。

（3）逃跑中的贼。

（4）月夜中漫长的小道。

2．时间的描述

你认为下面哪几个形容词最适合描述你对时间的观念？（可选 3～5 个）

尖锐　活泼　空虚　缓和　阴郁　开朗　寒冷　深厚

3．检查一下你的表

请检查一下你的手表或床边的闹钟，确定其准确程度，然后与标准时间对照：

你的钟表时间为：______时_____分，标准时间为：______时 _____分，你的钟表时间是：

A．正确　　B．快_____分　　C．慢_____分

4．了解时间

请你找一名助手，再找一间不受干扰的安静房间（目的是保证不为任何外界干扰与暗示），把所有的钟表都拿出去，不看书报杂志，可以收听电唱机或录音机的轻音乐之类的节目，但是不能听有时间暗示的收音节目（收音节目有时间性，熟练者一听就知道时间）。测试开始时间由助手决定。

当助手决定开始后，你摒弃一切他念，保持心情沉寂。

当助手决定结束时，在他报出时间之前，判断你自己在房间里待了多久？记下后填入画线处：

你的判断是_____分，实际时间_____分，你的判断是：

A．正确　　B．超过_____分　　C．缺少_____分

时间感测试说明：

行动、方向与价值常常反映人们对时间的态度。

在测试一中，珍惜时间的人，倾向于选择“飞驰中的骑士”或者“逃跑中的贼”这些迅速行动的形象，而不选择“风平浪静的海面”或者“月夜中漫长的小道”之类恬静的形象来代表时间。

在测试二中，珍惜时间的人通常愿意使用“开朗、尖锐、活泼、紧张”等词来描写自己对时间的观念，不珍惜时间的人可能使用“空虚、缓和、阴郁、寒冷、深厚”等词来描述时间。

也许有些人不理解测试三，难道对时间的态度能够影响一个人的钟表快慢？然而研究表明，珍惜时间的人常常戴走得快些的表，或者有意识地拨快自己的表，企图以此赢得一些时间。不珍惜时间的人常常戴走得慢一些的表，只是不太明显而已。

在测试四中，大多数珍惜时间的人会将在房间里所经过的时间判断得比较准确或稍微长一些，大多数不珍惜时间的人会判断得过于短暂——原因也许是他们平时较不担心失去时间。

头脑风暴

请大家分组讨论以下问题，并推选代表在全班分享：

（1）你心目中的大学生活是什么样子的？

（2）新的生活已经来临，你准备好了吗？

（3）设想一下大学毕业时你是什么样子的？

心理探索

心理探索一：大学生求职择业心理

求职择业是大学生走上社会的重要环节，也是对大学生综合素质，尤其是心理素质的一次检验。在高校不断扩招、就业制度改革、毕业生逐年增加的背景下，就业问题已成为家庭、学校和社会关注的焦点。面对如此大的就业压力，每一个大学毕业生感受到了形势的严峻，在关系到自身前途与命运的人生重大选择中，大学生显然没有足够的信心坦然面

对，因此，给毕业生以正确的心理引导，帮助他们做好就业的心理准备，建立良好的就业心态，尽快实现就业，对于促进社会稳定和国家教育事业的发展，有着极为重要的意义。

一、求职择业的概述

所谓择业，就是择业者根据自己的职业理想和能力，从社会上各种职业中选择其中的一种作为自己从事的职业的过程。职业是参与社会分工，利用专门的知识和技能，创造物质财富和精神财富，获得合理报酬，满足物质生活、精神生活的工作。职业是人们在社会中所从事的作为主要生活来源的工作。人们把职业看作“生活必需”，也以此达到“赚钱”的目的，同时也在职业中承担社会责任，追求个人价值。任何已具备劳动能力的人，都要进入社会职业领域选择特定的职业。在职业选择过程中，择业者不仅要考虑到个人的需要、兴趣、能力等因素，还要考到虑社会发展的需要。

二、个性心理对求职择业的影响

管理大师彼得杜拉克曾提出过这样的问题：“我真正想做什么？我为什么要去做？我现在正在做些什么？我为什么这样做？”这一连串的问题也正是面临工作选择关键期的社会新人应该深思的课题。从事适性工作，通常能让人发挥己长，且较乐意投入工作，对工作有高度的承诺，从而更能胜任工作。因此，大学生在选择职业时应该充分了解自身的气质、性格、兴趣和能力等个性心理，依据各自不同的特点选择最适合自己的职业。

（一）气质与求职择业

气质是人生来就具有的心理活动的动力特征，有着神经生理学的基础，有较强的稳定型。一个人的气质特征会在很多活动中显示出来。气质没有好坏之分，但气质能影响一个人的工作效率，特别是在一些特殊职业中，气质不仅关系到工作的效率，还关系到事业的成败。

古希腊医生希波克拉底以为，人的气质由人的体液决定。不同的体液对应不同的气质特点，从而影响着择业心理。气质类型与职业匹配见表 11-1。

表 11-1　气质类型与职业匹配

气质类型	特　点	职业范围
胆汁质	热情直爽，精力旺盛，能忍受强的刺激，能坚持长时间工作而不知疲劳，心境变化剧烈，脾气暴躁，难以自我克制	适合从事开拓性的工作，如节目主持人、公共关系人和推销员等
多血质	活泼好动，反应敏捷，适应性强，善于交际，易接受新鲜事物，兴趣多变，注意力容易分散，情绪不稳定	适合从事多变和多样化的职业，如外交官、商人、记者、律师和运动员等，不适合做一些细致、单调的工作
黏液质	安静沉稳，头脑清醒，情绪兴奋性低，注意力容易集中，善于忍耐，自制力强，反应速度慢，稳定性强，不善于随机应变，交际适度	适合从事一些固定性的工作，工作环境和内容一成不变，如会计、文秘、收银员和行政文员等，不适宜从事具有冒险性的工作

（续表）

气质类型	特　点	职业范围
抑郁质	谨慎小心，敏感多虑，情绪体验深刻，做事认真，孤僻胆小，不善交往，动作迟缓，耐受性差，防御反应明显	适合从事安静、细致的工作，如护士、幼儿教师、校对、保管员和打字排版等工作

事实上，大多数人总是以某种气质为主，又附有其他气质。所以，大学生在职业选择中，一定要“量质选择”，找到适合自己气质类型的工作。

（二）性格与求职择业

性格是一个人对现实的稳定的态度和习惯化的行为方式的总和。性格中表现的个体对劳动对工作的态度成分，会直接影响到人的职业选择和职业成就。我们很难想象一个不善言辞的人去选择做谈判代表，让一个活泼好动的人选择办公室文员。如果真是这样，那么他们工作就不会有激情，与岗位的磨合期就会更长。

认识性格笑傲职场

美国心理学家和职业指导家霍兰德经过几十年的跨国研究，提出了职业人格理论。他根据性格特性与职业选择的关系，把人划分为 6 种个性类型，这 6 种不同性格的人在选择职业上具有明显差异，如表 11-2 所示。

表 11-2　六种性格与职业匹配

类型	具体表现	匹配职业
现实型	重视物质的实际利益，喜欢操作工具，不愿意与人打交道、喜欢户外活动	机械、建筑、野外工作、工程安装
探索型	强烈的好奇心，重分析，对工作有极大热情，对人不感兴趣，喜欢挑战，不喜欢遵循很多固定程序的任务	工程设计、生物学、实验研究
艺术型	想象力丰富，易冲动，好独创，强烈的自我表现欲，喜欢非系统的、自由的，要求有一定艺术素养的职业	音乐、美术、文学、影视
社会型	乐于助人、善于交际、易合作、重感情，有较强人道主义倾向，喜欢处于集体的中心地位	医生、教育、就业指导
企业型	精力充沛、自信、热情洋溢，富于冒险，支配欲强，爱争辩，精明，耐心	经理、销售、房地产、经纪人、政治家
常规型	易顺从，能自我抑制，喜欢稳定的高度有序的工作，愿意执行命令，不喜欢作判断	图书管理、计算机操作、会计、统计

一般而言，具有 6 种典型的职业个性的人是极少数的，多数人的职业个性具有多重性，是这六种典型个性的交叉。我们可以通过“霍兰德职业爱好问卷”测试自己的职业兴趣。

（三）兴趣与求职择业

兴趣是个体积极探究事物的认识倾向，这种倾向带有稳定、主动、持久等特征。人的兴趣可以是多方面的，可以是精神的、物质的、社会的兴趣等。如果一个人对某种工作产生兴趣，在工作中就会具有高度的自觉性和积极性，在工作中出成就。反之，则会影响积极性的发展，有可能一事无成。爱因斯坦曾经说过："兴趣是最好的老师。"兴趣是努力的原动力，是成功之母。走自己的路，做自己喜欢的事情，选择自己感兴趣的职业，是当今社会最具有典型性的择业观念。

一般来说，兴趣是在后天生活实践中形成的，但兴趣有相对的稳定性，它与一个人的个性有内在的联系。因此，大学生在择业过程中应适当考虑自己的兴趣和爱好，不能为了暂时的眼前利益而选择不适合自己兴趣的职业，这样不仅不能充分施展自己的才能，而且会贻误终生。但兴趣爱好在职业选择中，也并不总是起着正向的驱动作用，有时它也是一种耗散力，给大学生带来职业选择的困惑，如有的同学对什么都感兴趣，但没有形成自我特色，在择业时就没有竞争优势；有的同学兴趣面太窄，以至于不能满足社会需要；还有的同学因种种客观因素，个人兴趣与所学专业不一致，也不可避免地造成职业选择的困难。所以，即将毕业的大学生，要对自己的兴趣有客观的分析，同时还要树立正确的人生志向，调整自己的兴趣爱好，适应社会的需要，争取找到适合自己兴趣的职业，使自己的才智最大程度的发挥。

（四）能力与求职择业

能力是人们成功地完成某种活动所必需的，并直接影响活动效率的个性特征。经验表明，一些有特殊能力的人，如果从事了适合他们的工作，就很容易取得出色的成就。能力是就业的砝码，能力强，就业定位高一些；能力差，就业定位就低一些。大学生应结合自身专业能力特点准确定位。

能力与择业的关系十分重要，是择业的重要依据，是求职者开启职业大门的钥匙。我国近代职业教育的倡导者黄炎培先生说："一个人职业和才能相不相当，相差很大，用经济眼光看起来，要是相当，不晓得增加多少效能，要是不相当，不晓得埋没了多少人才；就个人论起来，相当，不晓得有多少快乐，不相当，不晓得有多少怨苦。"因此，大学生对自己的能力要有一个自我评价，在择业时，大学生应根据自己的能力，扬长避短，选准与自己职业能力倾向相同的职业，在强手如林的竞争中立于不败之地。

心理探索二：求职、择业中的常见心理问题分析

由于择业问题的复杂性和当前就业竞争的日趋激烈性，即将走向社会的大学生，面对择业不可避免地会遇到各种困难、挫折和冲突，导致一系列心理问题和矛盾的产生。全面分析大学生求职、择业中的心理误区和心理冲突，有助于树立正确的择业观，排除心理困扰，走出择业误区。

一、择业心理误区

所谓择业心理误区，就是个体在求职过程中，对自我求职目标的期望、评价等方面，存在不乐观或与现实存在较大差异的一种影响求职的心理倾向。

随着我国用人制度和大学生毕业分配制度改革的不断深入，大学生在择业空间更广阔的同时，也感到了前所未有的就业压力。有些在求职过程中容易出现心理误区，从而导致求职过程中一些不良行为的发生。如不讲诚信，同学之间互相拆台，多头签约，甚至诱发重性精神病、自杀等。大学生择业心理问题已成为各高校心理教育中的重点课题，也是当前不可回避的教育问题和社会问题。

毕业找工作

常见的大学生求职心理误区有以下几点：

（一）自负心理

一些大学生对自己评价过高，自我感觉良好，以为满腹经纶，学富五车，或者认为自己身出名门，紧俏专业，皇帝的女儿不愁嫁；有的大学生这山望着那山高，抱着“是我去择业，而非职业选择我”的错误观念。对就业形势和用人单位需求不了解，完全按照自己的想法一厢情愿地谋求高薪职位，结果由于目标定位不切合实际，在择业过程中屡屡碰壁。高不成，低不就，花中选花，越选越差，最后错过花期。

案　例

小张是一名成绩十分优秀的学生。在求职期间，很多用人单位都抢着要她。但小张偏偏就有自视过高的缺点，对那些令其他同学羡慕不已的单位不屑一顾，所以迟迟都不愿与之签约。最后当她有危机感时，以前的那些用人单位都拒她于千里之外。

分析：小张存在着典型的自负心理。虽然她是一名优秀的学生，可自负感和超优越感使她头脑发热，无法正视自己与用人单位，结果错失良机。其实，高自我价值感是优秀生中一种较为普遍的心理。他们自信、有活力，并非坏事，但是在求职期间，人才济济一堂，职位供不应求，用人单位的选择也绝不会是唯一的，而且他们对这种缺乏自知之明、自视清高的毕业生是最有戒心的。因而需要毕业生正确地看待自己，权衡利弊，勿失良机。

高自我价值者在求职期间应保持一种谦虚平和的心态，多与周围的同学交流，多听听别人的想法和意见，这样可以有效防止想法的极端性。在与用人单位交流的时候，要尊重对方，客观评价自己的实力，正确处理双方关系。必要时，还应该向家人和老师征求意见，以便明智地作出决定。

（二）自卑心理

与自负心理相反，但也是自我认知偏差造成的。自卑是一种缺乏自尊心、自信心的表现。过度自卑会产生精神不振、消极、沮丧、失望、脆弱等心理现象。这些学生面对就业问题时总感到自己学校不是名牌，学历不高，专业不热，既没有关系可利用，又没有金钱可打点，总之自己一无是处；特别是面对用人单位提出的高学历、高职称、高薪酬的“三高”政策更是自怨自艾，不敢面对，以至于自己不多的闪光点也被埋没，使他们失去了不多的机会。俗语说撑死胆大的，饿死胆小的。我们经常在招聘会上看到有些学生言行木讷，面对考官，总是让父母出面，如此当然很难找到满意的工作，有的用人单位招聘时明确提出见求职者本人。一般来说，硬件劣势的学生，性格内向的学生以及受到用人单位性别歧视的女生容易产生自卑的心理。

案　例

某用人单位到学校来招毕业生时，小李去面试，可没有几分钟就被淘汰下来了。据了解，小李是因为得知与其一起来应聘的有武大和华师的“高手”，深信自己无用武之地，一时间信心全无，甚至想打退堂鼓，结果很快就被淘汰下来了。

分析：面试通常是用人单位的第一个考试，而这恰恰就是自卑者的难关。如何克服这一难关呢？吉尔福德研究指出：人们可以通过在头脑中设置自己已经取得的胜利画面，而使自己的心智达到最佳状态。因而，自卑者可以在求职前进行积极地自我暗示，持着“你行我也行”的信念，努力克服自卑心态。在与用人单位交谈时，尽量表现出自己擅长的一面，充分显示自己的一技之长，从而体验“我能胜任”的愉悦感。

（三）急功近利心理

有些同学择业时过分看重地位的实惠，一心只想在大城市，留在沿海发达地区，留在跨国公司。为了功利，不惜抛弃自己的专业和兴趣。这当然能得到一时的满足，然而抛开专业优势和自己兴趣去竞争，时间一长很容易遭受挫折。

（四）依赖心理

部分大学生的观念仍停留在“统包统分”的就业模式上，不能主动适应市场经济的要求，消极地等待就业单位选择。当代大学生中，独生子女较多，从小受到过度保护，依赖性较强，缺乏自我责任感和独立决策能力，在就业时缺乏进取精神，择业时过多地依赖他人。有些学生寄希望于父母、学校、老师，怀着“车到山前必有路”的依赖心理，超然于求职之外。一旦希望落空，就会怨天尤人，产生很大的心理落差，埋怨父母无能，社会不公，甚至出现欺骗等极端行为。还有一些独立能力较弱的女生受传统观念、家庭环境的影响，就业时也存在依赖心理。这种依赖心理继续发展，形成依附心理，觉得只要找个条件好的男友甚至嫁个有能力的丈夫，自己有无工作和工作理想都无所谓。

（五）焦虑心理

就业对大学生来说，既是机遇又是挑战。很多大学生面对就业和步入社会深感焦虑。眼看着毕业的脚步越来越近，眼看着身边同学一个个名花有主，担心自己的理想不能实现，担心择业上的失误导致终身遗憾，担心专业学非所用，担心下一次应聘又会被拒之门外。毕业生择业存在一定程度的焦虑很正常，但不能过度。有的同学整天坐立不安，胡思乱想，情绪不稳定；有的愁眉苦脸，闷闷不乐，忧心忡忡；有的东奔西跑，四面出击，马不停蹄。大学生就业由“统包统分”发展为“自由择业”，目前我国就业采取“双向选择”的原则，即用人单位和大学生之间相互选择，大学生就业呈现多元化的趋势。职业选择的自由度越大，选择行为的责任就越重，择业心理压力也越大。很多大学生把人生的憧憬和前途都放在就业上，既渴望进入社会，谋求到理想职业，又担心被用人单位拒绝，担心择业失误造成终生遗憾，因而容易焦虑，对走进社会心里没底。有人甚至患了“择业焦虑症”，一提到择业就心理紧张，怀疑自己的能力，个别人甚至产生绝望的心理，出现极端行为。还有毕业生平时没有认真学习和积累经验，求职的知识、能力、心理准备不充分，求职屡遭挫折，产生极度的焦虑感。

（六）抑郁心理

在全社会就业压力普遍较大的情形下，大学生就业难是一个不可回避的现实问题。择业过程中遭受挫折是正常的事。试问一下，当今社会，除了国内顶尖大学的紧俏专业，还有谁能一锤定音？绝大多数学生都是一次次吃了闭门羹后，才推开那扇属于自己的门。有的学生受挫后不能正确对待、不思进取、漠然置之，甚至放弃一切努力，把自己孤立起来，自我放逐，不与外界交往，这样就导致抑郁心理发生。

（七）偏执心理

在就业过程中，学生的偏执心理主要表现为追求公平的偏执，高择业标准的偏执和对专业对口的偏执。特别是面对社会上择业的不良风气，如搞关系走后门。有的学生以偏概全，不能正确对待，把自己的择业挫折全部归咎为社会不公，给自己造成阴影；认为一切都是假的，一切都是人为操作的，从来就没有什么公平可言，学得好不如关系好，能力强不如容貌强。有的不愿降低择业标准造成有价无市的局面。

不少大学生在求职路上或多或少地存在上述心理误区，如果不加以调适，不仅仅会在求职过程中屡遭失败，甚至还会有心理健康问题，为今后成才埋下祸害。俗话说求学、求职、求婚是人生三部曲，每一步都要走好，一旦走不好会给人生带来不可估量的损失。

（八）懈怠心理

近年来，大学毕业生中出现了“不就业一族”。有些大学生因对工作岗位挑挑拣拣，“高不成，低不就”，自动放弃就业机会；有的在学校附近租房“安营扎寨”，一边打工，一边找工作；有的干脆待在家里靠父母养活。他们中的相当一部分人无所事事，闷得无聊，时常返回学校四处游荡，自称为大学校园“漂一族”。“毕业不就业，未来还是梦”是“漂一族”心理的真实写照。此外，还有部分学生由于考研、出国、自主创业或自谋职业等原因而选择“不就业”，从而获得继续升学、办理出国手续、做好创业准备等“缓冲期”。

二、大学生择业心理矛盾

心理矛盾是指两种或两种以上不同方向的动机、欲望、目标和反应同时出现，由于莫衷一是而引起的紧张状态。一般心理矛盾是促进心理发展的动力。但过分强烈，会对人的心理健康带来严重影响。大多数大学生不合实际的过高预期，使他们处于两难的心理困境。长期存在于择业求职中的心理矛盾主要表现在以下几个方面：

（一）理想与现实的矛盾

每个人都有对生活的美好的向往。对于毕业生来说，他们对美好生活的向往和追求会更迫切和强烈。大学生活让他们拥有了比一般人更丰富的知识和技能。面对纷繁的社会，他们豪情万丈，渴望着展翅高飞，大干一场。然而由于他们真正接触社会较少，涉世未深，对职场上的规则尚不能完全掌握。在很多时候理想与现实严重脱节以致形成极大反差。面对这样的反差，他们往往举棋不定，处于矛盾之中。调查表明，在择业取向中，受市场经济与精英意识的双重作用，大学生既表现出市场经济影响下的较为功利化的就业取向，同时又无法摆脱精英意识影响下的理想化特征，出现了理想的自我膨胀和现实的自我萎缩之间的矛盾。

（二）人生价值与艰苦创业精神缺失之间的矛盾

很多大学生都希望从专业出发选择职业，将来学以致用，实现自己的人生价值，做一个对国家、对社会有用的人；不希望做一个无所作为，碌碌无为的人；都有一腔报国之志，希望将来驰骋疆场，马革裹尸，而不愿踯躅方圆之地，老死于户囿之中。然而他们往往又不愿意到基层，到边远地区，到艰苦的地方去，或者说缺乏艰苦创业的心理准备。总是想走捷径，想攀高枝，想一夜暴富。殊不知，一屋不扫，何以扫天下，哪一个将军不是从小兵开始的。调查发现：极少大学生乐于接受去小城镇及边远地区工作，50%以上的学生表示在别无他求时才会考虑，30%以上的学生不能接受。实现人生价值的强烈愿望与缺乏艰苦创业精神的矛盾造成大学生就业空间缩小，从而加大了就业难度。

（三）渴望竞争与害怕竞争之间的矛盾

扫一扫

大学生就业生存战

就业渠道的多样化，为大学生提供了更多的选择，让每个人都有展示自己才华的舞台。大多数学生都渴望能一显身手，寻找到属于自己的天空，然而当他们真正面对竞争时，又瞻前顾后、畏缩不前，缺乏勇气。有的怕自己能力不够，一旦落败很丢脸面，有的怕伤和气，有的怕没有退路，全军覆没。总之，表现出退缩心理，而且往往向外归因，认为是社会风气干扰太大，社会保障体系不健全，却不知真正的原因是他们主观努力不够，没有实践的能力和勇气。调查表明，50%以上的学生认为自己竞争力一般，担心比不过别人；30%的大学生认为竞争取胜的把握很小；只有不到20%的学生认为自己应该胜出。

（四）择业目标定位的矛盾

有的学生由于缺乏对自己个性特征、知识结构、能力大小的正确认识，在择业过程中往往普遍撒网，多头开花，这实际上是目标不明确、定位模糊的表现。古人云，鱼和熊掌不可兼得，当断不断反受其乱。很多事情都是在犹豫不决中失去机会，犹豫不决是机会的天敌。例如，有的学生被称为“面霸”，同时面试多个单位但又都不签约。原因是有的单位薪水高，但发展空间不大，有的单位刚起步，个人机会很多，但薪水低，结果在观望和等待中花儿谢了。俗话说，知人者智，自知者明。有的学生要么自视甚高，意识不到自己的局限，不能对就业形势做全面、客观的分析和判断，以致高不成低不就，白白浪费时间和精力，遭受不必要的挫折；要么对自己评价过低，忽视自身的优势所在，缺乏自信，瞻前顾后，人云亦云，没有主见，在择业中不敢或不善推销自我，不能正确表现自己的才能，以致丧失很多机会。因此，大学生在就业时应该明确自己能做什么，善于做什么，应该怎么做。用人单位更看重那些目的明确、义无反顾的人。

三、大学生择业心理误区和心理矛盾的原因分析

（一）社会因素

一方面随着高校扩招、毕业人数剧增而就业岗位有限，就业市场尚未规范，加之社会上还存在着不正之风，对就业工作和毕业生就业心理产生巨大冲击，使一些学生心态失衡，产生逃避、依赖等心理；另一方面大学生传统的价值观念受到冲击，功利倾向日益严重，他们在择业时越来越多地考虑目前的、现实的利益，缺乏择业的社会意识、长远意识。因此一部分毕业生忽视职业的深层价值，在求职就业过程中为利益所牵引，盲目追求就业环境、经济收入、福利待遇最优化，放弃职业目标发展方向以及自己的兴趣爱好。而在整个社会上，有限的工作岗位是无法满足一波一波的高校毕业生的。把专科改为三年，对研究生大批扩招，也只能暂时缓解就业压力，长时间只会增加更深层的矛盾。大学生十年寒窗，得不到对等的工作补偿，当这样一批学生在社会流浪时，将对社会构成隐患。

（二）学校因素

社会发展变化飞快，高校教育尚不完全适应发展需要。高校教育目前处于调整期，短时间内无法紧握时代发展的脉搏。大学生就业难和高校教育质量不高有密切关系。在社会对人才要求越来越高的今天，大学生容易感到“知识不够用”和“能力不足”，从而导致自卑和焦虑；有的大学生认为自己的文凭和实际水平不太一致，学校开设的专业课程“不太适应社会需要，学科知识陈旧，影响就业”。因此，高校如何适应社会新形势，进行专业结构、课程设置、教学内容等的改革，提高师资水平，加强学校的配套发展，培养符合社会需要的人才，就显得尤为必要和重要。高等教育改革的滞后，影响了毕业生的就业率。

另外，相对于国外，我国就业指导工作相对滞后。面对日益激烈的市场竞争，许多毕业生新旧择业观冲突，茫然不知所措，导致大学生择业过程中出现种种心理适应问题。如

何保持健康的择业心理，自信心、心理平衡和自我调节能力就显得非常重要。目前高校对毕业生的就业指导做得还不够，甚至明显滞后于学生择业心理的发展变化。

（三）家庭因素

近年来，为拉动内需，高校实行收费上大学，学费一度上涨。收取费用既改善办学条件，增加学生接受高等教育的机会，又可增强学生学习的主动性和自觉性。但很多大学生来自贫困家庭，尽管国家和学校采取了各种措施，如助学金、生活补贴、国家奖学金、国家助学贷款等，但他们仍然承受着家庭经济困难的压力。部分大学生经济状况窘迫加上虚荣心，导致心理矛盾加剧；加上父老乡亲寄予厚望，自尊受伤害，则容易产生委屈感、受辱感和不公平感等，导致心理失衡和心理障碍。此外，部分家长受传统观念束缚，按照自己的想法给子女安排一切，却忽视了子女的主观愿望和性格优势，这些容易使大学生在择业时产生矛盾心理。

（四）个人因素

1. 毕业生本身处于矛盾期

毕业生正处于人生的转折点，面临着人生的重大抉择问题。这一时期是他们人生最动荡的时候，内心充满了各种矛盾。心理学认为，人在认识自我、剖析自我时有一种无形的东西——无意识的自我保护机制在保护着自己，影响对自我的全面、正确、客观和公正的认识，使真实自我产生变形或扭曲。心理学研究表明，理想的我与现实的我之间的差距随年龄的增长而增大。安葬于西敏寺的英国国教主教的墓志铭就这样写道：我年少时，意气风发，踌躇满志，当时曾梦想要改变世界，但当我年事渐长，阅历增多，我发觉自己无力改变世界，于是我缩小了范围，决定先改变我的国家。但是这个目标还是太大了。接着，我步入中年，无奈之余，我将试图改变的对象锁定在最亲密的家人身上。但天不从人愿，他们还是维持原样。当我垂垂老矣，终于顿悟了一些事情：我应该先改变自己。

大学生择业是在各种矛盾中的选择。自我和超我的矛盾，理想与现实的矛盾，奉献与索取的矛盾，社会需求与自身实力的矛盾等充斥着就业过程，诸多错综复杂的矛盾是前所未有的。加上大学生本身处于人生心理矛盾突出的时期，他们心理发展不稳定，容易出现矛盾，如开放与封闭的矛盾，独立性与依赖性的矛盾，情感与理智的矛盾等。再次，当代大学生生理与心理发展不同步，相当一部分人心理不成熟，加上个体生活经历不同、体验不同，因而个性心理特征具有较大的个体差异，在择业过程中表现出心理特征的复杂性和矛盾性。

2. 旧择业观的影响

受传统的“铁饭碗”影响，部分毕业生择业时定位不切实际，过分考虑工作的稳定性和待遇问题。还有部分人，一心往发达城市和沿海城市挤，对私营企业、艰苦行业、待遇较低的单位不加考虑，不愿意去基层、西部地区，更不想吃苦自主创业。不少毕业生认为找不到好工作就不能报答父母，无颜见江东父老。

3. 自我定位不准

部分大学生对自己缺乏客观的认识和评价，要么自视甚高，要么评价过低，对自己定位要么过高，要么过低，甚至有的没有定位，随波逐流。在择业过程中茫然徘徊。古人云：知人者智，自知者明。没有正确的自知，就难以找到合适自己的工作，难以发挥自己的潜能。

4. 个人能力和素质不高

大学生的综合素质直接决定着就业顺利与否。大量研究资料表明：当代大学生整体素质较高，但仍存在缺陷。有的大学生注重知识学习，忽视人际交往；有的大学生知识面窄，文科生不了解理科常识，理科生不了解人文常识；还有一些学生学习不努力，专业知识不扎实，英语和计算机水平低，实践动手能力和开拓创新意识缺乏；有的学生依赖性强，缺少独立解决问题解决困难的磨炼，承受能力差，意志薄弱。这些都会影响就业。

总之，大学生择业的心理问题和矛盾，既有客观原因也有主观原因。客观方面，我国正处于社会转型时期，产业结构调整，大学教育的大众化，毕业生人数剧增，就业市场还不完善等等。主观方面，大学生刚踏入社会，阅历较浅，涉世不深，心理也不成熟，不善于面对应激事件，心理防卫机制还不健全。但大学生择业心理问题属于发展过程中的问题，具有适应性障碍的特点。因此，只要加强引导，教育得当，适当宣泄，绝大多数人会随着应激源的消失而趋于正常。

心理探索三：择业心理问题的自我调适

对于一个身心发展还不很完善，社会阅历不够丰富的大学生来说，择业中遇到挫折是很正常的。就业中产生心理冲突是每个大学生都要面对的现实。每个大学生都要运用正确的调适方法，提高择业中的抗挫折能力，正确看待困难与失败，有效排除异常心理，争取择业成功。大学生择业心理的正确自我调试要做到以下几点：

一、树立正确的择业观

择业观是大学生职业理想的直接体现，是他们对于择业目的意义的根本看法和态度的体现，是大学生世界观、人生观、价值观在择业活动中的综合反映。大学生求职中所遇到的挫折，大部是由非理性观念引起，若不能正确把握，将直接影响毕业生能否正确认识自我、适应社会，并成功就业。

最难就业季 or 最难择业季

（一）从一次就业到多次就业

在计划经济年代，人们很少流动，一次就业定终身的思想根深蒂固。受其影响，有一部分学生对待择业慎之又慎，左挑右选，多角度、多层次比较，生怕一失足成千古恨，追求就业的安全性和稳定性，这样很容易失去机会。现在市场经济逐步完善，劳动力资源配置机制日趋健全，劳动者的职业流动成为十分普通的现象。大学生在确立职业时要认识到在其漫长的职业生涯中，工作变换是极为正常的，期望一劳永逸是绝对不现实的。俗话说“树挪死，人挪活”，在职业生涯漫长的发展道路上，开始就跑在前面的未必就领先一辈子。职业生涯像一场马拉松，领先和落后都只是暂时的。应树立“先就业，后择业，再创业”的观念。现代社会为我们提供了独立发展的空间，毕业生应不急于短时间内找一个固定的铁饭碗，要学会在运动变化中求得生存和发展。

（二）从单一就业到多渠道就业

面对严峻的就业形势，少数学生仍然心存幻想，抱着“皇帝的女儿不愁嫁”的心理，建立过高的就业期望，眼光只盯着理想的岗位，如公务员、跨国公司、大型外资企业等。只见树木，不见森林，结果屡屡失败。据调查，70%的大学生选择政府机关单位，17%的学生选择民营企业，80%的学生选择沿海城市、大城市，11%的学生选择中等城市、西部地区、农村。俗话说，“如果你不能扭转风向，你就必须学会调整自己的风帆。”高级的水手都会因势利导，巧借风向，最后到达胜利的彼岸。大学生就业也应如此，多角度观摩，全方位出击，多渠道就业。无论是流动就业，临时就业，还是弹性就业，只要能展示自身的价值，体现自己的能力，做什么工作都行。君不见，异军突起的民营，私有企业在中国经济突飞猛进的历史潮流中已占据半壁江山。

（三）淡化专业对口观念

专业知识是一个知识结构的主干，是知识结构的主体。专业对口，一直是大学生就业的主要原则。但是在目前市场经济下，人才大量流动，专业交叉，跨学科联合，使用人单位对人才知识结构的需求以及社会对人才录用的方式发生了很大变化，特别是社会对毕业生的需要始终处于动态之中，学校的专业设置既有滞后于社会发展变化的情况，同时也存在某些边缘学科超越社会发展的情况。因而学校的专业设置不能与市场需要一一对应，要适应这种新形势就要求大学毕业生从专业的框框中解放出来，主动地在广阔的社会中寻找切入点，大胆尝试，一定会有新的发现。同时，大学生要拓宽自己的知识面，培养自己多方面的能力，提高自己的综合素质，使自己在就业中具有更强的适应性。

二、正确认识自己，确立合理目标

（一）学会认识自己

认识自我是择业过程的第一步。大学生的自我意识日趋完善，对自我的存在及意义有了较明确的认识，并以此为标准进行择业。但是如果单纯从自身愿望出发，不顾国家和社会的实际需求往往会导致就业问题。结果不仅实现不了个人愿望，还会影响社会的稳定和发展。因此择业时，每个毕业生都必须客观评价自己，全面了解社会需求。这样方能知己知彼，百战不殆。例如，现在国家机关、企事业单位都在实行减员增效的政策，要求部分人员下岗分流出去，不少大学生却还抱着计划经济时代的老观念，非要挤进来。沿海地区及一些大城市就业人员日趋增加，竞争激烈；西部地区求贤若渴，却很少有人愿意去。大部分毕业生的首选就业地区仍是上海、北京、广东、浙江等地，这样就导致了人力资源分布不合理，造成人才浪费，因此大学生要树立符合实情的就业观念。同时，大学生要全面认识自身的特点，评估自己的实力，预测自己的潜能。大学生首先要了解自己的性格、能力、气质、个性等心理特点，其次要明确自己的职业理想，然后将自身和职业理想结合起来，寻找适合自己的工作。一种职业、一个岗位并不适合所有的人，一个岗位适合一种人可能就不适合于另一种人。例如，让张飞绣花，让林黛玉杀猪就会让两个人都无法胜任。试想一下，让一个人干自己根本就不喜欢或者自己能力胜任不了的事情，如何干得好呢？因此毕业生首先要充分了解自己，才能作出与自己个性特征相符的职业选择，提高求职成功率，也为今后工作有所成就打下了基础。

（二）树立自信心

部分大学生对自己的就业没有目标，还有部分大学生自我评价过低，缺乏进取意识，再加上就业竞争激烈，从而导致大学生在就业过程中自信心不足。对北京理工大学的抽样调查显示：55%的大学生不清楚自己适合何种工作，30%的人认为将来不能适应外界的变化，33%的人觉得未来没有前途，当被问到“你认为不好找工作的原因是什么？”时，有72%的人认为自己不能够胜任或竞争者太多。大学生择业正面临着自信心不足的问题。

你是最好的自己

自信是求职成功的心理基础，也是现代职业最为重要的职业品质之一。没有自信，人生便失去意义；缺乏自信，人生便失去成功的可能。许多学生求职失败不是因为他们不能成功，而是因为他们不敢去争取，或不敢不断争取。自信是对自己的一种积极评价，即对个人自我价值的表达，对自身力量的认识和估计，坚信自己能完成任务，达到目标。A·克拉克说得好：“自信的人力量最强大，怀疑的人力量最薄弱。强烈的信念远胜于盛大的行动。”青年学生必须树立应有的自信心，相信自己的能力。世上只有没能获得成功的人，没有不能获得成功的人。同时要积蓄自信的资本，不断充实自己、完善自己、提高自己。培养自信的心理素质可以从下面三个方面着手：

（1）相信自己的力量。因为只有相信自己的力量，才会有勇气朝着锁定目标前进。要敢于说“我能”、“我行”，经常给自己积极的自我暗示。

（2）发现自己的优势。每个人都有自己的优势和弱点，树立自信的关键在于要善于发现自己的优势，并利用优势，把它发展到最佳状态；同时，尽量避免自己的弱势，这样在择业竞争中就能积极主动。俗话说的“扬长避短”就是这个道理。

（3）要善于抓住机遇。一个善于抓住机遇的人，成功的概率就更高，自信心就会逐步上升。相反，不善于抓机遇，总是一副姜太公钓鱼愿者上钩的架势，自信心就会在漫长的等待中一步步化为灰烬。

三、要有诚信意识

每年毕业之际，做一份既精美又引人注意的简历是每个毕业生都十分关注的事。为了能在激烈的竞争中脱颖而出，伪造学历和学位证书、添上子虚乌有的实践经历，复制别人的荣誉证书为己所用，自己自封学生会主席等不讲诚信的事时有发生。另据报道我国几家主要国有银行的助学贷款中坏账比例竟高达10%。还有学生随意签约，一女嫁二夫，乱占就业岗位，不仅造成就业单位损失，更造成了社会资源浪费。诚信意识缺乏已引发了大学生择业诚信危机。那么大学生在择业过程中是否一定要诚信呢？回答是肯定的。西方有句格言："诚实是最好的策略。"在求职过程中，诚信是获得对方好感和信任的秘诀，诚信是达到目的的最好手段。相反，不讲信用、弄虚作假只会引起用人单位反感，即使侥幸蒙混过关，也会给今后工作埋下一颗定时炸弹。

美国总统林肯曾说过，你可以在所有时候欺骗有些人，在有些时候欺骗所有的人，但你不能在所有的时候欺骗所有的人。在用人单位成为买方市场的今天，这些不诚信的行为不仅使行为者本身受害，而且还严重影响就业环境。

四、增强应变性

应变是指大学生要根据实际情况，及时调整就业期望值和自己的知识能力结构，以便与就业市场的要求保持最大适应性。俗话说："他山之石，可以攻玉"、"失之东隅，收之桑榆"、"计划赶不上变化"。求职中的灵活变通是一种良性的态度转换。没有变通性与适应力，仅仅是诚实自信，就会显得迂腐或呆板，导致自我封闭，孤芳自赏。要抛弃过去那种择业就是一次到位，要绝对稳定的观念。要把择业看成是一个动态的过程，先就业、后择业、再创业。在工作中不断提高自己的社会生存能力，增加实际经验，然后再凭借自己的努力，通过正当的职业活动，发展自己，逐步实现自我的价值。

五、培养竞争意识

当今的社会就是竞争性社会，市场经济就是竞争经济，职业竞争是社会竞争之一。随着人才市场的进一步开放，优胜劣汰、适者生存的自然法则成为大学生就业竞争的法则。大学生应该敢于竞争、善于竞争，要抓住机会，而不要消极地被动等待。首先，要敢于竞争，作为时代骄子的年轻人，要体现年轻人敢想敢说敢干的特性，树立"爱拼才会赢"的观念，不能前怕狼，后怕虎，唯唯诺诺，胆小怕事。要敢为天下先，欲与天公试比高。其次，要善于竞争，要从实际出发，充分考虑自身特长，扬长避短，古人云：骏马能历险，犁田不如牛；坚车能载重，渡河不如舟；舍长以求短，智者难为谋；生才贵适用，慎勿多苛求。宝贝放错了地方可能就一文不值了。最后，还要有敢于承受挫折的竞争心态，任何竞争都存在失败的可能，求职也不例外，只有充分考虑了失败的后果，做好遭受挫折的思想准备，才能提高受挫折的心理承受能力，才能从一次次的跌倒中一次次地腾飞。古人云：有志者，事竟成。破釜沉舟，百二秦川终归楚；苦心人，天不负，卧薪尝胆，三千越甲可吞吴。职场生涯短暂，走过弯路固然能增强自己抗挫折能力，但弯路走多了，快步走在阳光大路上的时间还剩多少呢？我们不惧怕苦难，但也不追求苦难。

六、增强心理健康意识，提高自我调适自觉性

心理学家通过理论与实践的探索，提出了很多行之有效的自我心理调适方法。大学生在择业过程中，可以根据自身的特点有选择地运用。

（一）理性情绪法，也称正确归因法

人有理性与非理性两种信念，这些信念指引下的认知方式会左右人的情绪。此理性情绪法源于美国心理学家艾里斯创立的“理性—情绪疗法”。他认为情绪困扰并不一定由应激源直接引起，而常常是由经历者对事件的非理性认识和评价引起。因此要消除人的不良情绪，就要设法将人的非理性观念转化为理性观念。例如，有的学生在就业中遭遇挫折就消沉苦闷、怨天尤人，原因在于他的非理性认识——大学生是天之骄子，顺利就业理所当然，天生我材必有用，堂堂大学生，受过系统高等教育的人，找工作不是小菜一碟。正是因为这样的心理，才导致了不良情绪。如果将这些情绪观念加以纠正，则不良情绪自动缓解。大学生在运用理性情绪法时，应首先分析自己的消极情绪有哪些，找出非理性观念（绝对化、完美主义、予取予求），并对其进行挑战、质疑和辩论，同时对比两种观念下个人的内心感受，鼓励自己向理性观念方面转化，从而有利于排除不良情绪。

（二）适度宣泄法

从心理卫生角度讲，不良情绪就是心理活动的垃圾，如果不将其扫地出门，过分压抑自己的情绪，只会使垃圾越积越多，不利于身心健康。适度的宣泄，可以把不良情绪施放出来，从而使情绪正常。切忌把不良情绪强压于心底，忧虑隐藏越久，受到的伤害就越大。宣泄的方式有很多，如倾诉、哭泣、运动等，但要有节制，要适度，要注意方式方法、时间场所以及要顾及他人的感受，不能一味只考虑自己痛快而忘了别人的感受，这好比把自己家里扫出的垃圾都扔在了别人家门口。宣泄应是无破坏性的，较妥善的办法是向朋友、老师倾诉，一吐为快，也可以去打球、爬山、参加大运动量的活动，宣泄情绪。

（三）自我慰藉法

自我慰藉就是自我安慰，实际是自我辩解。人不可能事事顺心，如果遇到困难，尽了主观努力仍无法改变时，不必苛求自己。毕业生择业遇到挫折时，说服自己，适当让步，另辟蹊径可以缓解动机的矛盾冲突，消除焦虑，抑郁，有助于保持心理安宁和稳立，如失败时告诉自己“失败是成功之母”，拿自己的优处比别人的短处，“塞翁失马，焉知非福”，“福兮，祸之所倚，祸兮，福之所伏”。俄国文学批评家别林斯基有句话很有启发意义，

每个人不要做他想做的或应该做的，而要做他可能做的，拿不到元帅杖，就拿枪；拿不到枪，就拿铁铲。找个可以接受的理由，让自己内心平静下来，承认并接受现实，得以解脱痛苦。

（四）情绪转移法

有时不良情绪是不易控制的，这时可以采取缓冲的办法，把自己的精力和注意力转移到其他方面去，使自己没有时间、精力、甚至空间，沉浸在不良情绪中，以求得心理平衡。例如，可以把择业问题暂时放一放，出去旅游，或学习一门技术，或参加一项自己喜欢的体育活动。

（五）松弛练习法

松弛练习是一种通过练习学会在心理和躯体上放松的办法。通常通过肌肉放松、音乐放松等训练，让心理焦虑、恐惧得以消除。

自我调整的方法还有很多，如环境调节法、自我激励法、自我暗示法、自我升华法等。这都是一些事后应变的方法，关键还是要提高人的心理素质，树立正确的世界观、人生观、价值观，磨炼坚强的意志，培养开朗、豁达的人生态度，这样才能在择业压力面前，始终保持积极乐观的精神状态和健康的心理状态。

心理训练

霍兰德六角模型兴趣岛测试：你最适合什么职业？

你获得了一次免费度假游的机会，有机会去下列 6 个岛屿中的一个。唯一的要求是你必须要在这个岛上和岛上的居民一起生活至少半年的时间。请不要考虑其他因素，仅凭自己的兴趣挑出你最想前往的岛屿。

R：自然原始的岛屿

岛上的自然生态保持得很好，有各种野生动物。居民以手工见长，自己种植花果蔬菜、修缮房屋、打造器物、制作工具，喜欢户外运动。

I：深思冥想的岛屿

有多处天文馆、科技博物馆及图书馆。居民喜好观察学习，崇尚和追求真知。常有机会和来自各地的哲学家、科学家、心理学家等交换心得。

A：美丽浪漫的岛屿

充满了美术馆、音乐厅，街头雕塑和街边艺人，弥漫着浓厚的艺术文化气息。居民保留了传统的舞蹈、音乐与绘画。许多文艺界的朋友都喜欢来这个地方找寻灵感。

C：现代、井然的岛屿

岛上建筑十分现代化，是进步的都市形态，以完善的户政管理、地政管理、金融管理见长。岛民个性冷静保守，处事有条不紊，善于组织规划，细心高效。

E：显赫富庶的岛屿

居民善于企业经营和贸易，能言善道。经济高度发展，处处是高级饭店、俱乐部、高尔夫球场。往来者多是企业家、经理人、政治家、律师等。

S：友善亲切的岛屿

居民个性温和、友善、乐于助人，社区均自成一个密切互动的服务网络，人们重视互助合作，重视教育，关怀他人，充满人文气息。

你最想去的岛屿是哪个呢？

然后，在剩下的 5 个岛屿中你最想去的是哪个呢？

最后，在剩下的 4 个岛屿中你最想去的是哪个呢？

依次写下来：1. ______ 2. ______ 3. ______

6 个岛屿代表着 6 种典型的职业生涯兴趣类型（其中，第一个是主要兴趣，第二、三个是辅助兴趣）。

选择 R 岛

类型：实用型（Realistic）

喜欢的活动：愿意从事事务性的工作，喜欢户外活动或操作机器，有规则的具体劳动和需要基本技能的工作，而不喜欢在办公室工作。

喜欢的职业：制造业（木匠、农民、技师、工程师、机械师）、渔业、野外生活管理业（鱼类和野生动物专家）、技术贸易业、机械业、农业、技术、林业、特种工程师和军事工作（车工、钳工、电工、报务员、火车司机、机械制图员、电器师、机器修理工、长途公共汽车司机）等。

这类职业一般是指熟练的手工业行业和技术工作，通常要运用手工工具或机器进行劳动，这类人往往缺乏社交能力。

选择 I 岛

类型：研究型（Investigative）

喜欢的活动：处理信息（观点、理论），喜欢智力的、抽象的、分析的、推理的、独立的任务。

喜欢的职业：实验室工作人员、生物学家、化学家、社会学家、工程设计师、物理学家、程序设计员、天文气象学者、药剂师、动物学者、科学报刊编辑、地质学者、数学家等。

这类职业主要指科学研究和实验方面的工作，这类人往往缺乏领导能力。

选择A岛

类型：艺术型（Artistic）

喜欢的活动：喜欢通过艺术作品来达到自我表现，爱想象，感情丰富，不顺从，有创造性，能反省，喜欢写作、音乐、艺术和戏剧。

喜欢的职业：艺术型的人缺乏办事员的能力，适合作家、艺术家、摄影师、音乐家、诗人、雕刻家、漫画家、演员、戏剧导演或编剧、作曲家、音乐教师、记者和室内装潢专家等。

选择C岛

类型：事务型（Conventional）

喜欢的活动：喜欢系统的有条理的工作任务，具有实际、自控、友善、保守的特点。组织和处理数据，喜欢固定的、有秩序的工作或活动，希望确切地知道工作的要求和标准。愿意在一个大的机构中处于从属地位。

喜欢的职业：这类人往往缺乏艺术能力，适合会计师、银行出纳、簿记、行政助理、秘书、档案文书、税务专家、计算机操作员、成本估算员、核对员、打字员、办公室职员、统计员、计算机操作员、法庭速记员等。

选择E岛

类型：企业型（Enterprising）

喜欢的活动：性格外倾，爱冒险活动，喜欢担任领导角色，具有支配、劝说和言语技能。喜欢领导和影响别人，或为了达到个人或组织的目的而善于说服别人。希望成就一番事业。

喜欢的职业：这类人往往缺乏科学研究能力，适合商业管理、律师、政治家、福利机构工作者、旅馆经理、广告宣传员、营销人员、市场或销售经理、公关人员、采购员、调度员、投资商、电视制片人和保险代理等。

选择S岛

类型：社会型（Social）

喜欢的活动：喜欢社会交往，常出席社交场所，关心社会问题，愿为别人服务，对教育活动感兴趣。

喜欢的职业：这类人往往缺乏机械能力，适于作导游、教师、社会工作者、牧师、心理咨询员、服务性行业人员、福利机构工作者、公共保健护士等。

项目十二　战胜压力　应对挫折
——大学生挫折心理调控

【故事悦读】

大海里的船没有不带伤的

英国劳埃德保险公司曾从拍卖市场买下一艘船，这艘船1894年下水，在大西洋上曾138次遭遇冰山，116次触礁，13次起火，207次被风暴扭断桅杆，然而它从没有沉没过。

劳埃德保险公司基于它不可思议的经历及在保费方面曾经带来的可观收益，最后决定把它从荷兰买回来捐给国家。现在这艘船就停泊在英国萨伦港的国家船舶博物馆里。

不过，使这艘船名扬天下的却是一名来此观光的律师。当时，他刚打输了一场官司，委托人也于不久前自杀了。尽管这不是他的第一次失败辩护，也不是他遇到的第一例自杀事件，然而，每当遇到这样的事情，他总有一种负罪感。他不知该怎样安慰这些在生意场上遭受了不幸的人。

当他在萨伦船舶博物馆看到这艘船时，忽然有一种想法，为什么不让他们来参观参观这艘船呢？于是，他就把这艘船的历史抄下来，将其和这艘船的照片一起挂在他的律师事务所里，每当商界的委托人请他辩护，无论输赢，他都建议他们去看看这艘船。它使我们知道：在大海上航行的船没有不带伤的。

热身运动

活动一：扔糖果

活动目的：分享游戏，增加了解。

活动道具：每个人10颗左右包起来的糖果。

活动流程：

（1）全部的人坐成一圈。给每个人10颗左右的糖果。必须等到游戏最后才能吃掉手中的糖果。

（2）其中一个人开始游戏，他必须讲一个他做过的特别的事，或是一个小小的经验。

（3）听完后，其他的人只要没做过同样的事的必须丢一颗糖果给那人。持续轮流下去。

（4）全部轮完后，就可以吃糖果了！

活动二：穿鞋子

活动目的：提高学员协作能力。

活动人数：每组三人以上。

活动流程：

（1）分组，不限几组，但每组必须三人以上。

（2）每个人脱下自己的鞋子，每组把鞋子堆成一堆，然后大家手牵手围着鞋子站一圈。

（3）看哪组能在不放手的情况下，最快把每人的鞋子找出、穿上并系好鞋带。

活动三：你是怎样应对挫折的

活动目的：了解你自己应对挫折的方式。

活动材料：参见表 12-1。

表 12-1　你是怎样应对挫折的

事　　件	你的处理方式
事件一：	
事件二：	
事件三：	
事件四：	
事件五：	

活动流程：回忆你过去遇到挫折的时候，你是怎样处理的，并将它们写下来，然后和你的同学进行分享。看看你们之间在面对挫折的时候，有什么地方是一样的，有什么地方是不一样的。

头脑风暴

（1）小杨出生在一个条件很好的家庭里。父母给了他优越的物质生活条件，小杨从小也非常争气，成绩从小学到高中在学校都一直名列前茅。自然，他听到的都是赞扬声，所有认识他的人都说他是个优秀的孩子，他自己也一直这样认为。小杨毫不费力地就考上了国内一所非常好的大学，大学毕业后他又报考了国内最好一所大学的研究生，所报专业也是最热门的。

由于竞争非常激烈，他因几分之差未被录取，而他班里平时成绩不如他的同学，由于考研时避开了热门大学或热门专业，大多被顺利录取。考研失败后，他一直纠结于自己为什么失败了，而平时不如自己的同学却成功了。尽管父母想尽各种办法让他在一家事业单位找了份待遇不错的工作，但他仍纠结于考研失败的阴影中，以至于总是担心自己的工作达不到单位的要求，因此，对待自己的工作总是十分仔细，生怕哪里出现差错。

他会不断反复检查自己的稿件，一定要再三确认之后才提交给领导。可这样一来，不但影响了他自己的工作的速度，同时也影响了其他同事的工作进度。为这事儿，他没少挨领导的骂。渐渐地，他对工作越来越感到恐惧，一听到电话声响起，就觉得浑身不自在。后来就干脆离职在家，不再外出工作，也不愿意接触任何人，父母怎么劝也不管用。

思考：为何小杨会这样？

（2）刚进大学不久的王慧在学校众多的学生社团中选择了她最喜爱的街舞社团。可入团没多久，她就发现团长没有投入很多心血在社团建设中，团里的活动也不是很多，她对此也没在意。由于舞技出众，到大二的时候，她就接过了团长的职位，负责管理这个社团。接手之后，她发现老团员们由于觉得以前的社团活动太少，感觉被骗，因此不愿意继续参加这个社团，而团里的经费也被上一任团长使用得一干二净。

这时候，她接到学校的任务，要求街舞社团在迎新晚会上表演一个节目。这是扩大社团影响力的好机会，她不敢怠慢。可她发现，现在团里的多数成员舞蹈基础差，编舞人员也没有。由于时间紧迫，她只能从中选择几名团员进行彩排。到表演的那天，有的团员在音乐并没有响时就跳了起来，有团员根本就跳错了，如此一来，更多的老社员离开了街舞社团。

很快，学校又有新任务给街舞社团。王慧试图找团员们一起来帮忙想办法，可他们很多人要么拒绝帮忙，要么干脆退社。王慧现在感到压力很大，她没心思上课，整天无精打采，烦躁不安，她甚至一度想到退学。

思考：遇到挫折后，我们会产生什么样的情绪和反应？

（3）印度的甘地与南非的曼德拉一样，在监狱里被关了长达 30 多年，最后分别变成印度和南非共和国的国父，这就是逆境帮助毅力顽强的人勇于生存、增强斗志的最好的例证。

李嘉诚 16 岁时父亲去世，17 岁当学徒；台北的王永庆，从小就失去了父亲，跟着叔叔学做生意，开始卖米，卖木材，最后变成了富商。

日本本田机车创始人本田宗一郎说过：“世上的人都知道我的成功，其实都不知道我有 99%是失败的，开始搞本田机车，就是搞摩托车，差点做不下去。今天我成功了，那些人只看到我 1%的成功，却没有看到我 99%的失败。”

思考：如何培养自己的挫折承受能力？

心理探索

心理探索一：了解挫折

扫一扫

每个挫折都有它的意义

我们每个人都希望生活中少些挫折失败，多一些顺利成功。但任何人终其一生不可能不遭遇挫折，或大或小，或令人走向成功，或使人走向沉沦。人生就像一次遥远的探险旅行，道路漫长而曲折。虽然我们都希望旅途能一帆风顺，但挫折会像影子一样忠实地伴随着每一个人，与人做着一生的游戏。

大学生正处在人生的关键时期，需要面对很多挫折和矛盾冲突，需要承担生活中的波折与压力。对我们而言，挫折既是磨难又是财富，学会面对挫折是人生的一门必修课。根据张旭东等人的调查，仅有不超过17%的大学生报告说没有遇到过挫折，余下的大多数学生都曾遭受过不同程度的挫折，其中有超过20%的大学生在日常生活中遇到过较多的挫折。

我们的行为总是从一定的需要和动机出发，经过努力达到一定的目标。如果在实现目标的过程中碰到困难或遇到障碍，就产生了挫折。挫折会引发我们生理、心理上的紧张反应，并表现为各种挫折行为。挫折的产生即可以说是必然的，也可以说是偶然的。说它是必然，是因为在人漫长的一生中，必然会遇到或大或小的困难阻碍；说它是偶然，是因为我们往往不知道挫折会在什么时间、哪个地方等着我们。

遭受严重挫折后，个人会在情绪上表现出紧张、焦虑、愤怒、情绪低落、消极等；在生理上会表现为血压升高、心跳加快等；在行为上会表现为消极对抗、攻击侵犯等。总之，个人的挫折可能引发各种消极反应，导致我们的身心失调。

同样的一个挫折事件，不同的人却可能体会到不同程度的挫折感。比如小王和小李，参加市级大学生运动都没有拿到预想中的第一名。小王非常沮丧和愤怒，而小李则只是轻微的情绪低落。为什么同样处境的我们，产生的挫折感受不一样呢？

所谓挫折感是指个体在朝向目标努力的行为过程中，认识并感受到自己的活动受到阻碍或干扰而不能实现目标时所引起的一种主观感受。由于每个人的理想抱负水平、神经类型以及容忍力存在差异，使得不同个体感受挫折大小的程度也不同。

把伤痕当酒窝

在安曼串门访友，路名和门牌号都没有用，谁也不记，只记得哪个小区，什么样的房子。要寄信，就寄邮政信箱。这种随意状态与阿拉伯人的性格有关。

但这样一来，我们要去访问蒯先生家，只能请他自己过来带路了。他家在安曼三圆环的使馆区，汽车上坡、下坡绕了很多弯，蒯先生说声“到了”，我和陈鲁豫刚下车，就看到一位红衣女子迎过来，她就是蒯太太，本名杜美如，谁也无法想象她已经七十一岁高龄。

他们住在二层楼的一套老式公寓里，非常朴素，但抬头一看，到处悬挂着的书画都是大家名作。会客室里已安排了好几盘糕点，而斟出来的却是阿拉伯茶。

杜美如女士热情健谈，陈鲁豫叫她一声阿姨，她一高兴，话匣子就关不住了。她在上海出生，到二十岁才离开。我问她住在上海杜家哪一处房子里，她取出一张照片仔细指点，我一看，是现在上海锦江饭店贵宾楼第七层靠东边的那一套。正好陈鲁豫也出生在上海，于是三人交谈中就夹杂着大量上海话。我们感兴趣的，当然是早年她与父亲生活的一些情况；她感兴趣的，是五十年不讲的上海话今天可以死灰复燃。

以下是她的一些谈话片断，现在很多不了解杜月笙及其时代的读者很可能完全不懂，但我实在舍不得在地中海与两河流域之间的沙漠里，一个中国老妇人有关一个中国旧家庭的絮絮叨叨。

“我母亲一九二八年与父亲结婚。在结婚前，华格镍路的杜公馆里已经有前楼姆妈沈太太、二楼姆妈陈太太、三楼姆妈孙太太，但只有前楼姆妈是正式结婚的，她找到还未结婚的我母亲说，二楼、三楼的那两位一直欺侮她，为了出气，她要把正式的名分作为一个礼物送给我母亲。我母亲那么年轻，又是名角，也讲究名分。一九三一年，浦东高桥杜家祠堂建成，全市轰动，我母亲坚持一个原则，全家女眷拜祖宗时由她领头。那年我两岁，我母亲生了四个，我最大，到台湾后，蒋家只承认杜家我们这一房。”

“父亲很严厉，我们想见他也要预约批准。见了面主要问读书，然后给五十块老法币。所以在我心目中他很抽象，不是父亲，父亲的教育职能由母亲在承担，而母亲的抚育职能则由阿姨在承担。后来到了中学，家里如果来了外国客人，父亲也会让我出来用英语致欢迎词。有时我在课堂上突然被叫走，是家里来了贵客，父亲要我去陪贵客的女儿。母亲一再对我说，千万不要倚仗父亲的名字，除了一个杜字，别的都没有太大关系，要不然以后怎么过日子？这话对我一辈子影响很大，我后来一再逃难、漂泊，即使做乞丐也挺得过去。”

“父亲越到后来越繁忙，每天要见很多很多客人。一九四九年五月十九日才急匆匆从上海坐船去香港，在船上已经可以看到解放军的行动。他还仔细地看了看黄浦江岸边的一家纺织厂，他母亲年轻时曾在那里做工。在香港他身体一直不好，因严重气喘需要输氧，但又不肯戴面罩，由我们举着氧气管朝他喷。母亲问他现在最希望的事是什么，他说希望阿冬过来说话，阿冬就是孟小冬，母亲就答应了。父亲还就这件事问过我，我说做女儿的是晚辈，管不着。后来他就与孟小冬结婚了。父亲去世后孟小冬只分到两万美元，孟小冬说，这怎么够……”

陈鲁豫打断说，我们谈点愉快的吧，譬如，你们两人是怎么认识的？

这下两位老人都笑了，还是杜美如女士在说：“那是一九五五年吧，已经到了该结婚的年龄，我们几个上海籍女孩子到南部嘉义玩，参加了一个舞会，见到了他。但我是近视眼，又不敢戴眼镜，看不清，只听一位女伴悄悄告诉我，那位白脸最好，她又帮我去拉，一把拉错了，拉来一位正在跟自己太太跳舞的男人……当然我最后还是认识这位白脸了，见了几次面，他壮着胆到我母亲那里准备提婚，正支支吾吾，没想到母亲先开口，说看中了就结婚，别谈恋爱了。原来她暗地里作了调查……”

蒯先生终于插了一句话：“我太太最大的优点是能适应一切不好的处境，包括适应我。”

“是啊，”杜女士笑道，“我遭遇过一次重大车祸，骨头断了，多处流血，但最后发现，脸上受伤的地方成了一个大酒窝！”我们一看，果然，这个“酒窝”不太自然地在她爽朗的笑声中抖动。

她五十多年没回上海了，目前也没有回去的计划，而不回去的原因却是用地道的上海话说出来的：“住勒此地勿厌气。”“厌气”二字很难翻译。她说，心中只剩下了两件事，一是夫妻俩都已年逾古稀，中华餐馆交给谁？他们的儿女对此完全没有兴趣；二是只想为儿子找一个中国妻子，最好是上海的，却不知从何选择。她把第二件事郑重地托付给我。

我看着这对突然严肃起来的老夫妻，心想，他们其实也有很多烦心事，只不过长期奉行了一条原则：把一切伤痕都当作酒窝。

酒有点苦，而且剩下的也已经不多。

祝他们长寿，也祝约旦的中华餐厅能多开几年。

一九九九年十一月五日，安曼，夜宿 Arwad 旅馆

摘自《千年一叹》作者：余秋雨

心理探索二：挫折来自何方

造成挫折的因素可以是多方面的。常见的挫折可以是来自于自然、社会、家庭和学校以及个人。

一、自然因素

自然因素是指非人力所能及的一切客观因素。2004年的印度洋海啸、512汶川大地震、2010年我国西南五省干旱等自然灾害都属于自然因素带来的挫折。

自然灾害是人类依赖的自然界中所发生的异常现象。自然灾害对人类社会所造成的危害往往是触目惊心的。特别是一些突发性灾害，如地震、火山爆发、泥石流、海啸、台风、洪水等，给人们带来不可避免的创伤和挫折。随着科技的不断发展，人们对自然的认识会越来越深刻，我们抵御自然灾害的能力会越来越强，但是要想完全避免是不可能的。

二、社会因素

社会因素是指人在社会生活中所受到的人为因素的限制。其中包括一切政治、经济、民族习惯、宗教信仰、社会风尚、道德法律、文化教育的种种约束等。如学非所用，在工作岗位上不能充分发挥作用；学习的课程与兴趣间的矛盾；家长和老师教育方法不当等。凡此种种社会因素，不但对个人的动机构成挫折，而且对个体行为所发生的影响较自然环境因素影响更大、更深远。

三、家庭和学校因素

家庭的自然结构、家庭的人际关系、家庭的教育方式、家庭的抚养方式以及家长的素质等对学生的心理挫折都有直接或间接的影响。有关研究表明，大学生的不少心理问题是与家庭生活的不良背景、早期不良家庭生活经历联系在一起的。自小娇生惯养和过分受保护、被溺爱的孩子进入大学后，更容易产生心理挫折。家庭贫穷、双亲不和或单亲家庭的孩子，由于父母对他们过分管制或放任不管，他们上大学后，有些人表现得蛮横无理或做出一些违背社会规范的反常举动；有些人表现出内向、孤僻的性格，很少与人交往，不轻易表露感情，抑郁寡欢，也容易产生心理挫折。

家庭的社会经济状况对大学生的心理产生着潜在影响。贫困大学生除了面对所有大学生都要面对的个人发展与就业压力外，还面临巨大的生活压力与经济压力，因为经济而影响其学业发展与个人发展会导致更多的心理冲突，从而产生挫折感。

学校的各项规章制度、教学教育方式、学习风气、校园文化氛围等对学生的行为起规范、制约作用，但是如果与学生的性格、爱好、态度、愿望、成长背景等不相符，挫折感也将由此而生。另外，学生在中学就对大学充满了向往，但在现实中发现就读的高校在教学条件方面比不上其他院校，如校园较小、宿舍破旧等，现实和期望的落差太大，也会产生挫折感。

四、个人因素

个人身高、容貌、经济状况、知识、能力、社会地位、疾病以及某些生理缺陷（如口吃、色盲）所造成的限制也会使人产生挫折感，特别是与生俱来的生理条件，由于它通常无法改变，给人带来的挫折感很大。此外，心理动机的种种冲突、对自己估计不当、期望值过高、认知水平不足、意志薄弱、情绪不稳定等也会导致个人的挫折心理。

动机冲突比个体生理条件所造成的挫折要更为明显和强烈。动机冲突可以分为四类，双趋冲突、双避冲突、趋避冲突和多重趋避冲突。所谓双趋冲突是指：我们每个人都有多种的需要和动机，但并非都能得到，尤其是不可能同时得到，即“鱼与熊掌不可兼得”；双避冲突是指遇事前怕狼后怕虎，进亦不能，退亦不能；趋避冲突通常类似“鸡肋在手，食之无味，弃之可惜”。

心理探索三：大学生经常会遇见哪些挫折

一、学业挫折

大学生有一部分学生因为高考发挥不理想，考试成绩偏低，所以没有考上理想的学校，对比进入条件较好的中学同学，面对高考失利这一重大挫折，这部分学生非常沮丧和失落。另外，大学的学习生活与中学的学习非常不同，老师不再像中学老师一样管得很多，也没有人督促上晚自习等，缺少人约束，学生开始不知道该如何学习，还有的同学对所学专业不感兴趣；有的基础知识薄弱而学习吃力；有的考试失败等。因此觉得自己能力差，没有前途，产生较大的挫折感。

扫一扫

大学生挫折 4 部曲

二、经济负担的压力

现在高昂的学费让很多经济状况不佳的家庭视上大学为沉重的负担。对于来自农村或城镇低收入家庭的贫困学生而言，在经济上不堪重负。尽管有国家规定的奖学金或贷款作为支持，但是贫困大学生仍然承受着家庭经济困难的压力，生活水平较低。对贫困大学生而言，人际交往时囊中羞涩，与生活优越、时尚、铺张的同学相形见绌，更易激发自己的挫折感。

三、感情挫折

大学生因恋爱而造成的情感危机，是诱发大学生心理问题的重要因素。进入大学阶段，个体生理上基本已成熟，完全达到了性成熟水平，开始关注异性和追求异性。但是由于每个大学生的信念、理想、、性格、爱好、对爱情的态度、表达感情的方式等的不一致，而感情不能契合，导致恋爱关系的中止，给一方或双方带来情感上的伤害和挫折。

四、人际交往挫折

大学生渴望交往，但在大学中，来自五湖四海的学生因为语言不同、性格各异、生活习惯相差较大，以及社会交往经验、技巧不足而不可避免地发生摩擦和冲突。有的同学在交往中不善于处理人际矛盾，与同寝室同学关系很僵；有的同学不善与人沟通，与同班同学没有共同语言，感觉孤独和被排挤；有的同学面对大学复杂的人际环境不知所措，觉得人人都是虚伪和自私的，恐惧与人交往……本来读大学就让很多学生远离熟悉的家乡、父母和同学，一旦出现人际关系方面的挫折，就会加剧孤独、无助的感觉，从而产生压抑和焦虑。

五、就业挫折

据北京青年压力管理服务中心发布的《2009 中国大学生就业压力调查报告》显示，大学生“想到毕业就忧心忡忡”的比例高达 52%，而“对目前的就业形势感到乐观”的人群不足 9%。大学生的就业压力感受平均得分为 19.12，远高于中位数 15，表明大学生的心理、生理以及行为指标等在不同程度上都受到了就业压力的影响。而据人保部门的最新统计数据显示，2010 年，全国高校毕业生达到 630 万人，比 2009 年的 611 万多 19 万人，就业形势非常严峻。而有的大学生知识储备不够、综合素质与实践能力不强；有的学生在对待就业问题上期望值偏高，而不愿屈就和调整目标；还有的学生缺乏自信，面对求职受挫，对能否找到合适的工作岗位非常担心。

心理探索四：大学生的挫折反应

当个体体验到挫折之后，在情绪和行为上总是会产生一系列的反应，以维持心理平衡。由于大学生的挫折承受力的个体差异较大，所以遇到挫折后的挫折反应普遍较为多样，有的情绪过度低落，有的情绪异常激动，有的行为退化，有的行为过激，有的固执冷漠，有的自暴自弃，有的出现异常心理和行为，有的甚至导致心理疾病或自杀行为的出现。我们把人们受挫后的行为表现分为积极反应和消极反应。

扫一扫

面对挫折的态度

一、挫折后的积极行为反应

大学生受挫后积极的行为表现是指不失常态的、有控制的转向摆脱挫折情境为目标的理智性行为。积极的反应方式能够有效缓冲心理挫折，使人表现出自信、进取的倾向。主要有以下几种形式：

1．升华

弗洛伊德认为，如果人原始的一些行为和欲望直接表现出来，可能会受到社会规范的惩罚或产生不良后果，因此不能直接表现出来。如果能将这些行为和欲望导向比较崇高的符合社会规范的方向，使其具有建设性，有利于社会和他人，同时也能减轻自己的精神痛苦，这就是升华作用。例如，把失恋的痛苦转化为发奋学习的动力，或成为写作的能量等。

2．补偿

大学生在实现既定目标的过程中，因种种原因阻碍导致失败时，设法以另一新的目标来替代原有目标，以现有的成功体验弥补原有的失败痛苦，从而满足自尊的需要。例如，有的同学参加演讲比赛发挥不佳，没有取得名次，便转而努力锻炼，参加运动会。通过一番努力拼搏而取得较好名次。

3．幽默

幽默也是一种积极的行为反应，是较高级的适应环境的方法之一。

4．寻求改变

在发现原有的方法无法发挥作用、实现目标的时候，可以改变行为方式，寻求其他可能解决问题的方法。

二、挫折后消极的行为反应

大学生受挫后消极的行为表现是指失常的、失控的、没有正确目标导向的行为，甚至是对自己、他人或社会造成一定程度危害的情绪性行为。主要有以下几种形式：

（一）攻击

由于受到阻碍，愿望不能实现，从而产生强烈的侵犯和对抗的情绪和行为反应。攻击包括直接攻击和间接攻击。直接攻击是指一个人受到挫折以后，把愤怒的情绪指向对其构成挫折的人或者物，多以动作、表情、言语、文字等形式表现出来；间接攻击是指将挫折引起的愤怒和不满的情绪转向发泄到自我或与挫折来源不相关的其他人或其他物上。如埋怨自己能力不够强、机遇不好、命运不佳、生不逢时等。

小罗和班上一位女同学谈恋爱，但是没多久女朋友就提出了分手，理由是小罗性格不好，喜欢猜疑、爱发脾气。小罗不同意分手，但是女朋友不但不回心转意，不久之后还交上了一位外系的男朋友，还带到班上来一起听课。小罗一气之下把那个男孩打了一顿，被学校处分之后还愤愤不平，觉得不是自己的错。

（二）逃避

逃避是指在现实生活中，自己与社会及他人发生矛盾及冲突时，不能自觉地解决矛盾、冲突，而躲避矛盾、冲突的心理现象。主要类型有：① 通过沉迷于其他事来逃避。例如，有的大学生在学习生活中碰了钉子或者追求的目标、理想一时不能实现时，便心灰意冷，沉迷于赌博、烟酒之中；② 通过幻想进行逃避。个体企图以自己想象的虚幻情境来应对挫折，借以脱离现实。幻想能使人暂时脱离现实，使人减轻挫折后的焦虑和不安，但幻想本身并不能真正解决问题，长期沉溺于幻想则会降低个体对现实生活的适应；③ 通过生理疾病进行逃避。如参加高考的学生考试当天发烧、拉肚子等。这种疾病的发生是无意识的，并非装病。

（三）固执

固执是指个体在受到挫折后，采取刻板的方式盲目重复某种无效行为，尽管情况已经变化，这种行为并无任何结果，但是刻板式的反应仍在继续进行。从外部特征来看，固执与正常习惯有许多相同点，但是在遭受挫折时，二者的区别就明显地表现出来了。如果因习惯的行为遭受挫折或惩罚，那就会改变习惯行为；而与此相反，固执行为不但不会改变，而且还会反常地强烈起来。这是因为，人们在社会生活环境中一而再、再而三遇到同样的挫折，又一时难以克服，就可能慢慢失去信心而形成刻板化的反应方式，一再重复同样而无效的行为。另外，过多过严的惩罚和指责，也可能导致固执行为。

（四）反向

为处理一些不能被现实接受的欲望及冲动，将这些被自己和社会规范不能容忍的原始行动欲望压抑到潜意识中去，但是这些欲望和冲动仍然有强大的力量，个体害怕这些欲望和冲动会暴露，就用相反的行为来表达。比如，有的学生非常自卑，觉得自己什么都比不上别人，但是却表现出自高自大、过分自负，其实就是害怕别人知道他的短处。

（五）退行

受到挫折后，其行为表现和他的年龄很不相称，回复到一种不成熟的行为模式。如有的成人会像小孩一样又哭又闹，显得十分幼稚。也有的人会采用粗暴的行为方式，为一点小事暴跳如雷，大声叫嚷。

心理探索五：培养挫折承受力

挫折承受力是指个体在遭遇挫折时适应挫折、抵抗挫折和应对挫折的能力，是个体在遇到挫折情境，经受打击和面对各种压力时，摆脱和排除困境而使自己避免心理与行为失常的一种耐受力。

扫一扫

正面挫折，拥抱青春

面对挫折，不同人的反应是不一样的，有的人遇到一点小挫折就颓废、沮丧、绝望，而有的人即使遇到重大挫折仍然能够意志坚定、顽强进取。这些面对挫折的不同反应就是因个体挫折承受能力决定的。挫折承受力是维护个体心理健康的一道防线，挫折承受力较低的人，在挫折面前容易陷于不良情绪困扰之中，几经挫折打击之后，容易失去人格的统一和完整，甚至导致行为失常和心理疾病的产生；而挫折承受能力较强的人，不易被强烈的负面情绪困扰，挫折反应小，持续时间短，在重大挫折面前仍可保持正常的行为能力，采取理智的态度和正确的方法应付挫折。

增强挫折承受能力不但是大学生健全人格的需要，也是提高其心理健康水平，增强社会竞争力的需要。

（一）正确认识挫折，改变不合理观念

挫折具有普遍性，可以说是人生的一个组成部分，每个人在人生旅途上都会遇到挫折。而挫折具有双重性，既有消极的一面，也有积极的一面。每个人都经历过逆境，在逆境面前建立积极进取的态度以及信心，变阻力为动力，那么逆境和困难很可能成为一种难得的机遇。通过总结经验教训，寻找自身的不足，可以更好地促进个人的发展，同时还能够磨炼性格和意志，增强创造力和智慧，增长知识和才干。

另外，一些不合理的观念常常也会导致人们出现强烈的挫折感，例如，认为挫折不应该发生在自己身上；以偏概全地看待自己和他人；无限夸大挫折的后果等。只有改变这些不良的认知方式和错误的观念，才能客观评价挫折带来的后果，从挫折中获得成长。

（二）对挫折进行正确归因

当个体受到挫折后，要冷静客观地分析自己的目标、方法、动力和阻力，对挫折做出符合实际的准确归因。准确归因可以帮助我们了解自己究竟是在什么地方失败了，哪些因素是我们可以改变的，哪些东西是需要我们接受和面对的。

有些造成挫折的因素是我们通过努力可以改变的，如我们可以提高自身认识水平，避免因为主管认知的原因放大了暂时的困难和逆境。我们可以调整自身观念，对自己有更准确客观的认识，据此调节自己的抱负水平，制定适度可行的目标，并分阶段、分步骤地采取合理有效的行动去达成，从而用不断的成功来增强自信，进而取得成功。

还有一些造成挫折的因素是我们无法改变的，如个头的高矮，家庭经济贫困，或者现在严峻的就业形势等。面对这些无法改变的挫折因素，我们需要学会接受不完美的自己，用自己的能力去创造属于自己的成功。

（三）确定合理的个人抱负水平

大学生都有对未来工作和感情生活的美好向往，都在追求一定水平的目标，但目标水平的高低及其确定的标准是否合适是一个关键。如果抱负水平过低，个体的身心潜能处于被埋没的状态，会产生由空虚、苦闷、不满足感所造成的挫折感；但是如果目标定得过高又不具备实现目标的能力和条件，就可能因为不能达成自己希望的目标而产生严重的挫折感，打击自己的自信心和自尊心。因此，确定适度的抱负水平是避免挫折，获得自信，使自己得以顺利发展的一个重要条件。

大学生需要对自己、对生活合理定位，确定目标时需要全面评估自己拥有的资源，如能力、智力、体力、时间、经验、兴趣、经济条件等，并确定好近期目标与远期目标，制订适宜且能实现的计划，从而逐一实现，也能不断增强成就感和自信心。

（四）学习运用心理防御方式，减轻心理压力

挫折会使个体受到威胁和伤害，并引起焦虑、自卑、痛苦等，使人的心理平衡遭到破坏。此时，学习运用积极的心理防御方式能暂时减轻和解除痛苦和不安。然而，各种心理防御方式并不能绝对改变现实，真正解决问题多少带有自欺欺人的色彩，可能起到妨碍成长的消极作用。因此，在运用心理防御方式使自己的心理恢复平衡后还必须进一步地分析原因，以真正走出挫折。

（五）适时宣泄不良情绪

利用语言或行为，在较短的时间内将可能危害健康的、过度的情绪抒发出来，使自己的精神得到有益的调整，以达到防病、健身的目的，此时所采用的方法就是宣泄。挫折给我们带来较大的身心压力，通过宣泄进行心理释放是一种有效的手段。

语言宣泄如找人倾诉、唱歌、呼喊等；行为宣泄如跑步、快走、拳击、书写、哭泣等。不管是什么样的宣泄方式，都要注意合理应用，不能对自己和他人造成伤害。

（六）主动寻求社会支持，或借助于心理咨询

良好的人际关系是提高大学生应对挫折能力的有效手段，由交往形成的人际关系可以满足人的归属需要、情感需要、社会认可需要等。心理研究也表明，一个人与他人一起处于挫折压力之中时，可以降低消极情绪体验。良好的人际关系状况，也能保证个体遭受挫折之后，可以积极主动地寻求他人的支持和帮助，从外界获得信息、方法和策略。

如果自己无法走出挫折的阴影，也不能获得朋友、家人足够的帮助，可以尝试求助于心理咨询，通过心理咨询来调适情绪，更好地认识自己并获得成长。

心理训练

心理训练一：你的抗挫折能力怎么样

每个人的生活中都会不同程度地受到挫折，人们在受挫后恢复的能力却各不相同。有些人弹性十足，有些人受挫后一蹶不振，而大多数人则介于两者之间。下列问题则可以测验出你应付困境的能力。在回答这些问题时，请你用“同意”或“不同意”作答。回答愈坦白，愈能测验出你的受挫弹性。同意的画“√”，不同意的画“×”。

（　　）1．胜利就是一切。

（　　）2．我基本是个幸运儿。

（　　）3．白天工作不顺利，会影响我整晚的心境。

（　　）4．一个连续两年都名列最后的球队，应退出比赛。

（　　）5．我喜欢雨天，因为雨后常是阳光普照。

（　　）6．如果某人擅自动用我的东西，我会气上一段时间。
（　　）7．汽车经过时溅了我一身泥水，我生气一会儿便算了。
（　　）8．只要我继续努力，我便会得到应有的报偿。
（　　）9．如果有感冒流行，我常是第一个被感染的人。
（　　）10．如果不是因几次霉运，我一定比现在更有成就。
（　　）11．失败并不可耻。
（　　）12．我是有自信心的人。
（　　）13．落在最后，常叫人提不起竞争心。
（　　）14．我喜欢冒险。
（　　）15．假期过后，我需要一天才能恢复常态。
（　　）16．遭遇到的每一否定都使我更进一步接近肯定。
（　　）17．我想我一定受不了被解雇的羞辱。
（　　）18．如果向我所爱的人求婚被拒绝，我一定会精神崩溃。
（　　）19．我总不忘过去的错误。
（　　）20．我的生活中常有些令人沮丧、气馁的日子。
（　　）21．负债累累的光景叫我寒心。
（　　）22．我觉得要建立新的人际关系相当容易。
（　　）23．如果周末不愉快，星期一便很难集中精力学习和工作。
（　　）24．在我的生命中，我已有过失败的教训。
（　　）25．我对侮辱很在意。
（　　）26．如果聘任职务失败，我还愿意尝试。
（　　）27．遗失了钥匙会叫我整星期不安。
（　　）28．我已达到能够不介意大多数事情的地步。
（　　）29．想到可能无法完成某项重要事情，会使我不寒而栗。
（　　）30．我很少为昨天发生的事情烦心。
（　　）31．我不易心灰意冷。
（　　）32．必须要有百分之五十以上的把握，我才敢冒险把时间投资在某件事上。
（　　）33．命运对我不公平。
（　　）34．对他人的恨维持很久。
（　　）35．聪明的人知道什么时候该放弃。
（　　）36．偶尔做个败北者，我也能坦然接受。
（　　）37．新闻报道中的大灾难，使我无法专心工作。
（　　）38．任何一件事遭到否决，我都会寻求报复的机会。

上述问题，列入“不同意”者为：1、3、4、6、9、10、15、17、18、19、20、21、

23、24、25、27、28、29、32、33、34、35、36、37，其余为“同意”。

依上列答案，相符者给 1 分，相反为 0 分，如果你只得到 10 分或者更少，那么你就是那种易被逆境、失望或挫折所左右的人，你把逆境看得太严重，一旦跌倒，要很久才能站起。你不相信“胜利在望”，只承认“见风转舵”。

总分在 11 至 25 之间者，遇到某些灾祸或逆境的时候，往往需要相当时间才能振作起来。不过这类人却能找到很多的技巧和策略来获取个人的利益。

如果你的总分高于 25 分，则显示你应付逆境的弹性极佳。不理想的境遇对你虽然会造成伤害，但不会持久。这类人在情感上通常相当成熟，对生活也充满热爱，他们不承认有失败，纵或一时失败，仍坚信有“东山再起”的一天。

心理训练二：成长三部曲

训练目标：挫折情绪体验。

活动时间：20 分钟。

人数：不限。

活动程序：

（1）大家的起始级别为“鸡蛋”，每人随意寻找对象，通过剪刀、石头、布或者其他猜拳方式与另外一个“鸡蛋”PK。

（2）PK 胜利者即可升级为“小鸡”，输家仍然为“鸡蛋”。

（3）划完一轮后，“鸡蛋”和“鸡蛋”PK，“小鸡”和“小鸡”PK。

（4）第二轮开始，“鸡蛋”仍然为变身而努力寻找另外的“鸡蛋”PK。“小鸡”要寻找另外的“小鸡”进行 PK，赢家升级为“雄鹰”，输家降级沦为“鸡蛋”。

（5）第三轮同上，“雄鹰”为了升级要寻找其他“雄鹰”PK，赢者可升级为“凤凰”，输者沦为“小鸡”。

（6）直到游戏无法进行（无人和自己配对进行比赛），游戏结束。

活动结束后请大家分享自己在活动中的感受，大家讨论。

心理训练三：心理保健操——挫折双刃剑

回忆自己所经历过的挫折以及它们给你的人生带来的影响，从正面和负面两个方面来分析，并填写表 12-2。

表 12-2　心理保健操——挫折双刃剑

发生时间	挫折经历	负面影响	正面影响
1			
2			

（续表）

发生时间	挫折经历	负面影响	正面影响
3			
4			
5			

项目十三　绿色网络　绿色心情
——大学生网络心理健康

【故事悦读】

这是网络的错么？

一位大一女生在玩劲舞团游戏时认识了一名网友，两人从网上夫妻变成真实生活中的情侣。可天有不测风云，男孩的电话中突然传来女人的声音，“他是我的老公，你别找他了，他不想理你。”由于受不了这一刺激，女孩精神崩溃，用剃须刀割腕自杀。幸亏警察及时赶来，将她送往医院救治。

热身运动

活动一：你上网最喜欢做什么

扫一扫

大学生上网时间调查

活动目的：了解你上网的时间分配。

活动流程：在表 13-1 中写出你自己上网最经常做的 10 件事情，并写出每周你做这些事情各自所花费的时间，然后和你的小组成员们分享。

表 13-1　上网做的事情及其所花费的时间

序号	上网做什么	所花费的时间
1		
2		
3		
4		
5		
6		

（续表）

序号	上网做什么	所花费的时间
7		
8		
9		
10		
合计	时间	

活动二：网络与生活

活动目的：了解使用网络的好处。

活动流程：尽最大可能的说出你能想到的，通过网络能够带来的好处。

活动时间：15 分钟。前 10 分钟用于提出自己的意见，后 5 分钟小组讨论。

活动要求：在前 10 分钟内，不要批评或评价别人的看法，只说出自己的意见。

活动三：契约书

活动目的：达到自己的目标。

活动要求：目标的描述必须是正向的。

活动流程：针对网络使用的问题，制定个人本周的目标，并邀请小组两名成员讨论其可行性和具体性后签字监督执行。

头脑风暴

请回答以下问题：

（1）网络对我们的影响有哪些？

（2）怎样看待大学生上网所出现的问题？

（3）如何提高网络利用的效率？

心理探索

心理探索一：了解网络

网络作为一种信息技术，已经将人类带进了多媒体信息时代。今天的文明社会，已经很难想象没有网络将会是怎样的景象。几乎所有的人都在或多或少的享受着网络所带来的利益。然而谁也没有想到，这项“造福于民”的技术，它的诞生却是和战争联系在一起的。

小知识：Internet 的雏形

20 世纪 60 年代，对于美苏两国来说是一个很特殊的时代。古巴导弹危机、美苏两国的军备竞赛、越战爆发、众多第三世界国家的政治危机、美国国内的政治运动……尤其是美苏两国的核军备竞赛，使得美国人感到必须保持自己的领先地位。他们认为达到这一目标的方式是实现科学技术的全球领先。而电脑技术的进步能够帮助他们实现这一目标。到 60 年代末，每一个主要的联邦基金研究中心，包括纯商业性组织、大学，都有了由美国新兴电脑工业提供的最新技术装备的电脑设备。这为电脑资源共享提供了条件。

面对战争的危险，为了避免自己的通信系统被苏联核弹摧毁从而导致指挥瘫痪，当时的美国国防部高级研究计划管理局（ARPA-Advanced Research Projects Agency）便开发了一个命名为 ARPAnet 的网络。这一网络的作用在于当某台电脑主机被军事力量摧毁之后，其他节点上的电脑依然能够提供完整而及时的信息。最开始的时候，ARPAnet 只连接了 4 台主机，并且是处于高度的军事保密状态，它在技术上也还处于摸索状态，这都使得该技术并没有被大规模推广。但即便是这样，电脑数据通过互联网从而实现共享数据的思想得到了首次体现。

直到 1983 年，美国研发了电子布告栏系统，从而诞生了真正的 Internet。

尽管如此，随着网络技术的不断发展，其技术应用也越来越广泛。1980 年代，局域网走向成熟。1993 年，万维网（WWW）出现，标志着人类开始大幅度迈进互联网时代。而 1987 年，中国网络专家钱天白教授发出了第一封电子邮件，标志着中国进入互联网时代。

扫一扫

网络安全

进入 21 世纪之后，中国的网络发展速度非常之快。根据中国互联网络信息中心发布的《中国互联网络发展状况统计报告》，截至 2011 年 12 月，中国网民数量已经达到 5.13 亿。大专及以上学历人群中互联网的使用率在 2011 年达到了 96.1%，由此可见，网络已在大学生中普及。

心理探索二：网络对当代大学生的影响

一、当代大学生上网一般情况

新时代的大学生大多对网络都不会陌生。超过九成的大学生每周的上网时间超过 1 小时。大学生的上网活动，主要集中在发邮件、聊天交友、网络游戏、查资料、看新闻、休闲等活动。其中，聊天的比重最大。

二、网络带来的积极影响

（一）发展自我意识

“网络面前，人人平等”。网络的隐匿性决定了大学生在网络世界中无需像在现实世界那样，处处需要看别人的“脸色”。无论在现实世界中人们拥有多高的社会地位或是学问，多大的权利或是财富，在网络世界中大家都是平等的。在网络世界里，你只需要注册一个 ID，就可以发言。只要你的言论不违反国家的法律法规，在网络上是不会有人来约束你的。这就使得学生们可以在网络上畅所欲言而不用受太多现实的限制。

网络的特性使得大学生可以通过网络实现很多想法。我们可以在网上充分表达自己对各种问题的看法；我们可以通过网络建立自己的网站、主页、博客，并且通过这些网络媒介来充分表达自己；我们还可以参与网络游戏，并且在网络游戏中扮演自己喜爱的角色；我们将自己的视频、声音、照片等代表个人形象的文件上传到网络上，使得更多的人了解自己……这对于自我意识发展正处于整合时期的大学生来说是非常重要的。因为所有这些都有助于大学生增加自我了解的深度。

（二）扩人人际交往范围

就像前面所说，大学生能够将代表自己形象的文件上传至网络，从而方便其他人了解自己。同样的道理，自己也能够通过网络很方便的认识和了解他人。理论上，通过聊天软件你就能够接触到世界上的任何一个人，而不用支付任何费用。因此，这就拓宽了大学生们的人际交往范围，可以做到“足不出户”遍识天下好友。

（三）拓宽视野

网络的海量信息为大学生们提供了丰富的资源，拓宽了他们的视野。只要一个回车键，他们就可以搜集到许多信息，及时了解天下大事。通过网络，可以真正做到一秒钟内全球新闻皆知。作为一个开放的平台，各种文化、思想、信息、知识都可以在这里找到，为大学生们扩展视野提供了非常便利的条件。

尽管如此，我们仍然需要警惕网络可能会对大学生带来的负面影响。因为任何事物都具有两面性。在面对网络大潮的风卷云涌中，一些伴随网络而诞生的心理障碍也随之出现。

心理探索三：大学生常见网络心理障碍

一、网络心理障碍的含义

网络心理障碍是指因上网过度而引发的心理疾病。上网过度常常表现为某种缺乏节制的上网行为。大学生网络心理障碍多表现为感情上自我迷失、角色上混淆自我、道德上失范自我、心理上自我脆弱、交往上自我失落。

二、常见网络心理障碍

（一）网络恐惧

网络恐惧是指人对互联网及其相关要素体验到一种非理性的逃避情绪。网络恐惧常见于大学新生，尤其是来自偏远落后地区的学生。他们在进入大学之前，很少有机会接触到电脑，尤其是互联网。可是在发达地区，很多中小学早已普及了电脑及互联网教育。因此，在大学校园中学生就分成了两类：一是对电脑及互联网有相当了解的学生，他们能够比较熟练地使用电脑上网浏览网页、聊天等；二是对电脑及互联网所知相当有限的学生，他们中的一部分人甚至可能是第一次摸到电脑。因此，这部分学生很容易出现网络恐惧的心理。

他们中的有些人是害怕自己学不好或者学不会计算机操作，进而影响到网络知识与技巧的学习，因而出现焦虑不安；有的是担心因为自己不会使用网络，是个“网盲”而受到其他同学的嘲弄，或者是产生“低人一等”的念头；有的是因为各种各样的电脑书籍及软件让他们不知从何学起，从而产生的迷茫感或无能感。另外，少数对网络比较熟悉的学生，由于需要不断更新网络知识，紧跟网络潮流，掌握网络新技术，在长期的压力之下也会产生这样的恐惧感。总之，大学生的网络恐惧，其成因多种多样，但均表现为由于恐惧而对网络进行回避。其常见的表现形式包括不上网、逃避相关课程的学习（逃课）、不参与同学之间网络话题的讨论、憎恨网络等。

（二）网络沉迷

虚拟网络里的世界，信息多种多样，很容易让人沉迷于其中。大学生常见的网络沉迷类型大致有六种，包括：网络色情沉迷——迷恋网络上的色情视频、图片以及聊天室；网络交际沉迷——沉迷于利用各种聊天软件或者聊天室长时间聊天；网络游戏沉迷——沉迷于各种网络游戏；网恋沉迷——沉迷于网络所创造的虚幻的罗曼蒂克的恋情之中；网络浏览沉迷——醉心于网络信息的收集和传播，而忽视这些信息是否是必要的；网络制作沉迷——利用各种网页制作软件制作网页，以追求完美的网页和以编制多种程序为嗜好。长时间的网络沉迷，不仅会对个人的生理健康带来损害，而且也会导致正常的学习、生活以及社会功能受到严重影响。

扫一扫

沉迷网络不归路

（三）网络孤独

许多大学生在现实世界中往往感觉生活得并不如意，他们觉得自己要么缺乏足够魅力，要么有较强的孤独感，要么生活得很压抑……因此，他们希望通过网络来改变自己的人际关系，或者改善自我。但大量的上网不但不能够解除这种孤独感，甚至有可能会加重原有的孤独感。Kraut 等人对上网用户的研究表明，网络会造成网民脱离社会以及对心理幸福感的降低，表现为孤独感和抑郁感增加。

究其原因，则是沉迷于网络的网民每天将大量时间用于网络聊天、网络游戏，并且沉迷于在网络游戏里与自己的盟友交流，因此就对现实世界中的同学、朋友、亲人漠不关心。这样的情况多与性格（如内向）以及对现实世界满意度较低有关。通常的表现形式是沉默寡言，脱离现实，情绪低落，社交面狭窄，人际关系较差。

（四）网络自我迷失

网络世界是匿名的，在隐藏自己的真实身份之后，许多现实社会中的规范、道德就失去了原有的意义。大学生在网络上表现自我的同时，也将自己在现实世界中的自我抛弃了。由于缺乏现实的有效约束，使得网络黑客、网络犯罪、网络暴力事件层出不穷。一个现实生活中温文尔雅的人可能会在网络上脏话连篇，沉默寡言的人在网上可能会变得风趣幽默。总之，有些大学生在网络上扮演的角色经常是与现实的实际情况截然相反的。这就使得他们不得不在现实与虚拟之间频繁地转化角色。当这种情况出现过度时，他们很容易出现心理危机。

大学生热衷网上结婚离婚“网游婚姻”当不得真

近日，长沙市河西某高校大三的彭同学在 QQ 上收到好友小陈传来的消息：“老彭，我结婚了！”彭同学很是纳闷，之前没听说小陈有女朋友啊？一问才知，小陈最近在玩《QQ 飞车》，在游戏里和一个陌生女孩“闪婚”了。

最近，记者对湖南几所高校大学生的粗略调查统计显示，玩过《魔兽》、《水浒 Q 传》、《劲舞团》、《QQ 飞车》等大型网络游戏的大学生，九成以上在游戏里结过婚，有的还经历过多次婚姻。

商家赶潮流推出“婚姻游戏”

据记者了解，目前几乎所有的大型网络游戏中，都有“结婚”这个设置。网游世界不但可以结婚，有的还开设了“离婚系统”。长沙理工大学的林星同学告诉记者，在《梦幻西游》里，“已婚”玩家可以协议离婚，夫妻组队找“月老”谈话，提出离婚申请，并交给“月老”100 万两的离婚费用，即可“离婚”。

玩家 玩结婚游戏为图快乐

不少大学生坦言，玩游戏纯粹是为了娱乐，在网游中找朋友、找老婆就是图个快乐。

湖南农业大学的王城同学谈起自己“网婚”的原因是，现实中他无法拥有满意的感情，他想在游戏里通过虚拟结婚的形式，体验一下现实中得不到的快乐，让自己空虚的感情得到一些满足。在游戏里，他风趣幽默，迷倒不少女生，追求者甚众，而现实生活中的他却木讷腼腆，不善与人交往。网络与现实的强烈反差，成了王城爱上"游戏婚姻"的主要因素。

与现实生活中一样，在游戏中结婚也有很多"现实派"。长沙南方职业学院的刘同学告诉记者，在《传奇》和《梦幻西游》等游戏里面，玩家结婚不是为了"爱情"，而是为了升级。把结婚当成游戏的一个任务，经过两个玩家共同的不懈努力，终于领到"结婚证"。"既有成就感，又增进感情。"刘同学如此评价自己的"网婚"感受。

大学生"网游婚姻"最好别当真

毕业于中南林业科技大学的闫同学玩《魔兽》游戏玩了近四年。据他介绍，"网游婚姻"并不是不可能在现实生活中上演。他在游戏团队里的队长夫妇，就是先在游戏中"结婚"，后来在现实中真正结婚了。"大家在游戏里认识了，然后加QQ、发短信、打电话。从虚拟的网络世界走入现实生活，在今天并不值得惊奇。"

不过，也有相当一部分大学生认为"网游婚姻"当不得真。湖南师大的吴丽同学告诉记者，她的一个好朋友和男生在玩游戏中"谈起恋爱并结了婚"。他们起初是一起玩游戏、网聊，后来发展到天天煲电话粥，"但那是虚假的，最终他们分手了。"湖南大学的大四学生小李表示，"网络婚姻"是"情感毒药"。小李说，他有女朋友，他们关系很融洽，但他短期不会结婚，更不会考虑网络婚礼。小李认为，结婚归根结底讲的是责任，不是在网络上玩玩就算了的，那是一种很不负责的行为。

改编自《大学生热衷网上结婚离婚"网游婚姻"当不得真》(长沙晚报)

资料来源：新华网http://news.xinhuanet.com/edu/2009-07/09/content_11678060.htm

心理探索四：网络成瘾综合症

一、网络成瘾综合症的概念

网络成瘾综合症，是指上网行为冲动失控的异常现象。这样的失控不是由成瘾物质所引起的，而是由于对网络产生心理依赖所导致的。

网络成瘾临床诊断标准

症状标准

长期反复使用网络，使用网络的目的不是为了学习和工作，或不利于自己的学习和工作，符合如下症状：

(1)对网络的使用有强烈的渴望或冲动感。

（2）减少或停止上网时会出现周身不适、烦躁、易激怒、注意力不集中、睡眠障碍等戒断反应；上述戒断反应可通过使用其他类似的电子媒介（如电视、掌上游戏机等）来缓解。

（3）下述5条内至少符合1条：

① 为达到满足感而不断增加使用网络的时间和投入的程度；

② 使用网络的开始、结束及持续时间难以控制，经多次努力后均未成功；

③ 固执的使用网络而不顾其明显的危害性后果，即使知道网络使用的危害仍难以停止；

④ 因使用网络而减少或放弃了其他兴趣、娱乐或社交活动；

⑤ 将使用网络作为一种逃避问题或缓解不良情绪的途径。

严重程度标准

日常生活和社会交际能力受损（如社交、学习或工作能力方面）。

病程标准

平均每日连续使用网络的时间达到或超过6小时，且符合症状标准已达到或超过3个月。

思考题：你对这个标准有什么样的看法？

资料来源：新华网

二、相关争论

网络成瘾综合症这个概念，最早是由美国心理医生Goldberg在1990年代提出来的。这一概念自从提出之后，就一直备受争议。争议的焦点在于网络成瘾综合症是否如同药物成瘾那样属于一个严格意义上的成瘾疾病。研究人员各执一词，很快就分做了两派。

扫一扫

网络成瘾的标准

以Young等人为代表的研究人员属于赞成派。他们认为和病理性赌博一样，网络成瘾是一种心理病态。哈佛大学计算机成瘾研究中心主任Orzack的研究发现有5%～10%的网民存在着不同形式的网络依赖情况。Young认为网络成瘾患者存在情绪问题，比如抑郁症或者焦虑症，这些人经常利用网络世界里的虚幻来逃避现实中的不舒适感和焦虑环境。

尽管是Goldberg首次提出网络成瘾综合症的术语，但他本人认为这个术语一开始就被误读了。他指出网络成瘾综合症并不是真正的上瘾。他认为网络沉溺仅仅是一种补偿性行为。如果这样都可以算作是精神疾病，那么一个因为害怕孤独而长时间给朋友打电话的人就可以被诊断为患有“电话成瘾综合症”。

2008年，Byun等人在系统性总结了前人的研究之后，认为之所以网络成瘾的争论如此之大，是因为不同研究人员对网络成瘾综合症的界定标准是不一致的，甚至是相互矛盾的。同时，不同研究人员在样本收集以及研究方法上存在缺陷，种种原因导致大家的结论存在着差异。因此，人们对于网络成瘾综合症的认知还需要更多和更详尽的研究。

目前，无论是在美国，还是在中国，官方都没有把网络成瘾综合症纳入到正式的医学诊断体系当中去。简单的说，就是网络成瘾综合症还不被看成是一种严格意义上的精神或心理疾病。在国外，有些专家将其称为“网络滥用”（Internet overuse）。

三、网络成瘾综合症的危害

尽管网络成瘾综合症这一概念在学术界还存在争议，但关于网络滥用的危害性，大家是没有异议的。大量的研究表明，长期的网络滥用会对网民的身心健康带来负面影响。美国网络行为研究中心的 Greenfield 博士认为，网络上的某些活动能够诱使网民出现人格分裂、时间感扭曲以及快感的满足，并且有 6%的网民感觉到这些现象已经对他们的现实生活产生了明显的影响。Young 的研究表明，有超过 60%的网络成瘾综合症患者承认自己通过网络寻求过不适当的性活动，比如眼里只关注色情文章或图片，以及在网上参与赤裸裸的性聊天。美国的研究表明，有超过半数以上的网瘾患者还存在酒精、药物、烟草或者性成瘾问题。我国的研究也表明，网络成瘾不但会对身心造成影响，而且还会带来各种社会问题。

（一）生理问题

有的大学生往往喜欢通宵上网或连续多天不间断上网，这会导致生物钟出现混乱，以及睡眠失调，从而会进一步导致其生理问题的出现。长时间上网，人的兴趣点都集中在网络信息上面，会使人忽略身体所发出的各种超负荷信号，从而患上急性和慢性生理疾病，比如神经衰弱、免疫力下降、晕厥等。长时间上网，容易使人的眼部过度疲劳，从而诱发各种眼部疾病。另外，长时间坐在电脑前面，使得人的躯体长期保持一种姿势，容易出现颈椎、腰椎、肌肉劳损、肩周炎、腕关节综合症等各种问题。由于很多大学生为生活条件所限，部分人会选择在网吧上网。由于各种各样的原因，我国部分网吧的上网环境并不理想，比如环境拥挤、空气混浊、嘈杂等，这会进一步加重上网者的身体负担，使其出现身体疾病。

（二）心理问题

缺乏节制的上网行为不但会对身体造成伤害，而且还会对人的心理状态造成负面影响。最明显的影响就是，网络成瘾综合症的患者会出现强迫性上网行为，即一旦患者中止上网，便会产生上网的强烈愿望，而且这种愿望强烈到让患者无法从事其他活动。因此，这样的状态会影响到个体的生活、工作、学习等任务的完成。另外，长期无节制上网，会使患者出现注意力不集中、不持久，记忆力减退等问题。

（三）社会和家庭问题

长期无节制上网会导致个体的各种社会功能受损，并且会引发各种社会和家庭问题的出现。许多网民因为长时间上网，使其在现实社会中的社交技能与愿望大减，并且出现意志减退、情绪紊乱等现象，这会严重影响个人的正常工作、生活和学习。沉溺于网恋、网络游戏、网络色情、网络暴力等活动不但会给患者身心带来伤害，而且已经引发了一系列的社会问题。同时，网络成瘾的患者，有时会出现虚拟与现实分不清的情况，从而给自己或他人带来伤害。另外，由于长期沉溺于网络，使得患者学习兴趣减退，成绩下滑，并且逃课、退学等情况日益增多。而这一现象，又会进一步激化患者的家庭矛盾。

四、网络成瘾综合症的类型

网络成瘾的表现形式多样，常见的包括网络游戏成瘾、网络交友成瘾、网络色情成瘾。

1. 网络游戏成瘾

网络游戏成瘾是最早被提出来的一种网络成瘾形式。患者长时间沉迷于网络游戏而无法自拔。患者为了寻求网络游戏的刺激，可以不择手段，包括花掉学费、生活费，欺骗家人、朋友，甚至通过暴力抢劫来获取上网费用。

湖北大学生四个通宵玩网游不幸猝死

2009 年 12 月 14 日中国之声《新闻纵横》7 时 29 分报道，湖北某大学二年级学生小梁痴迷网络游戏，一周前在网吧熬了四个通宵打网游，回到宿舍后猝死。网游之害在校园内外引起震动。

因为没有进行尸体检查，没人知道小梁具体在什么时间离世的，只知道在死之前，他连续打了四个通宵的《魔兽争霸》。同学小罗说，小梁五天内打了四个通宵，5 日清晨回宿舍，倒头便睡，直到 12 个小时后被发现死亡。

小梁是《魔兽争霸》里的“顶级高手”。据他的同学讲，在魔兽世界里，他会经常率领其他“菜鸟”们征战沙场，过关斩将。小梁在初三开始接触网游，高中时渐渐成瘾。高中同学小熊记得，每到中午休息，小梁都会拉着他冲到网吧，鏖战 2 个小时，然后匆匆地奔回教室上课。

也就是从那个时候开始，小梁的学习成绩一天天下降。虽然小梁的父亲对儿子没有过高要求，只求平安成人，但还是希望儿子能上大学。而 2007 年的高考，小梁惨败，只考了 350 分，连三本线都没上。这时候，父亲才意识到儿子已经被网游拖入深渊。为了增加考学筹码，2008 年高考前，小梁被父亲逼迫练习篮球，随后他以篮球特长生的身份进入武汉的一所大学就读。但让父亲想不到的是，大学不羁的生活让小梁如鱼得水，十堰距离武汉数百公里，家人半个月也难得看他一次，小梁更加迷恋于网游世界。

同学回忆，大一上半学期还能见到小梁的身影出现在教室里，大一下半学期就很少看到。同学说，期末考试小梁至少“挂”了7科。不玩游戏的日子里，小梁也会跟朋友小罗畅想自己未来的人生之路，拿双学位、留校、考公务员。

而现实就是现实，成绩越来越差，理想也越来越遥远，小梁陷入了痛苦之中，他渐渐地感到无聊，即使“魔兽”也不能填补精神上的空虚，这使得他追求寻找更加刺激的网络游戏来满足自己。他甚至用火星文给自己起了个“吊儿郎当”的网名，在QQ签名中征集新的网游，每周花几天时间在网吧熬夜奋战。

长期的熬夜让体育特长生的小梁也渐感不适。好友小熊想起，小梁经常说自己老了，体力远不如高中时，但小熊也没有在意。

据小梁的同学，同时也是一位魔兽玩家的小白介绍，小梁是网络游戏“魔兽世界”的忠实玩家，是游戏中“出勤率”最高的会员。平时，他可以连续七八个小时玩游戏不休息。最近这段时间课少了，他几乎天天在线。而像小梁这样的状况，在他们同学中不算少数。身边的一些同学经常是白天睡觉，晚上玩游戏，打得特别疯。基本上除了吃饭，剩下的时间都在打游戏，在网吧一泡就是四五天。

资料来源：节选自中国之声新闻稿

2．网络交友成瘾

网络交友成瘾是指利用各种网络交流工具（如BBS、各种网络聊天工具、微博等）与人进行交流，并达到成瘾的程度。网恋是网络交友成瘾的主要表现形式之一。通过网络与陌生人交流，并且建立恋爱关系，甚至在网络中双方建立婚姻关系（网婚），这样的情况已不少见。然而，网络毕竟虚拟的成分比较大，网络中的恋爱最终演变成现实恋爱，并且最终走向成功的可能性很小。更多的则是进一步激化了一系列的社会问题，例如性滥交、性暴力、婚外恋、对爱情观的异化等。

女大学生网恋近50岁农夫结婚 离婚后遭奸杀

在校女大学生张霞（化名）在网络上认识了年近50岁的农民郑某并与之相恋结婚。后两人因感情不和离婚，郑某经常纠缠张霞，并在一次争吵后举起菜刀砍死了张霞。近日，郑某数罪并罚，被判对其执行死刑，剥夺政治权利终身。

2005年，刚上大学的张霞在网络聊天时认识了在郑州打工的郑某，网名“随风”的郑某说自己是郑州人，30岁，经商，因为忙事业，还是单身，希望能和张霞交个朋友。涉世之初的张霞相信了郑某，并经常和他上网聊天，两人的感情也随之很快升温。

第一次相约见面后，郑某出手大方，信誓旦旦，张霞非常感动。在郑某的花言巧语下，张霞和郑某办理了结婚手续。这年张霞年芳20岁。

结婚后，张霞很快知道了郑某的真实情况，可面对木已成舟的婚姻和信誓旦旦、捶胸顿足的郑某，张霞又心软了，两人也是经常分分合合。

2008 年，张霞大学毕业，在家乡渑池找了份稳定的工作。张霞的家人知道她和郑某的关系后竭力反对，并叫张霞立即离婚。此时张霞也反思了自己的婚姻，加上郑某游手好闲，不求上进，整天沉迷网络，张霞下决心离婚。

两人于 2009 年 2 月 19 日办理了离婚手续。离婚后，本身就不愿分手的郑某经常到渑池骚扰张霞，张霞不愿见面，气急败坏的郑某就打电话、发短信威胁张霞，扬言要杀害张霞全家，往张霞身上泼硫酸等。张霞无奈曾于 2009 年 5 月 9 日报警。

2009 年 7 月 5 日，郑某再一次来到渑池县，当晚 23 时，张霞出门上夜班，隐藏在路边的郑某用菜刀胁迫张霞来到其事先看好的一废弃窑洞内，强行与张霞发生性关系后，丧失理智的郑某担心张霞再次报案，就用手将张霞掐晕，拿起菜刀对准张霞的脖子猛砍三刀，致张霞当场死亡。

法院审理后认为，郑某的行为已构成强奸罪、故意杀人罪，法院遂判决被告人郑某犯故意杀人罪，判处死刑，剥夺政治权利终身；犯强奸罪，判处有期徒刑五年。数罪并罚，决定执行死刑，剥夺政治权利终身。

资料来源：http://www.chinanews.com.cn/sh/news/2010/03-26/2192195.shtml（中国新闻网）

3．网络色情成瘾

网络上，色情网站和信息随处可见。面对各种淫秽文字、图片、声音、视频信息，大学生们很容易沉溺其中无法自拔，而没有认识到其中潜在的危害。网络色情成瘾的患者，会在网络中不断查询、浏览色情信息，并且通过这样的行为来逃避现实生活的具体困境。

心理探索五：大学生健康网络心理的培育

一、正确看待网络

不管网络带给人们怎样的影响，不可否认的是网络已经和人们的生活密不可分了。很难想象今天的大学生，如果没有网络将会是什么样子。所以，在“妖魔化”网络和“神化”网络的时代，作为大学生首先需要正确看待网络。

（一）上网是一种正常的活动

上网冲浪这件事本身没有对错之分，然而上网的方式却有适当和不适当的区别。大学生们应该认识到网络只不过是一个信息交流平台，一种掌握信息以实现自己目标的工具。通过网络可以帮助人们实现很多的需求，比如收集资料、了解时事、辅助学习、沟通和联络感情等。虽然网络也带来一系列问题，但罪不在网络，而是来自于我们不恰当的上网方式。所以，敌视和依赖网络都是不可取的。

（二）明确你的上网需求

网络有非常丰富的内容值得我们去了解，然而也有非常多的诱惑会毁灭我们。这就需要一双“慧眼”来看清这一切。明确自己上网的需求，了解自己对网络的期待，通过这样来正确认识自己与网络之间的关系。这是成功上网行为管理的第一步，也是最重要的一步。

【思考题】

你上网的时候最喜欢做的事情有哪些？你期望从这些活动中获得什么？

二、加强自我管理

（一）培养兴趣，丰富课余生活

大学时代的生活和中学时期相比较会显得更自由。没有了升学压力，没有了高中老师那种严加管教式的学习方式，一切都需要靠自己来安排时间。所以，轻松的上网活动很容易受到很多大学生的青睐。因此，多参加一些课外业余活动，社会实践活动，学习一些自己感兴趣的技能，培养一下娱乐爱好，尽可能地让自己课余时间安排的更加紧密一点，这样能够降低网络沉迷的程度。

（二）培养自己与人交流的能力和技巧

许多研究发现，网络成瘾与人格的某些特点是有关系的。喜欢独处、对现实人际关系敏感、警觉、不服从社会规范、缺乏自信、情绪不稳定、渴望被外界承认的人更容易沉迷于网络世界。因为，网络恰恰能够非常方便地满足他们的这些需求：不用与现实中的人接触、不用考虑现实交往中的重重规范和限制、自己可以任意变换自己的身份来获得网络上的成功等。另外，家庭和社会的种种矛盾也会导致很多人“逃避”至网络世界中。

所有这些，都与个人缺乏足够的现实人际交流能力和技巧有关。所以，大学生们应该多多训练自己的人际交流技能，努力改善自己的人际关系，要学会在现实生活中与他人一起生活和工作，并且享受现实生活中与人交往的乐趣。

（三）善于利用各种方法控制上网时间

大学生们可以利用各种方法，调动各种资源来控制自己的上网时间和频率。表 13-2 列出了一些减少上网的方法，供大家参考。

表 13-2　减少上网的方法

减少上网的方法	你觉得对你有用吗	
	有用	没用
和同学一起去上自习		
大家一起去上网，相互监督		

（续表）

减少上网的方法	你觉得对你有用吗	
	有用	没用
上网的时候少带现金		
去收费较高的网吧		
把折扣券扔掉		
想上网的时候就去做体育运动		
心情不好想上网的时候，先睡觉，然后再决定是否去上网		
找人聊天		
上网前先拟定一个本次上网的任务清单		
每个月的零用钱存银行		
把自己的人生目标写下来贴在床头，每次想上网是就大声念出来		
想看色情信息的时候，选择在熟人比较多的地方上网		
选择那些准点关门的地方上网，比如学校图书馆		
避免选择包月的上网计费方式		
不上网的时候，学一门艺术		
你认为还有哪些方法可以帮助你控制上网：		

（四）求助

如果你认为自己的上网行为已经严重影响到你的生活和学习，并且自己已经采用了各种方法来控制自己上网，可效果依然不好。那么，你可能就需要专业人士的帮助了。询问你所在学校心理咨询中心的老师、当地的专业心理咨询与治疗机构、求助热线、心理医生门诊，借助他们的专业辅导，重新使自己面对网络生活。

小贴士：上网行为的常用心理治疗方法

行为矫正法是依据条件反射说和社会学习理论改正人们不良行为的一种技术。网络成瘾很大程度上是因为受到焦虑的影响，因此可以采用系统脱敏的方法让学生降低这种焦虑感，从而达到消除焦虑习惯的目的。

认知疗法，其基本观点是：人们对网络和生活环境的看法是导致上网行为的关键，不良的上网行为与不良的认知模式有关。通过个人或团体咨询对网络成瘾倾向者进行及时的干预和心理咨询或心理治疗，使学生学习良好的人际交往技巧和行为方式，获得归属感，摆脱对网络的单一依赖。

心理训练

本测试有助于你了解自己对网络的依赖程度，请根据你的实际情况，如实进行选择。

1．你觉得上网的时间比你预期的要长吗？

（1）几乎没有（2）偶尔（3）有时（4）经常（5）总是

2．你会因为上网而忽略自己要做的事情吗？

（1）几乎没有（2）偶尔（3）有时（4）经常（5）总是

3．你更愿意上网而不是和亲密的朋友待在一起吗？

（1）几乎没有（2）偶尔（3）有时（4）经常（5）总是

4．你经常在网上结交新朋友吗？

（1）几乎没有（2）偶尔（3）有时（4）经常（5）总是

5．生活中，朋友、家人会抱怨你上网时间太长吗？

（1）几乎没有（2）偶尔（3）有时（4）经常（5）总是

6．你因为上网影响学习了吗？

（1）几乎没有（2）偶尔（3）有时（4）经常（5）总是

7．你是否会不顾身边需要解决的一些问题而上网查 Email 或看留言？

（1）几乎没有（2）偶尔（3）有时（4）经常（5）总是

8．你因为上网影响到你的日常生活了吗？

（1）几乎没有（2）偶尔（3）有时（4）经常（5）总是

9．你是否担心网上的隐私被人知道？

（1）几乎没有（2）偶尔（3）有时（4）经常（5）总是

10．你会因为心情不好去上网吗？

（1）几乎没有（2）偶尔（3）有时（4）经常（5）总是

11．你在一次上网后会渴望下一次上网吗？

（1）几乎没有（2）偶尔（3）有时（4）经常（5）总是

12．如果无法上网你会觉得生活空虚无聊吗？

（1）几乎没有（2）偶尔（3）有时（4）经常（5）总是

13．你会因为别人打搅你上网发脾气吗？

（1）几乎没有（2）偶尔（3）有时（4）经常（5）总是

14．你会上网到深夜不去睡觉吗？

（1）几乎没有（2）偶尔（3）有时（4）经常（5）总是

15．你在离开网络后会想着网上的事情吗？

（1）几乎没有（2）偶尔（3）有时（4）经常（5）总是

16．你在上网时会对自己说："就再玩一会吗？"

（1）几乎没有（2）偶尔（3）有时（4）经常（5）总是

17．你会想方法减少上网时间而最终失败吗？

（1）几乎没有（2）偶尔（3）有时（4）经常（5）总是

18．你会对人隐瞒你上网多长时间吗？

（1）几乎没有（2）偶尔（3）有时（4）经常（5）总是

19．你宁愿上网而不愿意和朋友们出去玩吗？

（1）几乎没有（2）偶尔（3）有时（4）经常（5）总是

20．你会因为不能上网变得烦躁不安，喜怒无常，而一旦能上网就不会这样吗？

（1）几乎没有（2）偶尔（3）有时（4）经常（5）总是

每个选项前面的数字即为分值，将所有选项得分汇总。

40～60 分：你对网络的依赖程度较轻。

60～80 分：你对网络的依赖程度较中等。

80～100 分：你的网络成瘾为重度，请求助心理医生。

得分越少表示你对网络的依赖越不明显。

项目十四　珍惜生命　珍爱自我

——大学生生命教育

【故事悦读】

不要让昨日的沮丧令明天的梦想黯然失色！

在一次讨论会上，一位著名的演说家没讲一句开场白，手里却高举着一张20美元的钞票。面对会议室里的200个人，他问："谁要这20美元？"一只只手举了起来。他接着说："我打算把这20美元送给你们中的一位，但在这之前，请准许我做一件事。"他说着将钞票揉成一团，然后问："谁还要？"仍有人举起手来。

扫一扫

生命的价值

他又说："那么，假如我这样做又会怎么样呢？"他把钞票扔到地上，又踏上一只脚，并且用脚碾它。尔后他拾起钞票，钞票已变得又脏又皱。

"现在谁还要？"还是有人举起手来。

"朋友们，你们已经上了一堂很有意义的课。无论我如何对待那张钞票，你们还是想要它，因为它并没贬值，它依旧值20美元。人生路上，我们会无数次被自己的决定或碰到的逆境击倒、欺凌甚至碾得粉身碎骨。我们觉得自己似乎一文不值。但无论发生什么，或将要发生什么，在上帝的眼中，你们永远不会丧失价值。在他看来，肮脏或洁净，衣着齐整或不齐整，你们依然是无价之宝。"

温馨提示：生命的价值不依赖我们的所作所为，也不仰仗我们结交的人物，而是取决于我们本身！我们是独特的——永远不要忘记这一点！

热身运动

活动一：音乐与生命

活动目的：

（1）让学生聆听音乐使学生体会生命最初的那些悸动。

（2）感悟生命、体验生命的宝贵与来之不易。

活动时间：20 分钟。

活动道具：音乐、播放器、眼罩。

活动场地：室内能拉上窗帘，周边环境无干扰。

活动流程：

（1）两人一组面对面坐好，戴上眼罩、带上皮筋，调整呼吸，头部、双肩、四肢逐渐放松。

（2）室内保持安静，关灯，拉上窗帘，播放音乐。

（3）随着音乐声每个人进入一种状态，眼前出现了一幅画面……

（4）音乐声结束，大家慢慢睁开眼睛，交流自己的感受。

活动二：命运之牌

活动目的：

（1）让学生学会接纳自己，懂得珍惜现在所拥有的资源，感知幸福。

（2）让学生懂得“命运掌握在自己手中”。

活动时间：30 分钟。

活动道具：写有不同内容的小纸牌若干、轻音乐。

活动场地：室内。

活动流程：

（1）主持人指导语：由于受到出生环境等各种因素的限制，每个人的命运是不同的。有的同学可能对自己的家庭环境不满意，有的同学可能对自己的长相不满意，也有的同学可能对目前的自己不满意……

假定每个人能够获得第二次生命，每个人的命运可以重新选择。我手中有很多纸牌，每张牌就是命运的一种重新安排，它所包含的资料就是你新的生活资料，从现在起，你就是牌上的这个人。设想一下你处在这种情况下的命运，现在看看自己目前的处境、位置与假设的第二次人生选择的处境相比，有什么不同？

（2）主持人把纸牌放在一个盒子里，让同学们随即抽取一张，不得更换。

（3）全班同学交流全新的“自己”，并询问是否满意牌上的“自己”。生命只有一次，你该怎样面对已经拥有的生活？

附：纸牌的内容

（1）自己不幸罹患癌症，家里没有钱治疗。

（2）因家中意外发生火灾，脸部被大火烧伤，留下一个很难看的伤疤。

（3）家中父母离异，经济困难，读书条件很差。

（4）出生在西部一个贫困山区里，父母无力供养自己读书。

（5）自己的父母不幸患上大病，治疗花费了好多钱，家庭经济紧张。

（6）父母下岗，家庭经济困难，不能支付目前的学习费用。

（7）与周围的同学人际关系很紧张，很不受大家的欢迎。

（8）自己患有小儿麻痹症，生活很不方便。

（9）自己小时候因中耳炎治疗不好而变聋。

（10）自己一家三口挤在一个 10 多平方米的老房子里，住宿条件比较艰苦。

（11）自己的一只眼睛因意外事故而失明。

（12）自己的一条腿因在一次车祸中受伤严重而截肢。

（13）自己在一个各方面都很差的学校里读书。

（14）自己相貌普通，在班级里不引人注意，学习等各方面都一般。

（15）学习成绩优秀，但人缘很差，不受老师和同学欢迎。

（16）自己的妈妈对自己太唠叨，对自己管得太多，让自己不舒服。

（17）以前家里很富有，现在却因为意外事故而陷入经济拮据状态。

（18）出生在一个普通的工人家庭。

（19）自己目前的学习成绩很差，经常被一些同学看不起。

（20）自己患有口吃，常被同学模仿而引起大家的嘲笑。

（21）因自己太胖，大家经常以此开涮，并且给自己起不太好听的绰号。

（22）自己身高低于同龄人平均身高 20 厘米。

（23）自己学习成绩在班级最后，努力用功后效果仍然不明显。

（24）自己除了学习外，其他业余爱好基本没有。

（25）自己是个塌鼻子，影响了容貌。

（26）自己患有先天性心脏病，很容易疲劳。

（27）自己在高一结束时取得全市物理竞赛一等奖。

（28）自己出生在一个贫困山区的农民家庭里。

（29）自己的父母对自己要求很严，很专制、很不自由。

（30）家庭经济条件好，但父母对自己缺乏关爱，不喜欢自己。

活动三：墓志铭

活动目的：思考生命，认识生命的意义。

活动时间：10 分钟。

活动流程：

写一篇墓志铭，反映自己的一生。墓志铭将刻在你的墓碑上，供人凭吊。墓志铭除了可包括生年、死年外，可分别从以下几点概括：

（1）一生最大的目标。

（2）在不同年纪时的成就。

（3）对社会、家庭或其他人的贡献。

（4）我是个什么样的人。

举例：张海迪的墓志铭：这里躺着一个不屈的海迪，一个美丽的海迪。

头脑风暴

1．在生命终结时

（1）在一次意外中，你不幸深受重伤，流落荒岛数日后，在求生无望而生命只剩下一天了，你只可做一件事，你会做什么？

（2）在生命即将终结前 5 分钟，你可以打一个电话，你会打给谁？说些什么？

（3）在你的生命中，哪些事物能让你感到最大的快乐、满足与再生？怎样才能更多地获得这些事物？

（4）你愿意在生活中增加哪项活动，以获得更多的财富和快乐？

2．地震带来的思考

2008 年 5 月 12 日 14 时 58 分，四川汶川发生了震惊世界的里氏 8.0 级地震，6 万多同胞在短短的 12 秒钟被夺走了生命。

废墟之下　时光之上

2011 年 3 月 11 日，日本当地时间 14 时 46 分，日本东北部海域发生里氏 9.0 级地震并引发海啸，造成重大人员伤亡和财产损失。地震震中位于宫城县以东太平洋海域，震源深度 20 公里。东京有强烈震感。地震引发的海啸影响到太平洋沿岸的大部分地区。地震造成日本福岛第一核电站 1~4 号机组发生核泄漏事故。4 月 1 日，日本内阁会议决定将此次地震称为“东日本大地震”。截至当地时间 4 月 12 日 19 时，此次地震及其引发的海啸已确认造成 13232 人死亡、14554 人失踪。

思考：地震让你对生命有了什么样的认识和思考？死亡是否可以避免？我们该如何珍惜生命？

心理探索

心理探索一：子宫的记忆

“子宫”，每一个人最初的宫殿，这么华丽，这么安全，这么温暖，这么幸福。我蜷缩着，像一个果核里静静等待发芽的果仁。四周没有光，或者，我没有张开眼睛。然而我听得到声音，我嗅得到气味，我感觉得到温度，感觉得到另外一个身体跟我连接在一起的心跳、呼吸。

我像是浮在水流里，可以听到水波微微荡漾的声音，感觉得到水波流动。水流是温热的，贴近我的皮肤，我像是被安全的港湾保护着的一艘船。我试图感觉那一个环绕在我四周的空间，柔软而温暖的空间。我试图伸动一下我蜷曲的手脚，挪动一下拱着的背，向下探一探头。

母体内的成长之旅

也许在密闭的空间里，那里有一个出口。我想出去，想从这个安全、温暖、幽暗、潮湿的空间出去。想出去，却又恐惧出去，不知道外面的世界是什么样子。还要多久，才能出去？我静静等待。像果仁的芽等待撑开果核的硬壳，探出新绿的芽。

我动了一动，不多久，感觉空间外面也有反应。是一只手在抚摸我，轻轻拍打、摩挲，像一种讯号，好像很遥远，却又很熟悉的讯号。

我再动一动，那拍打、抚摸的讯号就更明显。我们像玩着身体密码的游戏，都渴望感觉到对方。

在那个小小的空间里，我的感觉曾经如此完整而纯粹，没有遗漏任何一点细节，包括母亲刺绣时解开纠缠丝线的指尖，那么纤细、舒缓、耐心，包括她不小心被针尖刺到的痛，我都记忆着，记忆在我身体的舒缓与紧张里，一生都不会消失。

那是我学习到的最早的语言吗？一种心跳的节奏、一种血液的流动，一种身体的温度，一种呼吸的起伏，我静静聆听着，我静静感觉着，被另一个人的体温包围呵护着的幸福。

我想回到母亲身体里那一个最初的空间，感觉温度、水流、呼吸、心跳、气味，感觉真实却没有意义可言的信号。那些节奏、速度、韵律的起伏，那些笃定的抚摸与轻轻地拍打，像秘密的叩门的声音，都是我身体里最初的记忆。然而，我出生了，探出头来，号啕大哭，从此离开了那最初的记忆空间。

心理探索二：生命和生命的意义

一、什么是生命

生命构成了世界存在的基础，世界正是因为有了生命才精彩。而在所有生命存在中，人是超越一切其他生命现象之上的存在物。生命主要包括：新陈代谢、生长、发育、遗传、变异、感应、运动等。生长和发育是生命的基本过程，而新陈代谢则是生命的最基本的过程，是其他一切生命现象的基础。

现代科学认为，生命是蛋白质和核酸物质的运动形式，是一种特殊的、高级的、复杂的物质运动形式。原始生命是由无机物生成有机小分子后逐步演化而成的。它在同体外环境进行物质、能量、信息的交换过程中，实现自我保存、自我更新、自我复制和自我组织。生命现象主要包括：新陈代谢、生长、发育、遗传、变异、感应、运动等。生长和发育是生命的基本过程，而新陈代谢则是生命的最基本的过程，是其他一切生命现象的基础。生命的一般形态具有某种“目的性”的行为，作为生命高级形态的人类则具有自觉的目的性行为。

生命是什么

二、生命的结构

人的生命结构由形体、心理（精神）和社会性三种因素构成。生命特别是人的生命，应当由三个因素构成，即形体、心理（精神）和社会性。这一点，我国古代的某些思想家即已认识到。例如，墨子说：“生，刑（形）与知处也。”意即生命乃形体与心理的合一：只有形体，没有精神，不能构成生命，反之亦然。荀子云：“水火有气而无生，草木有生而无知，禽兽有知而无义；人有气、有生、有知亦且有义，故最为天下贵也。”意思是说，无机物（水火）是没有生命的，发展到植物才有生命，但没有心理；发展到动物才有心理，但没有社会性的“义”；只有人具备气、生、知、义，亦即形体、心理与社会性的统一，所以人的生命才是天下最可宝贵的。

（一）形体

形体是人的生命的最基本的特性，是人的生命的社会性、精神性存在的基础和前提。人的生命作为一个自然生理性的肉体生命而存在，人的生长和发展就必然要服从生物界的法则和规律。所以，衣食住行、吃喝拉撒、生老病死是每一个人都必须具有的，也是每一个人无法逃避的。

（二）心理（精神）

人之所以为人，就在于人不仅仅是为了满足自己的自然生命而活着，还要追求超越生物性存在的精神性存在。人要规划自己的人生，创造自己的价值，指导和提升生物性的存在。正是有了生命的精神性的存在，才使人的生命有了人文意义和价值，有了理性的意蕴和道德的升华。

（三）社会性

每个人要想生存下去，就必须参与和融入到社会活动中，在与人的沟通、交往和互动中保存自己的生命，追求自己生命的意义，实现自己生命的价值。正是这种社会性存在使人面对千差万别、千变万化的社会生活，能够使自己有一种生命的智慧和坚定的信念；使人面对有生有死、有爱有恨、有聚有散、有得有失的有限人生和无奈命运时，使自己有一种豁达的胸怀和安然的态度。

三、生命的特点

新陈代谢、生长发育等是生命的特点。从生命教育的角度看，生命应当有如下几个特点：一是生命的不可逆性。从胚胎起，生命便一直生长、发育，最终衰亡。它绝不会“倒行逆施”，返老还童也决非现实。二是生命的不可再生性。生命，对任何人来说都只有一次。世间常说，“人死不得复生”，便道出了这个真理。所谓来世转生，只不过是自欺欺人之谈。三是生命的不可换性。生命为个体所私有，相互不得交换，彼此不可替代。四是生命的不可创性。生命是自然孕育而成，非为某种神秘力量所创造。生命是创造之源，而非创造之果。没有生命，就没有创造，但有了创造，却不会有生命。由上述生命的四个特点来看，通过生命教育，提高人们的生命意识是多么的重要。五是生命的有限性。人的生命有限性表现在四个方面。第一，生命存在时间的有限，人的自然寿命一般七八十岁，最多百十来岁。第二，生命的无常性，表现在生老病死、旦夕祸福等不可预测，任何人都逃脱不了，任何人必然走向死亡。第三，个体生命的存在不能离群索居，不食人间烟火，每个人都需要别人的帮助、支持和关怀。正是生命的有限性才促使人去努力思考、发奋创造，积极生活，从而实现自己生命的意义。

四、生命的意义

生命的意义是一个解构人类存在目的与意义的哲学问题。这个概念通过许多相关问题体现出来，例如：“我为何在此？”“什么是生命？”“生命的真谛是什么？”。在历史长河中，它是哲学、科学以及神学一直所思索的主题。前人在不同的文化环境与意识形态背景下也给出了很多的多元化答案。阿尔贝·加缪指出，作为一个存在的人，人类用生命的价值和意义来说服自己：人的存在不是荒诞的。

生命的意义

曾几何时，人类对于自身生命的意义发出了如下疑问：“生命的意义是什么？”“我为何于此？”“何为生命之源？”“何为生命的本质相？”“我为何而生？”科学理论、哲学、神学等都做过形形色色的解答，但并没有达成共识。因为生命的意义并不单纯属于某个领域，因此，任何只从某个领域去分析并给出答案都是片面的，但是可以多层面去了解生命的意义所在。

命运、生命的意义、为什么而活着是人类思考的永恒主题。在成长的过程中，面对复杂的利益关系难免让人迷失自我，迷失后必然会痛苦地思索。约翰·克利斯多夫青年时期也曾有过这样的经历，最后精神得到升华。保尔·柯察金的那段有关生命意义的论述堪称经典。共产主义信徒的内心独白因为虔诚才超越时空，才有震撼人们内心灵魂的力量，从而影响了无数青年的成长。我国著名哲学家张岱年说过：人之所以为人，应该具备两个条件：一是拥有独立人格，即对自然、社会、自我的关系有充分的认识能力；二是有社会责任感。个人的成长过程就是个人从不完整的人成长为完整的人，不断提高自我认识能力和社会责任感的过程。

个体生命过程是人类发展的一个阶段，人类的命运决定了我们个体的命运。作为个体人，人都要死亡，但人类通过繁殖后代，从而使整体的人类生命延续、生生不息。死亡和新生的不断交替，构成了人类的基本命运。

拥有一个东西时，难以体会它的珍贵，生命也是如此。生命晚年的珍贵在于它历经沧桑，拥有智慧的美，它可以给后代经验，使后代少走弯路。恩格斯在马克思墓前的讲话说：马克思的逝世是历史科学的损失，是共产主义运动的损失。老年生命的结束对子女来说是失去了最疼爱自己的人，将给子女造成巨大的悲痛。

生命中年的意义在于他上要照顾老人，下要抚育子女，没有他们社会将难以稳定，这就是它的意义。人生的大多成果出自中年，人生的辉煌也大多中年到来。中年时期的生命大量创造着社会财富。可以说，中年的生命对于个人和社会来说都是人生最重要的阶段，中年的人也可称得上是社会的中坚。

青少年生命的意义在于它寄托了父辈祖辈的希望和梦想，上代的生命意义要靠这些年轻的生命来承载。孩子的生命有父母的情感需要和生命意义延续在里面寄托着，它可以满足家庭的情感需要和生活需要。

生命的意义在于它能够满足人的需要。生命的意义还在于对社会的贡献和社会对这个生命的尊重与满足。如果个人对社会没有任何贡献，社会必然对这个生命没有任何尊重与满足，这样的生命实在没有意义。只有个人对社会的需要做出了贡献，社会才有对个人的尊重与满足，这样的生命才真正有意义。

我们生命个体的核心利益只能在于个体本身，个体消亡后个体利益当然消亡。这是因为我们的生命是我们利益的承载，没有生命一切利益自然消亡。生命不能长久就是利益不能长久，我们的利益只是暂时地存在于很短的生命中。我们的理想生活就是：生活无忧，一切很顺利地走完自己的人生道路。当然，这种生活的完全实现是很困难的，我们能达到的只是尽量接近于这种生活。这种生活的实现依赖于我们对自然、社会、人际关系的充分认识。

心理探索三：死亡和死亡的价值

豪华死亡服务

与死亡俱来的一面是永久的黑暗，一面是永久的安宁。死亡带走了生活中的幸福，也带走了与之并存的痛苦。

死亡意味着生命个体的终结，意味着个体的毁灭。富贵和贫穷，幸福和苦难，闲适和辛劳，都会随着岁月的流逝而失去其曾经有过的含义。一切的一切，都会被死神带走，一句话，死亡就是各种曾经存活过的个体生命在乌有的世界里融会，就是无尽的消失。从形式上看，死亡作为生存的对立面似乎还有一种不可抗拒的作用——消灭生存个体的一切差别。生存中千差万别的个体在死亡的世界里达到了重新统一：成为不分高低贵贱并丧失了任何意识活动的物质。作为一种哲学概念，物质是客观存在着的一切事物和现象的总和，所以，抛开事物千差万别的形态，就其本质来说一切事物都是平等的、统一的。

从人生学的意义上讲，就是对人的现实生命的最终否定。人的死亡既是自然现象又是社会现象，这就是死亡的二重性。人作为有意识的能动体，不仅能够自觉地正视死亡、完成死亡，而且能够能动地创造死亡的价值，使自己的死亡带有积极或消极的社会意义。

一、死亡的定义

1. 哲学定义

世界是物质的，物质是运动的。生命只不过是物质运动的一种特殊形式，死亡即是这一特殊形式的结束。生存和死亡的交替，是物质运动在生命领域里的一种表现形式。个体生命的死亡并不是物质的消失，而仅仅是某种物质运动形式的消失。物质的运动永远不会终止，一种运动形式的消失标志着另一种运动形式的开始，个体生命的死亡便是有精神活动参与的运动向无精神活动参与的运动转化的标志。由此可知，生命个体的死亡便是精神个体的泯灭。死亡是统一的，一切差别表现在生存中；物质世界是统一的，一切差别表现在精神世界。

2. 医学上的定义

所有生命机能的永远停止，也可参见以下死亡定义：第一，大脑功能、血液循环系统的自发机能出现总的、不可逆转的中止；第二，可感觉到的跳动的心脏和呼吸最终的，不可逆转的中止。

3. 中国古代对死亡的定义

道家对待死亡的态度并不完全等同于后来的道教。可道家先哲们也不可避免地要讨论死亡。庄子也许算得上现今可考的最早关切死亡问题的古代思想家。《庄子》一书很多地方谈到死亡。他明确地肯定死亡是不可避免的："死生，命也；其有夜旦之常，天也。"这就是说，人的生命和死亡就像白天和黑夜一样，是天赋的命运，是人力所无法改变的。庄子还以寓言说明，宇宙间的万事万物都是要灭亡的，小的躲藏到大的后面，以为有了靠山，很牢固了，却不知道大自然的力量是无法抗拒的，无论多大的东西，该毁灭的时候还是要毁灭。《庄子·齐物论》有"方生方死，方死方生"之说，即肯定人与万物都处在不停的运动变化之中。初生的过程，也就是走向死亡的过程；走向死亡的过程，也就是新生的过程。

二、死亡的特点

1．死亡的不可抗拒性

死亡来临时，所有人都无法自己选择。纵然是千古帝王、达官贵人在面对死神的眷顾时，也无法避免。因此，古代很多帝王从登基之日起，就开始了漫长的寻求长生不老之路。

2．死亡的必然性

凡是生命都存在着死亡的必然性。道家认为，在有形的天地万物之中有一个无形但却充满着生机的“道”在静静地流动，宇宙间的一切运动不过是“道”流行的结果和表现，天地万物都随“道”自然而然地生长变化着，一切都在“道”的必然之中。这就是“命”。“故飘风不终朝，骤雨不终日……天地尚不能久，而况于人乎？”由此认为，生死必然各有定论。“生之徒十有三，死之徒十有三”。庄子则更明确地说道：“人死者有时”“生之来不能却，其去不能止”在他看来，人的生死是必然规律。

三、对死亡的反思

很多人在午夜时从梦里惊醒，好像做了个噩梦，但感觉又那么地真实和恐惧。夜色里的人群来去匆匆，过往的车辆川流不息，站在这座城市边缘的我们，仿佛徘徊在红绿灯下踌躇不前。我在思考着，思考人，思考生活，思考死亡。你是否害怕过死亡？是否在深夜被死亡的恐惧所惊醒？是否千遍万遍地意识过死亡对每个人的不可抗拒性？

四、树立生命典范

现代人强调多元思考，希望有独立思考的空间。这原是好的，但是思想多元化，若未经价值澄清及智慧抉择，反倒令人无所适从，走入一种价值虚无的时代，生命没有目标，对未来茫然无知。时下很多年轻人，不了解读书的意义，也不知道如何过这一生，他们的人生失去方向，是一种迷失的生命形态。

如果不想迷失方向，就要建立生命目标。要达成生命目标就必须有学习的典范，典范的层次有高有低，从尧、舜、禹、汤、孔子等圣贤，甚至到地方贤达，这些都是人们仰望、学习的对象。过去的人对于生命要达到的状态会建构一种价值目标，内心也会有一股动力，促使他终生朝这个方向努力，让这一生过得有意义。所以先民活下去是有方向的，目标与价值观是一致的。

为什么要师法古人呢？师法古人并不代表现代一定错，中国人本身就很敬重历史，从过去走过的轨迹，可以避免掉入错误的坑洞，别人走正确道路的经验可作为我们学习的榜样，漫长的经验累积可作为我们生命的借鉴。如果人类的历史走过一千年，有多少人的经验可以让我们免费学习呢？如果人类历史走过一万年，那成长的轨迹远远超过个人数十寒暑的经验，所以对比时下的很多问题，我们可以拿前人总结的经验来学习。

学习的态度要严谨慎重。如果一个人将嬉笑怒骂的态度用在娱乐方面，倒还没什么关系，可如果内心想向上，但却没用心学习，学习效果自然不佳。就像要接水，可是杯口却向下，挑明就是不想要，自然学不到东西；另一种状况是自己主观成见太强，他人说的内容都要迎合自己的胃口，或是按照自己想要的方式做，就像杯子里有污垢，即使装了琼浆玉露，也不敢享用。

五、思考生命与死亡，提升人生价值

1．了解自己的价值观，过幸福的人生

卢梭说："生命本身没有任何价值，它的价值在于怎样使用它"。人的生命本身就是一个不断成长、发展、生生不息的过程。生命就是运动，不间断的运动，一切静止就是死亡。但生命比单纯的持续运动更为丰富。生命乃是在此基础上不断产生新内容的创造性运动，生命的意义就在于创造，在于给原本没有价值的生命创造出一个价值来。人通过创造去把握生活的变化，通过创造去发现生命的意义，通过创造去实现对自己生命的认识、把握和超越。每个人的生命过程都是不同的，独特的。

无悔人生

2．为了目标不懈努力，过充实的人生

对生命意义的探求使人在不同人生阶段确立你的生活目标，在实现目标的过程中感受到活得充实，活得丰富，活得精彩。一个人只有能够理解并承担生活中的责任，肩负起责任，才会感到满足和充实，真正能体会到生活的乐趣和意义。

心理探索四：如何识别和帮助处于危机中的大学生

预测人的行为是一件比较困难的事，预测自杀行为就更困难。因为自杀的原因非常复杂，常常连与自杀者接触极其密切的人都难以觉察其细小的变化。而且自杀行为常常带有突发性，令周围人措手不及。即使通过种种征兆发现了自杀的迹象，进行危机干预也并非易事。直接对当事人说，会使当事人感到自己隐私被侵犯，反而增加危险性。但是，自杀的预防又是可能的，因为自杀行为有一定规律可循。因此，只要抓住机会，因势利导，及时提供心理支持和帮助，预防自杀行为的可能性是有的。

1．大学生处于危机中的表现

1）导致青少年自杀的危险因素

- 家庭变故；
- 与同学或朋友绝交；
- 自己敬爱的人或对自己有重要意义的人死亡；
- 恋爱关系破裂；

- 与他人的纷争及丧失；
- 发生违法违纪事故；
- 受到同学排斥、孤立；
- 受人欺负或迫害；
- 学习成绩不理想或考试失败；
- 在考试期间承受过多的压力；
- 经济困难等。

2）了解自杀的征兆

自杀并非突发。一般而言，自杀者在自杀前处于想死同时渴望被救助的矛盾心态，从其行为与态度变化中可以看出蛛丝马迹。大约 2/3 的人都有可观察到的征兆。据南京危机中心调查，61 例自杀的大学生中，有 22 人曾明显流露出各种消极言行以引起周围人的注意。日本心理学家长冈利贞认为自杀前会有种种信号。可以从言语、身体、行为三方面观察：

（1）言语。有自杀意念的人会间接、委婉地说出来，或者谨慎地暗示周围。如“想逃学”、“想出走”、“活着没有意思”。

（2）身体。有自杀意念的人会有一些身体症状反应，比如感到疲劳、体重减轻、食欲不好、头晕等。这往往是抑郁情绪所致，不能简单地认为是身体有病，应引起注意。

（3）行为。当自杀意念增强时，在日常生活中会表现出不同于平常的行为。如无故缺课、频繁洗澡、看有关死的书籍，甚至出走、自伤手腕等。根据以上种种征兆，可以为自杀预防提供线索和可能。

3）改变对自杀的模糊观念

社会上对自杀这种行为所持的态度和认识差别很大。其中有一些错误的观念。若不加以纠正，对自杀预防不利。

（1）自杀无规律可循。自杀事件常常带有突发性，一旦发生，周围的人常感意外诧异。其实大部分自杀者都曾有过明显的直接或间接的求助信息。他们在决定自杀前会因为内心的痛苦和犹豫而发出种种信号。

（2）宣称自杀的人不会自杀。当有些人向他人透露自己会自杀，尤其当用语带有恐吓成分时，他人以为他不过是说说而已，真正想死的人是不会把自己的打算告诉别人的。其实研究表明，80%的自杀企图者在自杀前曾向他人谈论过自杀，这种人很可能会有自杀的举动，必须高度重视。

（3）一般人不会有自杀念头。很多人以为一般人不会存有杂念头。但是国内外研究结果显示，30%～50%的成年人都曾有过一次或多次自杀念头。对于性格健康、家庭关系好的人，自杀意念可能只是一闪而过，很少发展为真正的自杀行动；而性格或精神卫生状况存在问题的人在缺乏社会支持时，自杀念头有可能转变为自杀的行为。

（4）所有自杀的人都是精神异常者。有人认为只有精神病患者才自杀，但事实证明，自杀的人大多不是精神病人，只有20%的自杀者是抑郁症或精神分裂症。大多数自杀者是正常人，他们只是有暂时性的情绪障碍。

（5）自杀危机改善后就不会再有问题。有自杀企图的人经过危机干预状态改善后，情绪会好转。周围的人常常会误以为自杀危险性减低了，而放松防范措施。自杀危机改善后，至少在3个月内还有再度自杀的可能，尤其是抑郁病人在症状好转时最有危险性。

（6）对有自杀危险的人不能提及自杀。很多人担心，对那些有情绪困扰的人，有自杀意念的人，主动谈及自杀会加强他们自杀的意欲。事实恰好相反，严重情绪困扰的人往往愿意别人与他倾谈，听他诉说对自杀的感受。如果故意避开不谈，反而会因被困扰的情绪无从化解而加重情绪问题。

（7）学业问题是青少年学生自杀的主要原因。不少人认为青少年正处在求学阶段，因此，学业问题的困扰是导致青少年学生自杀的主要原因。但学者们研究发现，50%以上青少年自杀者的自杀原因涉及与父母的关系，其次是男女感情，然后是学业问题。

2. 如何帮助处于危机中的大学生？

日本心理咨询学家松原达哉认为，从自杀者的性格特征看，过于内向、孤独，偏执、过分认真，责任感过强，缺乏兴趣爱好，情绪不稳定，心情多变的人容易陷入焦虑与绝望感中。自杀者的心理特征常常表现出自罚倾向、回避现实、自我评价低。国内有研究报道，自杀者中性格内向与较内向的占95.2%，孤僻占52.4%，虚荣心强占71.4%。

1）自杀者的临床表现

根据临床经验，有以下表现者一般具有自杀的危险性，应给予更多的关注：

（1）具有明显外部精神因素的刺激者。如突然受打击、失恋等。

（2）情绪低落、悲观抑郁者。

（3）性格孤僻内向，与周围人缺乏正常的感情交流者。

（4）在严重不良家庭环境中成长，缺乏温暖关怀者。如父母离异、家庭破裂、亲子关系恶化等。

（5）曾谈论过自杀并考虑过自杀的方法。

（6）过去曾有过自杀企图或行为者。

（7）亲友中曾有人自杀过。

一旦发现有以上表现的人，应及时干预援助。

2）心理危机预防与危机干预的工作环节

（1）发现和识别。

- 定期对大学生开展心理健康测评。
- 建立学生心理档案。
- 学校要开展危机重点人群排查工作。

- 建立快速反应通道。
- 对有危机的学生做到及时发现，及时干预。
- 唤起最接近人群的注意。

定期对教职员工和学生进行心理健康和安全防范方面的教育及培训，普及有关自杀预防和相关症状的基本常识，教导他们如何辨别这类有潜在危险的学生，提高大家对这一问题的认识和警惕性，以便及时发现和报告问题。

（2）监控。

- 进行心理鉴别。
- 监控容易出现心理危机的高危人群。

对有自杀意念的学生，一旦发现应立即将有自杀意念的学生转移到安全的环境，并成立监护小组，实行 24 小时全程监护，确保学生人身安全，并通知学生家长到校共同采取干预措施。需要注意的是，在此过程中不要给被监控的学生造成心理上的伤害。重要的是，对这样的学生给予更多的关注，让其感受到人与人之间的关怀和温暖。

（3）干预。

- 及时汇报，慎重对待。
- 恰当评估。
- 及时寻求专业心理咨询。
- 通知家长。
- 通力合作。
- 接受专业支持。
- 查找相关政策和措施。
- 做好相关记录。

（4）转移。

- 请相关部门或专家进行心理评估。
- 对有严重心理障碍或心理疾病的学生应该转移到精神卫生机构，以便及时采取心理治疗或住院治疗等措施。
- 对有自杀意念的学生、已经实施了自杀行动但没有完成的学生，应立即送到专门机构进行救治。

（5）善后。

- 传递信息、不企图隐瞒。
- 警惕模仿行为。
- 心理咨询、哀伤辅导。
- 后续追踪。
- 关爱自我。

（6）其他。

当出现自杀征兆时，周围的老师和同学要注意帮助他保持冷静、耐心倾听，让他能谈出内心的感受。在这个时候，要接纳而不能对他做任何评价，也不要试图说服他改变自己的感受。

当老师和同学要去关注有自杀倾向的同学时，请注意询问的技巧。比如可以这样问："有时候一个人处于困境的时候，他会有结束生命的想法，你有那种感受吗？"而不能这样问"你没有打算自杀，是吧？"同时，对有自杀倾向者的任何自杀迹象都要认真对待，让他相信别人是可以给予他帮助的，并鼓励他主动寻求帮助。如果你认为他即刻自杀的危险很高，要立即采取措施，处理自杀的危险物品，不能让他独处，或者把他转移到安全的地方，还要陪他去心理咨询机构寻求专业人员的帮助。

当自己出现自杀倾向的时候，不要等待，要相信会有人愿意帮助你。如果你的倾诉对象不知所措，可以向学校的心理咨询中心寻求帮助。如果你不愿让周围人知道，可以去校外的心理咨询机构，解决心理危机通常需要一个过程，坚持下去，能真正帮助你的人一定会出现。

心理训练

歌曲欣赏——生命的意义

词/曲：曹　秦

黑夜来临是否感到孤单，　　独自一人是否会彷徨，
这世界有多少这样的你我，　　就让我们彼此关爱。
爱你的家人，爱你的朋友，　　用心去爱你的爱人，
爱这个世界所有人们，　　这就是生命的意义。
没有人愿做离群之雁，　　谁又愿靠向无人港湾，
当这个世界越来越冷漠，　　就让我们相互关怀。
爱你的家人，爱你的朋友，　　用心去爱你的爱人，
在这个世界彼此温暖，　　这就是存在的意义。
爱这个世界所有人们，　　这就是生命的意义。

感悟：生命很难用某种理论来解释，人们所能做的，就是揭开生命神秘面纱的一角，去探索属于自己的那一部分。曹秦用最简单的语句揭示了生命的意义这个终极命题的答案：生命的意义就是爱。用爱来诠释生命，从男女之间的纯真爱情，到人与人之间的相互关爱；从对家人的疼爱，到对他人的爱护；从对生活的热爱，到对全世界人们的博爱。这就是生命的意义。

参考文献

[1] 彭聃龄．普通心理学［M］．北京：北京师范大学出版社，2005．

[2] 王垒等．心理学与生活［M］．北京：人民邮电出版社，2011．

[3] 李先锋．大学生心理健康理论与实务［M］．北京：电子工业出版社，2009．

[4] 马雁平，陈萍，张澜．大学生心理健康教育［M］．长春：吉林大学出版社，2013．

[5] 杨喜添．浅议大学生社团的建设与管理［N］．广东青年干部学院学报，2007．

[6] 张文学．高校学生社团发展现状及其指导［J］．中国青年研究，2006（6）．

[7] 朱卫国，桑志芹．大学生心理健康理论与实务教程［M］．南京：南京大学出版社，2012．

[8] 储克森．大学生心理健康十课题［M］．北京：机械工业出版社，2013．

[9] 岳晓东．怎样做最好的自己［M］．合肥：安徽人民出版社，2011．

[10]（美）伯恩．人间游戏——人际关系心理学［M］．北京：中国轻工业出版社，2006．

[11] 赵国祥．现代大学生心理健康教程［M］．北京：人民教育出版社，2007．

[12] J．布莱克曼．心灵的面具［M］．上海：华东师范大学出版社，2011．

[13] 张平．每天一个心理游戏［M］．北京：中国华侨出版社，2012．

[14] 陶爱荣．快乐前行——高职生心理健康与发展［M］．南京：南京大学出版社，2014．

[15]（美）莎伦・伦德・奥尼尔，埃尔沃德・N・查普曼（Elwood N Chapman）．职场人际关系心理学［M］．北京：中国人民大学出版社，2012．

[16] 曾丹．大学生主要的心理挫折、成因及其教育途径［N］．黑龙江教育学院学报，2008（27）．

[17] 高蕾．当代大学生人际交往中存在的问题及应对策略［J］．教育探索，2012（1）．